"十四五"高等职业教育新形态一体化教材

大数据技术

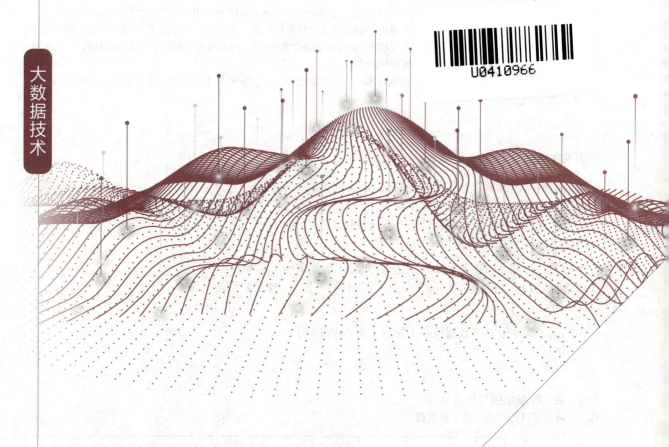

数据挖掘与机器学习

苏叶健　黄　伟　唐美霞◎主　编
　　　贾瑞民　段仕浩◎副主编

中国铁道出版社有限公司
CHINA RAILWAY PUBLISHING HOUSE CO., LTD.

内 容 简 介

本书以项目为导向，全面介绍数据挖掘与机器学习的流程和 Python 数据分析库的应用，详细讲解利用 Python 解决实际问题的方法。全书共分九个项目。项目一介绍搭建数据挖掘与机器学习的编程环境；项目二利用农产品信息可视化分析项目介绍 NumPy、pandas 与 Matplotlib 库的应用；项目三至项目八利用真实项目，介绍线性回归、逻辑回归、决策树、随机森林、朴素贝叶斯、K 近邻、聚类分析、神经网络；项目九结合之前所学的数据挖掘与机器学习技术，进行企业综合案例数据分析。各项目都包含了实训或课后作业，通过练习和操作实践，帮助读者巩固所学的内容。

本书适合作为高等职业院校大数据技术、人工智能技术应用、软件技术等相关专业的教材，也可作为大数据技术爱好者的自学用书。

图书在版编目（CIP）数据

数据挖掘与机器学习 / 苏叶健，黄伟，唐美霞主编 . —北京：中国铁道出版社有限公司，2024.3
"十四五"高等职业教育新形态一体化教材
ISBN 978-7-113-31051-6

Ⅰ.①数… Ⅱ.①苏… ②黄… ③唐… Ⅲ.①数据采集 - 高等职业教育 - 教材 ②机器学习 - 高等职业教育 - 教材 Ⅳ.① TP274 ② TP181

中国国家版本馆 CIP 数据核字（2024）第 047810 号

书　　名：数据挖掘与机器学习
作　　者：苏叶健　黄伟　唐美霞

策　　划：王春霞　　　　　　　　　　　　　编辑部电话：（010）63551006
责任编辑：王春霞　彭立辉
封面设计：尚明龙
责任校对：刘畅
责任印制：樊启鹏

出版发行：中国铁道出版社有限公司（100054，北京市西城区右安门西街 8 号）
网　　址：https://www.tdpress.com/51eds/
印　　刷：天津嘉恒印务有限公司
版　　次：2024 年 3 月第 1 版　2024 年 3 月第 1 次印刷
开　　本：880 mm×1 230 mm 1/16　印张：19　字数：497 千
书　　号：ISBN 978-7-113-31051-6
定　　价：59.80 元

版权所有　侵权必究

凡购买铁道版图书，如有印制质量问题，请与本社教材图书营销部联系调换。电话：（010）63550836
打击盗版举报电话：（010）63549461

"十四五"高等职业教育新形态一体化教材
编审委员会

总顾问：谭浩强（清华大学） 　　　　　　黄心渊（中国传媒大学）

主　任：高　林（北京联合大学）

副主任：鲍　洁（北京联合大学） 　　　　眭碧霞（常州信息职业技术学院）
　　　　孙仲山（宁波职业技术学院） 　　秦绪好（中国铁道出版社有限公司）

委　员：（按姓氏笔画排序）

于　京（北京电子科技职业学院）	于　鹏（新华三技术有限公司）
于大为（苏州信息职业技术学院）	万　冬（北京信息职业技术学院）
万　斌（珠海金山办公软件有限公司）	王　芳（浙江机电职业技术学院）
王　坤（陕西工业职业技术学院）	王　忠（海南经贸职业技术学院）
方风波（荆州职业技术学院）	方水平（北京工业职业技术学院）
左晓英（黑龙江交通职业技术学院）	龙　翔（湖北生物科技职业学院）
史宝会（北京信息职业技术学院）	乐　璐（南京城市职业学院）
吕坤颐（重庆城市管理职业学院）	朱伟华（吉林电子信息职业技术学院）
朱震忠（西门子（中国）有限公司）	邬厚民（广州科技贸易职业学院）
刘　松（天津电子信息职业技术学院）	汤　徽（新华三技术有限公司）
许建豪（南京职业技术学院）	阮进军（安徽商贸职业技术学院）
孙　刚（南京信息职业技术学院）	孙　霞（嘉兴职业技术学院）
芦　星（北京久其软件有限公司）	杜　辉（北京电子科技职业学院）
李军旺（岳阳职业技术学院）	杨文虎（山东职业学院）
杨龙平（柳州铁道职业技术学院）	杨国华（无锡商业职业技术学院）

编审委员会

委　员：（按姓氏笔画排序）

吴　俊（义乌工商职业技术学院）　　吴和群（呼和浩特职业技术学院）

汪晓璐（江苏经贸职业技术学院）　　张　伟（浙江求是科教设备有限公司）

张明白（百科荣创（北京）科技发展有限公司）　陈小中（常州工程职业技术学院）

陈子珍（宁波职业技术学院）　　陈云志（杭州职业技术学院）

陈晓男（无锡科技职业学院）　　陈祥章（徐州工业职业技术学院）

邵　瑛（上海电子信息职业技术学院）　武春岭（重庆电子工程职业学院）

苗春雨（杭州安恒信息技术股份有限公司）　罗保山（武汉软件职业技术学院）

周连兵（东营职业学院）　　郑剑海（北京杰创科技有限公司）

胡大威（武汉职业技术学院）　　胡光永（南京工业职业技术大学）

姜大庆（南通科技职业学院）　　聂　哲（深圳职业技术学院）

贾树生（天津商务职业学院）　　倪　勇（浙江机电职业技术学院）

徐守政（杭州朗迅科技有限公司）　　盛鸿宇（北京联合大学）

崔英敏（私立华联学院）　　葛　鹏（随机数（浙江）智能科技有限公司）

焦　战（辽宁轻工职业学院）　　曾文权（广东科学技术职业学院）

温常青（江西环境工程职业学院）　　赫　亮（北京金芥子国际教育咨询有限公司）

蔡　铁（深圳信息职业技术学院）　　谭方勇（苏州职业大学）

翟玉锋（烟台职业技术学院）　　樊　睿（杭州安恒信息技术股份有限公司）

秘　书：翟玉峰（中国铁道出版社有限公司）

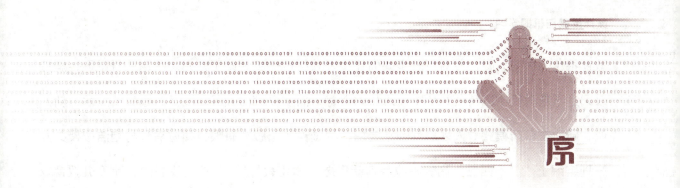

序

  2021年十三届全国人大四次会议表决通过的《中华人民共和国国民经济和社会发展第十四个五年规划和2035年远景目标纲要》，对我国社会主义现代化建设进行了全面部署，"十四五"时期对国家的要求是高质量发展，对教育的定位是建立高质量的教育体系，对职业教育的定位是增强职业教育的适应性。当前，在"十四五"开局之年，如何切实推动落实《国家职业教育改革实施方案》《职业教育提质培优行动计划（2020—2023年）》等文件要求，是新时代职业教育适应国家高质量发展的核心任务。随着新科技和新工业化发展阶段的到来和我国产业高端化转型，必然引发企业用人需求和聘用标准发生新的变化，以人才需求为起点的高职人才培养理念使创新中国特色人才培养模式成为高职战线的核心任务，为此国务院和教育部制定和发布了包括"1+X"职业技能等级证书制度、专业群建设、"双高计划"、专业教学标准、信息技术课程标准、实训基地建设标准等一系列的文件，为探索新时代中国特色高职人才培养指明了方向。

  要落实国家职业教育改革一系列文件精神，培养高质量人才，就必须解决"教什么"的问题，必须解决课程教学内容适应产业新业态、行业新工艺、新标准要求等难题，教材建设改革创新就显得尤为重要。国家这几年对于职业教育教材建设加大了力度，2019年，教育部发布了《职业院校教材管理办法》（教材〔2019〕3号）、《关于组织开展"十三五"职业教育国家规划教材建设工作的通知》（教职成司函〔2019〕94号），在2020年又启动了《首届全国教材建设奖全国优秀教材（职业教育与继续教育类）》评选活动，这些都旨在选出具有职业教育特色的优秀教材，并对下一步如何建设好教材进一步明确了方向。在这种背景下，坚持以习近平新时代中国特色社会主义思想为指导，落实立德树人根本任务，适应新技术、新产业、新业态、新模式对人才培养的新要求，中国铁道出版社有限公司邀请我与鲍洁教授共同策划组织了"'十四五'高等职业教育新形态一体化教材"，尤其是我国知名计算机教育专家谭浩强教授、全国高等院校计算机基础教育研究会会长黄心渊教授对课程建设和教材编写都提出了重要的指导意见。这套教材在设计上把握了如下几个原则：

1. 价值引领、育人为本。牢牢把握教材建设的政治方向和价值导向，充分体现党和国家的意志，体现鲜明的专业领域指向性，发挥教材的铸魂育人、关键支撑、固本培元、文化交流等功能和作用，培养适应创新型国家、制造强国、网络强国、数字中国、智慧社会需要的不可或缺的高层次、高素质技术技能型人才。

2. 内容先进、突出特性。充分发挥高等职业教育服务行业产业优势，及时将行业、产业的新技术、新工艺、新规范作为内容模块，融入教材中去。并且，为强化学生职业素养养成和专业技术积累，将专业精神、职业精神和工匠精神融入教材内容，满足职业教育的需求。此外，为适应项目学习、案例学习、模块化学习等不同学习方式要求，注重以真实生产项目、典型工作任务、案例等为载体组织教学单元的教材、新型活页式、工作手册式等教材，力求教材反映人才培养模式和教学改革方向，有效激发学生学习兴趣和创新潜能。

3. 改革创新、融合发展。遵循教育规律和人才成长规律，结合新一代信息技术发展和产业变革对人才的需求，加强校企合作、深化产教融合，深入推进教材建设改革。加强教材与教学、教材与课程、教材与教法、线上与线下的紧密结合，信息技术与教育教学的深度融合，通过配套数字化教学资源，满足教学需求和符合学生特点的新形态一体化教材。

4. 加强协同、锤炼精品。准确把握新时代方位，深刻认识新形势新任务，激发教师、企业人员内在动力。组建学术造诣高、教学经验丰富、熟悉教材工作的专家队伍，支持科教协同、校企协同、校际协同开展教材编写，全面提升教材建设的科学化水平，打造一批满足学

科专业建设要求，能支撑人才成长需要、经得起实践检验的精品教材。

按照教育部关于职业院校教材的相关要求，充分体现工业和信息化领域相关行业特色，以高职专业和课程改革为基础，编写信息技术课程、专业群平台课程、专业核心课程等所需教材。本套教材计划出版 4 个系列，具体为：

1. 信息技术课程系列。教育部发布的《高等职业教育专科信息技术课程标准（2021年版）》给出了高职计算机公共课程新标准，新标准由必修的基础模块和由 12 项内容组成的拓展模块两部分构成。拓展模块反映了新一代信息技术对高职学生的新要求，各地区、各学校可根据国家有关规定，结合地方资源、学校特色、专业需要和学生实际情况，自主确定拓展模块教学内容。在这种新标准、新模式、新要求下构建了该系列教材。

2. 电子信息大类专业群平台课程系列。高等职业教育大力推进专业群建设，基于产业需求的专业结构，使人才培养更适应现代产业的发展和职业岗位的变化。构建具有引领作用的专业群平台课程和开发相关教材，彰显专业群的特色优势地位，提升电子信息大类专业群平台课程在高职教育中的影响力。

3. 新一代信息技术类典型专业课程系列。以人工智能、大数据、云计算、移动通信、物联网、区块链等为代表的新一代信息技术，是信息技术的纵向升级，也是信息技术之间及其与相关产业的横向融合。在此技术背景下，围绕新一代信息技术专业群（专业）建设需要，重点聚焦这些专业群（专业）缺乏教材或者没有高水平教材的专业核心课程，完善专业教材体系，支撑新专业加快发展建设。

4. 本科专业课程系列。在厘清应用型本科、高职本科、高职专科关系，明确高职本科服务目标，准确定位高职本科基础上，研究高职本科电子信息类典型专业人才培养方案和课程体系，在培养高层次技术技能型人才方面，组织编写该系列教材。

新时代，职业教育正在步入创新发展的关键期，与之配合的教育模式以及相关的诸多建设都在深入探索，本套教材建设按照"选优、选精、选特、选新"的原则，发挥高等职业教育领域的院校、企业的特色和优势，调动高水平教师、企业专家参与，整合学校、行业、产业、教育教学资源，充分认识到教材建设在提高人才培养质量中的基础性作用，集中力量打造与我国高等职业教育高质量发展需求相匹配、内容和形式创新、教学效果好的课程教材体系，努力培养德智体美劳全面发展的高层次、高素质技术技能人才。

本套教材内容前瞻、体系灵活、资源丰富，是值得关注的一套好教材。

国家职业教育指导咨询委员会委员
北京高等学校高等教育学会计算机分会理事长
全国高等院校计算机基础教育研究会荣誉副会长

2021 年 8 月

随着云时代的来临，数据挖掘与机器学习技术将帮助企业用户在合理时间内获取、分析与处理数据，从海量数据中挖掘出有价值的数据，帮助企业在商业分析、生产管理等应用领域实现智能化、数字化转型。数据挖掘与机器学习作为一门前沿技术，广泛应用于物联网、云计算、移动互联网等战略性新兴产业，人才需求紧缺，特别是有实践经验的数据挖掘与机器学习人才更加受到企业的青睐。为了服务产业发展、满足日益增长的人才需求，很多高职院校开设了数据挖掘与机器学习、数据分析等课程。

本书落实立德树人根本任务，坚定文化自信，践行党的二十大提出的"科技是第一生产力"等相关精神，结合数据挖掘与机器学习的项目开发需求，以项目为导向，采用任务驱动的方式将数据挖掘与机器学习常用技术和真实案例结合起来，深入浅出地介绍数据挖掘与机器学习项目开发和相关知识的应用。本书具有如下特色：

（1）各项目紧扣任务需求展开，不堆积知识点，着重于面向岗位实际项目解决方案的实施；通过从任务描述到任务实施这一完整工作流程的体验，使读者真正掌握Python数据挖掘与机器学习技术。

（2）注重在实际项目中总结相关知识，理实一体，让读者明确如何利用所学知识解决问题；通过实训和课后练习巩固所学知识，真正理解并能够应用所学知识。

（3）以Python编程语言和pandas等开发包为技术环境，与大多数高职院校的大数据技术、人工智能技术应用、软件技术等专业的课程体系实现衔接。

（4）各项目附有课后作业题，提供了教学课件、案例代码等配套资源，同时还通过在线开放课程提供教学视频、实训指导、习题库等丰富的教学资源，可通过中国铁道出版社有限公司官网https://www.tdpress.com/51eds/下载。

本书由苏叶健、黄伟、唐美霞任主编，贾瑞民、段仕浩任副主编。在本书的编写过程中，参考了一些相关著作和文献，在此向这些文献的作者深表感谢。

由于编写时间仓促，加之编者水平有限，书中疏漏与不妥之处在所难免，恳请读者批评指正，E-Mail：funnymickey@qq.com。

编　者

2023 年 10 月

目 录

项目一 搭建数据挖掘与机器学习编程环境 1

任务一 安装 Python 2
任务描述 2
相关知识 2
一、初识数据挖掘与机器学习 2
二、初识 Python 5
三、了解 Python 的 Anaconda 发行版 6
任务实施 6
一、在 Windows 操作系统中安装 Anaconda 发行版 6
二、体验 Jupyter Notebook 9

任务二 安装 PyCharm 14
任务描述 14
相关知识 15
一、初识 PyCharm 15
二、PyCharm 中的输入与输出 15
任务实施 16
一、安装 PyCharm 16
二、使用 PyCharm 21
三、建立一个 PyCharm 项目 23

项目总结 24
课后作业 24

项目二 农产品信息可视化分析——NumPy、pandas 与 Matplotlib 库 26

任务一 分析农产品类型情况 27
任务描述 27
相关知识 27
一、创建数组对象 27
二、数组基本操作 31
任务实施 34
一、用水稻类型数量创建数组 34
二、对品种数量进行排序 34

I

三、分析水稻类型数量的占比情况 ... 35
　　任务实训 ... 35
　　　实训一　分析小麦类型数量 ... 35
　任务二　处理农产品基本信息数据 ... 36
　　任务描述 ... 36
　　相关知识 ... 36
　　　一、数据读取与写入 ... 36
　　　二、pandas 数据结构 ... 40
　　　三、pandas 数据处理 ... 44
　　任务实施 ... 56
　　　一、读取农产品基本信息数据 ... 56
　　　二、缺失值检测与处理 ... 56
　　　三、异常值检测与处理 ... 57
　　　四、重复值检测与处理 ... 58
　　　五、存储数据 ... 59
　　任务实训 ... 59
　　　实训二　处理小麦基本信息数据 ... 59
　任务三　分析农产品数量情况 ... 60
　　任务描述 ... 60
　　相关知识 ... 60
　　　一、基础语法和常用参数 ... 60
　　　二、绘制基本图形 ... 64
　　任务实施 ... 70
　　　一、分析省级以上部门审定数量 ... 71
　　　二、分析水稻品种数量 ... 72
　　　三、分析各地审定水稻品种分布 ... 74
　　　四、分析水稻品种数量发展趋势 ... 75
　　任务实训 ... 77
　　　实训三　分析小麦生长情况 ... 77
　项目总结 ... 78
　课后作业 ... 78

项目三　建筑工程混凝土抗压强度检测——线性回归 ... 80
　任务一　构建建筑工程混凝土抗压强度检测模型 ... 81
　　任务描述 ... 81
　　相关知识 ... 81
　　任务实施 ... 84

一、读取混凝土成分数据 84
　　　二、对自变量和因变量进行可视化 85
　　　三、构建一元线性回归检测模型 86
　　　四、对混凝土抗压强度进行检测 86
　　　五、对检测结果进行可视化 87
　　　六、构造一元线性回归方程 88
　　任务实训 88
　　　实训一　构建建筑物能效检测模型 88
　任务二　评估建筑工程混凝土抗压强度检测模型 89
　　任务描述 89
　　相关知识 89
　　任务实施 92
　　　一、使用平均绝对误差指标评估模型 92
　　　二、使用均方误差指标评估模型 92
　　　三、使用可解释方差指标评估模型 93
　　　四、使用 R 方指标评估模型 93
　　任务实训 93
　　　实训二　评估建筑物能效检测模型 93
　任务三　优化建筑工程混凝土抗压强度检测模型 94
　　任务描述 94
　　相关知识 94
　　任务实施 97
　　　一、构建多元线性回归检测模型 97
　　　二、对混凝土抗压强度进行检测 98
　　　三、对预测结果进行可视化 98
　　　四、构造多元线性回归方程 99
　　　五、评估多元线性回归检测模型 99
　　任务实训 100
　　　实训三　优化建筑物能效检测模型 100
　项目总结 101
　课后作业 101

项目四　电商平台运输行为预测——逻辑回归 103

　任务一　处理电商平台运输行为数据 104
　　任务描述 104
　　相关知识 104
　　　一、哑变量处理 105

二、离散化处理 107
　　三、属性构造 110
任务实施 111
　　一、读取电商平台运输行为数据 111
　　二、哑变量处理 115
　　三、属性构造 115
任务实训 116
　　实训一　处理送货卡车运输行为数据 116

任务二　构建电商平台运输行为预测 117
任务描述 117
相关知识 117
任务实施 122
　　一、构建逻辑回归模型 122
　　二、绘制运输预测结果柱形图 124
任务实训 125
　　实训二　构建送货卡车运输行为预测模型 125

任务三　评估与优化电商平台运输行为预测 126
任务描述 126
相关知识 126
　　一、混淆矩阵、准确率与召回率 126
　　二、ROC 曲线 129
　　三、样本平衡 131
任务实施 134
　　一、评估电商平台运输行为预测 134
　　二、利用样本平衡进行模型优化 136
　　三、过采样后的模型效果 137
任务实训 139
　　实训三　评估送货卡车运输行为预测模型 139

项目总结 140
课后作业 140

项目五　加工厂玻璃类别识别——决策树、随机森林 143
任务一　处理玻璃成分数据 144
任务描述 144
相关知识 144
　　一、数据标准化 144
　　二、数据降维 148

  任务实施 ... 153
    一、读取玻璃类别数据 ... 153
    二、使用标准差标准化数据 ... 154
    三、使用PCA进行数据降维 ... 155
  任务实训 ... 156
    实训一 处理印刷品圆筒成分数据 ... 156
 任务二 构建加工厂玻璃类别识别模型 ... 157
  任务描述 ... 157
  相关知识 ... 157
  任务实施 ... 159
    一、导入开发库 ... 159
    二、拆分训练集和测试集 ... 160
    三、构建决策树模型 ... 160
    四、评估决策树模型 ... 160
  任务实训 ... 161
    实训二 构建印刷品圆筒成分识别模型 ... 161
 任务三 评估与优化加工厂玻璃类别识别模型 ... 161
  任务描述 ... 161
  相关知识 ... 162
    一、K折交叉验证与GridSearch网络搜索 ... 162
    二、随机森林 ... 165
  任务实施 ... 167
    一、使用GridSearch网络搜索进行模型调优 ... 167
    二、构建随机森林模型 ... 169
  任务实训 ... 171
    实训三 优化印刷品圆筒成分识别模型 ... 171
 项目总结 ... 172
 课后作业 ... 172

项目六 运输车辆安全驾驶行为分析——朴素贝叶斯、K近邻 ... 174
 任务一 构建运输车辆安全驾驶行为分析模型 ... 175
  任务描述 ... 175
  相关知识 ... 175
    一、高斯朴素贝叶斯 ... 176
    二、多项式分布朴素贝叶斯 ... 177
  任务实施 ... 178
    一、读取并探索驾驶行为数据 ... 178

二、处理驾驶行为数据 ... 182
　　三、构建高斯朴素贝叶斯模型 ... 186
　　四、构建多项式分布朴素贝叶斯模型 ... 189
　任务实训 ... 192
　　实训一　构建驾驶行为分析模型 ... 192
任务二　优化运输车辆安全驾驶行为分析模型 ... 193
　任务描述 ... 193
　相关知识 ... 193
　　一、K近邻 ... 193
　　二、对比分析法 ... 196
　任务实施 ... 197
　　一、构建K近邻模型 ... 197
　　二、评估K近邻模型 ... 198
　　三、对比朴素贝叶斯和K近邻模型 ... 199
　任务实训 ... 200
　　实训二　优化驾驶行为分析模型 ... 200
项目总结 ... 200
课后作业 ... 201

项目七　新闻文本分析——聚类 ... 203

任务一　处理新闻文本数据 ... 204
　任务描述 ... 204
　相关知识 ... 204
　　一、文本数据处理 ... 204
　　二、特征提取 ... 207
　任务实施 ... 208
　　一、读取新闻文本数据 ... 208
　　二、分词和去停用词 ... 210
　　三、特征提取 ... 211
　任务实训 ... 212
　　实训一　处理期刊论文文本数据 ... 212
任务二　构建新闻文本聚类模型 ... 213
　任务描述 ... 213
　相关知识 ... 213
　　一、K-Means ... 213
　　二、DBSCAN ... 216
　任务实施 ... 219

一、构建 K-Means 模型 219
　　二、构建 DBSCAN 模型 222
　任务实训 223
　　实训二　构建期刊论文文本聚类模型 223
项目总结 224
课后作业 224

项目八　中草药识别——神经网络 226

任务一　处理中草药图像数据 227
　任务描述 227
　相关知识 227
　　一、读取、显示、保存图像数据 227
　　二、图像缩放 228
　　三、灰度化处理 230
　　四、二值化处理 231
　任务实施 233
　　一、查看中草药图像数据 233
　　二、图像缩放 234
　　三、灰度化处理 234
　　四、二值化处理 235
　任务实训 237
　　实训一　处理农作物种子图像数据 237

任务二　构建中草药识别模型 238
　任务描述 238
　相关知识 238
　任务实施 241
　　一、构建 BP 神经网络模型 241
　　二、评估模型 242
　任务实训 242
　　实训二　构建 BP 神经网络进行农作物种子预测 242
项目总结 243
课后作业 243

项目九　电信运营商用户分析 245

任务一　处理电信运营商用户信息数据 246
　任务描述 246
　相关知识 246

任务实施 247
　一、数据去重与降维 247
　二、合并数据 248
　三、处理缺失值与异常值 253
任务实训 254
　实训一　处理电信用户信息数据 254

任务二　构建电信运营商用户分群模型 254
任务描述 254
相关知识 255
任务实施 255
　一、分析用户基本信息 255
　二、构建 K-Means 模型 265
任务实训 270
　实训二　建立电信运营用户信息分群模型 270

任务三　构建电信运营商用户流失预测模型 271
任务描述 271
相关知识 271
任务实施 271
　一、特征值提取 271
　二、自定义模型构建函数 273
　三、构建逻辑回归模型 275
　四、构建决策树模型 276
　五、构建朴素贝叶斯模型 276
　六、选择最优模型 277
任务实训 277
　实训三　建立电信运营用户流失预测模型 277

项目总结 278

附录 A　NumPy 库 279
附录 B　pandas 库 281
附录 C　Matplotlib 库 283
附录 D　sklearn 库 285
参考文献 286

项目一 搭建数据挖掘与机器学习编程环境

"工欲善其事，必先利其器"，在进行数据挖掘和机器学习的研究和应用前，需要搭建一个可靠的编程环境，以便可以方便地操作数据、进行模型构建等。Python是数据科学家和机器学习工程师常用的编程语言之一，有着丰富的数据挖掘和机器学习库。本项目将搭建一个Python数据挖掘和机器学习编程环境。

本项目技术开发思维导图如图1-1所示。

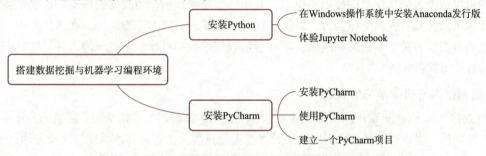

图1-1 搭建数据挖掘与机器学习编程环境学习思维导图

学习目标

1. 知识目标

（1）了解数据挖掘与机器学习的基本概念。
（2）熟悉数据挖掘与机器学习的通用流程。
（3）了解Python的基本概念。
（4）了解Anaconda和PyCharm开发工具。

2. 技能目标

（1）能够完成Anaconda的安装。
（2）能够完成PyCharm的安装。
（3）能够建立PyCharm项目。

3. 素质目标

（1）通过对数据挖掘与机器学习概念的探讨，培养思辨能力。
（2）通过学习软件的安装，提高动手能力，培养实践精神。

（3）通过软件的使用，树立互联网思维，贯穿网络强国理念。

任务一　安装Python

任务描述

Python拥有NumPy、pandas、Matplotlib和Scikit-learn等功能齐全、接口统一的库，能为数据挖掘与机器学习工作提供极大的便利。库的管理和版本问题，使得开发人员不能够专注于研究，而是将大量的时间花费在与环境配置相关的问题上。基于上述原因，Anaconda发行版应运而生。任务要求：（1）完成Anaconda的安装；（2）体验操作Jupyter Notebook的基本功能。

相关知识

一、初识数据挖掘与机器学习

数据挖掘和机器学习是当今信息时代的重要组成部分，已经成为各个行业和领域中的必备技能。数据挖掘可以帮助人们从海量的数据中提取出有用的信息和知识，为决策提供支持；而机器学习则可以让计算机系统具有人的学习能力，以便实现人工智能、构建人工智能等。在本任务中，将学习数据挖掘和机器学习的基本概念和应用，深入了解数据挖掘和机器学习的原理，并了解它们在实际应用中的各种场景和案例。

1. 数据挖掘与机器学习的概念

数据挖掘（data mining,DM）是从大量的、不完全的、有噪声的、模糊的、随机的数据集中识别有效的、新颖的、潜在有用的信息的过程。数据挖掘是目前人工智能和数据库领域研究的热点问题，主要基于人工智能、机器学习、模式识别、统计学、数据库等，高度自动化地分析企业的数据，做出归纳性的整理，从中挖掘出潜在的模式，从而帮助决策者调整市场策略，减少风险，应用领域为情报检索、情报分析、模式识别等。

机器学习（machine learning,ML）是一门多学科交叉专业，涵盖概率论知识、统计学知识、近似理论知识和复杂算法知识，使用计算机作为工具并致力于真实实时的模拟人类学习方式，并将现有内容进行知识结构划分来有效提高学习效率。它是人工智能及模式识别领域共同研究的热点，其理论和方法已被广泛应用于解决工程应用和科学领域的复杂问题。

机器学习已广泛应用于数据挖掘、自然语言处理、图片识别等领域。例如，当人们在网上商城购物时，机器学习算法会根据人们的购买历史推荐可能喜欢的其他产品，以提升购买概率。

数据挖掘和机器学习的相互关系很密切，机器学习可以看作是一种数据挖掘技术，而数据挖掘则提供了机器学习所需的大量数据和特征。它们的共同目标是从数据中获取有用的信息和知识，以支持决策和预测。与两者相关的领域如图1-2所示。

2. 数据挖掘与机器学习的应用场景

数据挖掘与机器学习在许多领域都有应用，包括在农业、金融、制造业、医疗、教育、零售业、交通、建筑等领域。常见的数据挖掘与机器学习的应用场景见表1-1。

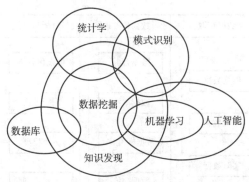

图 1-2　与数据挖掘和机器学习相关的领域

表 1-1　常见的数据挖掘与机器学习应用场景

行　业	应　用
农业	自动化喷灌系统、精准农业、智能化养殖等
金融	风险管理、信用评估、自动化交易等
制造业	智能物流、工业自动化、质量控制、图像识别、自动驾驶等
医疗	智能医疗设备、医疗图像分析、健康监测、医疗诊断等
教育	智能辅导、个性化学习、智能化评估等
零售业	智能化仓储、自动化物流、智能客服等
交通运输	智能交通管理、自动驾驶技术、智能公共交通等
电力行业	智能电网、能源管理、设备监控等
社交网络	智能化推荐、情感分析、社交媒体管理、垃圾邮件过滤等
娱乐	智能游戏、虚拟现实、智能化演出等
安防	智能监控、智能化门禁、智能化安全检查等

3. 数据挖掘与机器学习的通用流程

目前,数据挖掘与机器学习的通用流程主要包含需求分析、数据获取、数据预处理、分析与建模、模型评价与优化,如图1-3所示。需要注意的是:这五个流程的顺序并非严格不变的,可根据实际项目情况进行不同程度的调整。

1)需求分析

需求分析一词来源于产品设计,主要是指从用户提出的需求出发,挖掘用户内心的真实意图,并转化为产品需求的过程。产品设计的第一步就是需求分析,也是最关键的一步,因为需求分析决定了产品方向。错误的需求分析可能导致产品在实现过程中走入错误方向,甚至对企业造成损失。

数据挖掘与机器学习中的需求分析是数据分析环节的第一步,也是非常重要的一步,决定了后续的分析方向和方法。数据挖掘与机器学习中需求分析的主要内容是,根据业务、生产和财务等部门的需要，结合现有的数据情况，提出需求的整体分析方向、分析内容，最终和需求方达成一致意见。

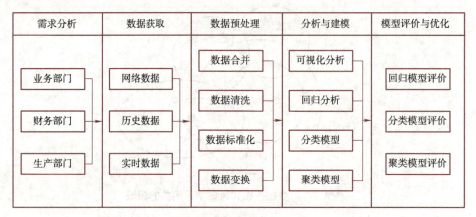

图 1-3 数据挖掘与机器学习的通用流程

2）数据获取

数据获取是数据挖掘与机器学习工作的基础，是指根据需求分析的结果提取、收集数据。数据获取主要有两种方式：网络数据与本地数据。网络数据是指存储在互联网中的各类视频、图片、语音和文字等信息；本地数据则是指存储在本地数据库中的生产、营销和财务等系统的数据。本地数据按照数据时间又可以划分为两部分：历史数据与实时数据。历史数据是指系统在运行过程中遗存下来的数据，其数据量随系统运行时间的增加而增长；实时数据是指最近一个单位时间周期（月、周、日、小时等）内产生的数据。

在数据分析过程中，具体使用哪种数据获取方式，需要依据需求分析的结果而定。

3）数据预处理

数据预处理是指对数据进行数据合并、数据清洗、数据标准化和数据变换，并直接用于分析建模的这一过程的总称。其中，数据合并可以将多张互相关联的表格合并为一张；数据清洗可以去除重复、缺失、异常、不一致的数据；数据标准化可以去除特征间的量纲差异；数据变换则可以通过离散化、哑变量处理等技术满足后期分析与建模的数据要求，贯彻高质量发展精神。在数据分析的过程中，数据预处理的各个过程互相交叉，并没有明确的先后顺序。

4）分析与建模

分析与建模是指通过可视化分析、回归分析等分析方法，以及聚类模型、分类模型等，发现数据中有价值的信息，并得出结论的过程。

分析与建模的方法按照目标不同可以分为几大类。如果分析目标是量化未来一段时间内某个事件的发生概率，那么可以使用两大预测分析模型，即回归预测模型和分类预测模型。在回归预测模型中，目标特征通常为连续型数据，常见的有抗压强度检测、股票价格预测等。在常见的分类预测模型中，目标特征通常为二元数据，如流失与否、购买与否等。如果分析目标是描述客户行为模式的，就可以采用描述型数据分析方法，同时还可以考虑聚类模型等。

5）模型评价与优化

模型评价是指对于已经建立的一个或多个模型，根据其模型的类别，使用不同的指标评价模型性能优劣的过程。常用的回归模型评价指标有平均绝对误差、均方误差、可解释方差值等。常用的分类模型评价指标有准确率（accuracy）、精确率（precision）、召回率（recall）、受试者工作特征曲线（receiver operating characteristic curve,ROC）等，常用的聚类模型评价指标有F值（F-score）、调整兰德系数（adjusted rand index，ARI）等。

模型优化则是指模型性能在经过模型评价后已经达到了要求，但在实际生产环境应用过程中，发现模型的性能并不理想，继而对模型进行重构与优化的过程。在多数情况下，模型优化和分析与建模的过程基本一致。

二、初识Python

Python作为一种强大的编程语言，在数据挖掘和机器学习领域中有广泛的应用。Python机器学习与数据挖掘具有易于使用、灵活、可扩展和可视化等优点。

1. Python的概念

Python是一种面向对象、解释型计算机程序设计语言，它拥有高级数据结构，并且能够用简单而又高效的方式进行面向对象编程。Python并不提供一个专门的数据挖掘环境，但提供其众多的扩展库。例如，NumPy、SciPy和Matplotlib这三个十分经典的科学计算扩展库，分别为Python提供了快速数组处理、数值运算和绘图功能，Scikit-learn库中包含很多分类器的实现以及聚类相关的算法。因为有了这些扩展库，Python成了数据挖掘与机器学习的常用语言。

Python语言广泛应用于多种编程领域，无论对于初学者，还是对于在科学计算领域具备一定经验的工作者，都极具吸引力。

2. Python数据挖掘与机器学习的优势

Python在数据挖掘和机器学习领域具有以下优势：

（1）大量的开源工具和库：Python拥有大量的开源工具和库，这些工具和库为数据科学家提供了处理、分析和可视化数据的丰富资源，大幅提高了工作效率。

（2）易学易用：Python语法简单易懂，易于学习和使用。对于初学者来说，学习Python比其他编程语言更容易。

（3）丰富的机器学习算法：Python拥有大量的机器学习算法和库，这些工具和库提供了广泛的机器学习功能和算法，使得数据科学家能够在各种问题上快速实现和调整模型。

（4）灵活性：Python非常灵活，能够应对多种数据类型和数据处理需求。数据科学家可以利用Python编写自定义代码，以满足特定问题的需求。

（5）社区支持：Python在数据科学领域拥有庞大的社区支持，这意味着开发者能够快速获得帮助和支持。此外，Python社区也不断更新、改进工具和库，保持着数据科学领域的先进性。

Python在数据挖掘和机器学习领域的优势包括开源工具和库、易学易用、丰富的机器学习算法、灵活性以及庞大的社区支持。这些优势使得Python成为数据科学领域中最受欢迎的编程语言之一。

3. Python常用的开发环境

集成开发环境是一种辅助程序开发人员进行开发工作的应用软件，在开发工具内部即可辅助编写代码、编译打包，使其成为可用的程序。Python常用的开发环境见表1-2。

表 1-2　Python 常用的开发环境

开发环境	特　点
PyCharm	集成开发环境，提供智能提示、代码自动补全、调试等功能
Jupyter Notebook	交互式开发环境，支持文本、代码、图像等多种格式
Visual Studio Code	轻量级编辑器，支持多种语言和插件，可个性化配置，适用于快速开发和小型项目
Spyder	科学计算环境，提供高级数学库和可视化工具，适用于数据分析和科学计算
IDLE	自带的简单编辑器，易于入门，适用于小型脚本和初学者

4. Python 数据挖掘与机器学习的常用库

Python 是一个功能强大的编程语言，拥有丰富的数据分析、数据挖掘和机器学习库。这些库不仅提供了各种数据分析和机器学习算法的实现方法，还提供了可视化工具和数据处理函数，可以大幅简化数据分析和建模的流程。Python 中数据挖掘与机器学习常用库见表 1-3。

表 1-3　Python 中数据挖掘与机器学习常用库

常用库	库的特点
NumPy	科学计算库，提供高效的数值计算和数组操作
pandas	数据处理库，提供灵活的数据结构和数据分析工具
Matplotlib	绘图库，提供各种类型的静态图表
Scikit-learn	机器学习库，提供各种经典的机器学习算法和工具

三、了解 Python 的 Anaconda 发行版

Anaconda 发行版 Python 预装了 conda、Python 及其常用开发包及依赖项，其中包括数据分析常用的 NumPy、Matplotlib、pandas、scikit-learn 库，使得数据挖掘与机器学习人员能够更加顺畅、专注地使用 Python 解决数据挖掘与机器学习相关问题。

Python 的 Anaconda 发行版主要有以下几个特点：

（1）面向个人免费分发安装使用，同时面向机构提供付费授权版本。

（2）面向科学、数学、工程和数据分析提供数千个 Python 库。

（3）支持从桌面应用程序管理软件包和环境。

（4）支持跨硬件和软件平台部署，可以在 Linux、Windows、Mac 等多种操作系统下部署使用，支持自由切换多个 Python 版本环境。

因此，推荐数据挖掘与机器学习初学者（尤其是 Windows 操作系统用户）安装此 Python 发行版，只需要到 Anaconda 官方网站下载适合自身的安装包即可。

●视频
安装 Python

任务实施

一、在 Windows 操作系统中安装 Anaconda 发行版

进入 Anaconda 官方网站，下载 Windows 操作系统中的 Anaconda 安装包，选择 Python 3.8

版本。安装Anaconda的具体步骤如下：

（1）双击已下载好的Anaconda安装包，单击Next按钮进入下一步，如图1-4所示。

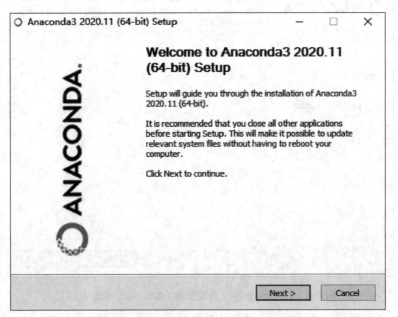

图1-4　Windows 操作系统安装 Anaconda 步骤（一）

（2）单击图1-5中的I Agree按钮，同意上述协议并进入下一步。

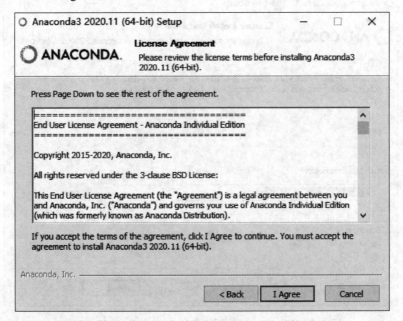

图1-5　Windows 操作系统安装 Anaconda 步骤（二）

（3）选中图1-6中的All Users(requires admin privileges)单选按钮，单击Next按钮进入下一步。

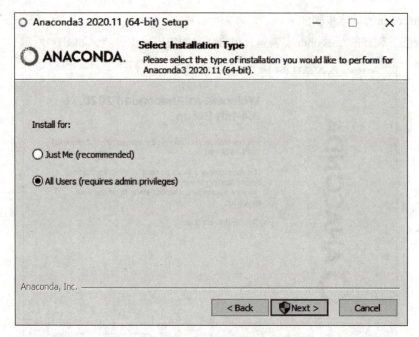

图 1-6　Windows 操作系统安装 Anaconda 步骤（三）

（4）单击Browse按钮，选择在指定的路径安装Anaconda，单击Next按钮，进入下一步，如图1-7所示。

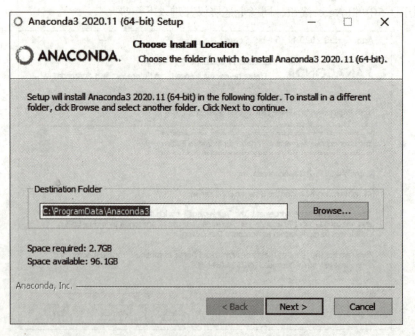

图 1-7　Windows 操作系统安装 Anaconda 步骤（四）

（5）在图1-8中的两个复选框分别代表了允许将Anaconda添加到系统路径环境变量中、Anaconda使用的Python版本为3.8。全部选中后，单击Install按钮，等待安装结束。

项目一　搭建数据挖掘与机器学习编程环境

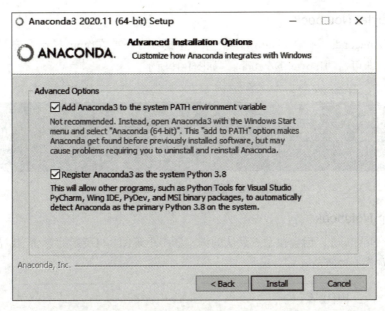

图1-8　Windows 操作系统安装 Anaconda 步骤（五）

（6）单击图1-9中的Finish按钮，完成Anaconda安装。

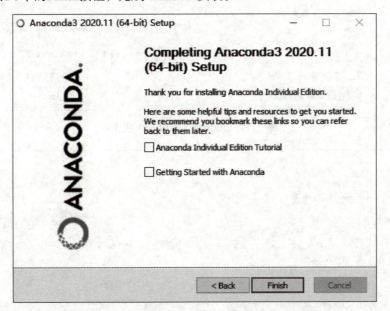

图1-9　Windows 操作系统安装 Anaconda 步骤（六）

二、体验 Jupyter Notebook

Jupyter Notebook（交互式笔记本）支持运行40多种编程语言，其本质上是一个支持实时代码、数学方程、可视化和Markdown（一种轻量级标记语言）的Web应用程序。

1. 启动 Jupyter Notebook

在安装完成Anaconda后，在Windows操作系统下的命令行或在Linux操作系统下的终端输入命令jupyter notebook，即可启动Jupyter Notebook，如图1-10所示。

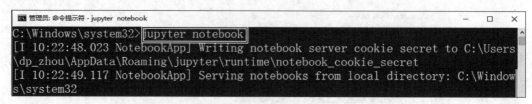

图 1-10　启动 Jupyter Notebook

2. 新建一个 Notebook

打开Jupyter Notebook以后会在系统默认的浏览器中出现图1-11所示的界面。单击New下拉按钮，出现下拉列表，如图1-12所示。

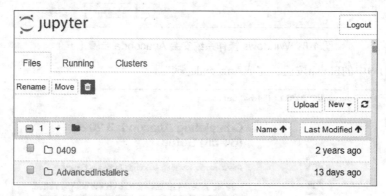

图 1-11　Jupyter Notebook 主页

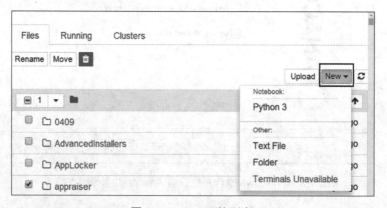

图 1-12　New 下拉列表

在New下拉列表中选择需要创建的Notebook类型。其中，Python 3为Python运行脚本，Text File为纯文本型，Folder为文件夹，灰色字体表示不可用项目。选择Python 3选项，进入Python脚本编辑界面，如图1-13所示。

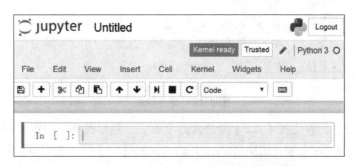

图 1-13　Jupyter Notebook Python 3 脚本编辑界面

3. Jupyter Notebook 界面

Jupyter Notebook中的Notebook文档由一系列单元（cell）构成，主要有两种形式的单元，如图1-14所示。

图 1-14　Jupyter Notebook 的两种单元

（1）代码单元：用户编写代码的地方，通过按【Shift+Enter】组合键运行代码，其结果显示在本单元下方。代码单元左边有"In [ ]："编号，方便用户查看代码的执行次序。

（2）Markdown单元：可对文本进行编辑，采用Markdown的语法规范，可以设置文本格式，插入链接、图片甚至数学公式。同样，按【Shift+Enter】组合键可运行Markdown单元，显示格式化的文本。

Jupyter Notebook编辑界面类似于Linux的VIM编辑器界面。在Notebook中也有两种模式：

（1）编辑模式：用于编辑文本和代码。选中单元并按【Enter】键进入编辑模式，此时单元左侧显示绿色竖线，如图1-15所示。

图 1-15　编辑模式

（2）命令模式：用于执行键盘输入的快捷命令。选中单元并按【Esc】键进入命令模式，此时单元左侧显示蓝色竖线，如图1-16所示。

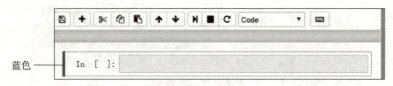

图 1-16　命令模式

如果要使用快捷键，首先按【Esc】键进入命令模式，然后按相应的键实现对文档的操作。例如，切换到代码单元按【Y】键，切换到Markdown单元按【M】键，在本单元的下方增加一个单元按【B】键，查看所有快捷命令按【H】键。

4. Jupyter Notebook 的 Markdown 功能

在Jupyter Notebook中，可以使用Markdown进行文本标记，以便用户查看。同时，Jupyter Notebook还可以将Notebook导出形成HTML、PDF等多种格式。

Markdown是一种可以使用普通文本编辑器编写的标记语言，通过简单的标记语法，便可以使普通文本内容具有一定的格式。Jupyter Notebook的Markdown单元功能较多，如标题、列表、字体、表格和数学公式编辑等，具体运用如下：

（1）标题是标明文章和作品等内容的简短语句。在写报告或论文时，标题是不可或缺的，尤其是论文的章节等，需要使用不同级别的标题。一般使用Markdown中的类Atx形式进行标题的排版，在首行前加一个"#"字符代表一级标题，加两个"#"字符代表二级标题，依此类推。图1-17和图1-18分别为Markdown的标题代码和展示效果。

图 1-17　Markdown 的标题代码

图 1-18　Markdown 的标题展示效果

（2）列表是一种由数据项构成的有限序列，即按照一定的线性顺序排列而成的数据项的集合。列表一般分为两种：一种是无序列表，使用一些图标标记，没有序号，没有排列顺序；另一种是有序列表，使用数字标记，有排列顺序。Markdown对于无序列表，可使用星号、加号或减号作为列表标记；Markdown对于有序列表，则使用数字加"."和" "（一个空格）表示。图1-19和图1-20分别为Markdown的列表代码和列表效果。

（3）文档中为了凸显部分内容，一般对文字使用加粗或斜体格式，使得该部分内容变得更加醒目。对于Markdown排版工具而言，通常使用星号"*"和下画线"_"作为标记字词的符号。前后有两个星号或下画线表示加粗，前后有3个星号或下画线表示斜体。图1-21和图1-22分别为加粗/斜体代码和显示效果。

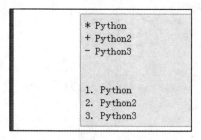 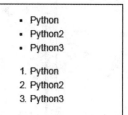

图 1-19　Markdown 的列表代码　　　　　图 1-20　Markdown 的列表效果

图 1-21　Markdown 的加粗/斜体代码　　　图 1-22　Markdown 的加粗/斜体显示效果

（4）使用Markdown同样也可以绘制表格。代码的第一行表示表头，第二行分隔表头和主体部分，从第三行开始，每一行代表一个表格行。列与列之间用符号"｜"隔开，表格每一行的两边也要有符号"｜"。图1-23和图1-24分别为表格的代码和显示效果。

图 1-23　Markdown 的表格代码

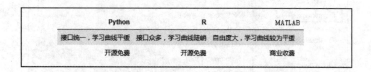

图 1-24　Markdown 的表格显示效果

（5）LaTeX是写科研论文的必备工具，不但能实现严格的文档排版，而且能编辑复杂的数学公式。在Jupyter Notebook的Markdown单元中也可以使用LaTeX插入数学公式。在文本行中插入数学公式，应使用两个"$"符号，如质能方程"\$E = mc^2\$"。如果要插入一个数学区块，需要使用两个"\$\$"符号，如使用"\$\$ z = \frac{x}{y} \$\$"表示（1-1）。

$$z = \frac{x}{y} \tag{1-1}$$

在输入式（1-1）的LaTeX表达式后，运行结果如图1-25所示。

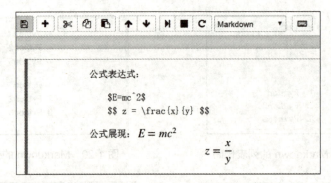

图 1-25 LaTeX 语法示例

5. Jupyter Notebook 的导出功能

Jupyter Notebook还有一个强大的特性，就是导出功能，可以将Notebook导出为多种格式，如HTML、Markdown、reST、PDF（通过LaTeX）等格式。其中，导出为PDF功能，可以让用户不用写LaTeX即可创建漂亮的PDF文档。还可以将Notebook作为网页发布在自己的网站上。甚至，可以导出为reST格式，作为软件库的文档。导出功能可以依次选择File→Download as级联菜单中的命令实现，如图1-26所示。

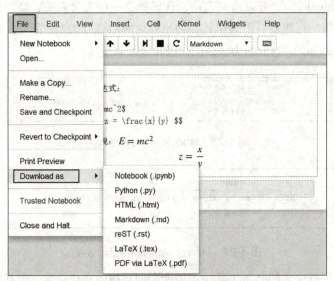

图 1-26 导出功能级联菜单

任务二 安装 PyCharm

任务描述

集成开发环境（integrated development environment,IDE）是一种辅助程序开发人员进行开发工作的应用程序，是集成代码编写功能、分析功能、编译功能、调试功能等于一体的开发软件服务套（组），通常包括编程语言编辑器、自动构建工具和调试器。相对于Jupyter Notebook，PyCharm是专门为Python开发的IDE。在Python项目开发中，PyCharm更具优势，功能更加成熟，是Python项目开发工具的不二选择。本任务的要求是完成PyCharm安装工作，并建立一个PyCharm项目。

一、初识 PyCharm

PyCharm是由JetBrains开发的一款Python IDE，具有一整套可以帮助Python开发者提高工作效率的功能，包括调试、语法高亮、Project管理、代码跳转、智能提示、自动完成、单元测试及版本控制。

PyCharm还提供了一些高级功能，用于支持Django框架下的专业Web开发，同时支持Google App Engine和IronPython。这些功能在先进代码分析程序的支持下，使PyCharm成为Python专业开发人员和刚起步人员的有力工具。

二、PyCharm 中的输入与输出

1. print() 函数

print()函数是Python中常用的一个内置函数，用于输出文本或变量的值到控制台或文件。其基本语法如下：

```
print(value,sep=' ',end='\n',file=sys.stdout,flush=False)
```

print()函数常用的参数及说明见表1-4。

表1-4　print() 函数常用的参数及说明

参　　数	说　　明
sep	接收str，表示输出的多个对象之间的分隔符，默认是空格
end	接收str，表示输出结束时要添加的字符串，默认是换行符
file	接收文件对象，表示输出的文件对象，可以是标准输出（sys.stdout）或文件对象（如打开的文件），默认为sys.stdout
flush	接收bool，表示是否立即刷新输出缓冲区，默认为False

下面举一个简单的应用print()函数的示例，如代码1-1所示。

【代码1-1】print()函数应用示例。

```
print('Hello World')
```

代码运行结果：

```
Hello World
```

2. input() 函数

input()函数是Python中常用的一个内置函数,用于从控制台读取用户输入的数据。其基本语法如下:

```
input([prompt])
```

input()的参数及说明见表1-5。

表1-5 input() 的参数及说明

参数	说明
prompt	可选参数,表示提示用户输入的字符串,可以是任意字符串。如果省略此参数,则不会有任何提示信息

在Python中可以通过input()函数从键盘输入数据,并用print()函数输出,如代码1-2所示。

【代码1-2】输入数据并用print()输出。

```
character=input('input your character:')
print(character)
```

代码运行结果:

```
input your character:
```

在控制台中输入Hello World后按【Enter】键,结果如下:

```
input your character: Hello world
Hello world
```

任务实施

一、安装 PyCharm

PyCharm可以跨平台使用,分为社区版和专业版,其中社区版是免费的,专业版是付费的。对于初学者来说,两者差距不大。PyCharm的安装步骤如下:

(1)打开PyCharm官网,单击DOWNLOAD按钮,如图1-27所示。

视 频

安装 PyCharm

图1-27 PyCharm 官网

（2）选择Windows操作系统的社区版，单击Download按钮即可进行下载，如图1-28所示。

图1-28　选择社区版并下载

（3）下载完成后，双击安装包打开安装向导，单击Next按钮，如图1-29所示。

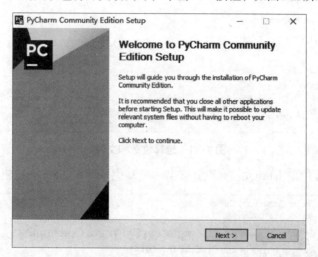

图1-29　欢迎安装界面

（4）在进入的界面中自定义软件安装路径，建议不要使用中文字符，单击Next按钮，如图1-30所示。

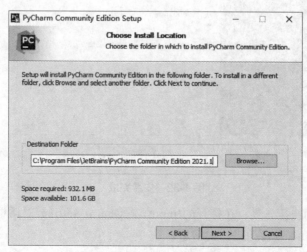

图1-30　选择安装路径

（5）在进入的界面中根据自己计算机的系统选择位数，创建桌面快捷方式并关联.py文件，单击Next按钮，如图1-31所示。

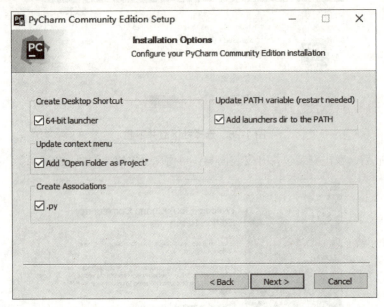

图 1-31　选择位数和文件

（6）在进入的界面中单击Install按钮默认安装。安装完成后单击Finish按钮，如图1-32所示。

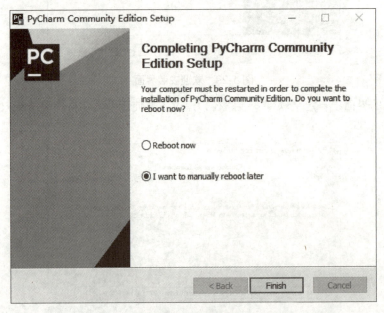

图 1-32　安装完成

（7）双击桌面上的快捷方式，在打开的Import PyCharm Settings对话框中选中Do not import settings单选按钮，单击OK按钮，如图1-33所示。

项目一　搭建数据挖掘与机器学习编程环境

图 1-33　选择不导入文件选项

（8）在打开的Data Sharing对话框中单击Don't Send按钮，如图1-34所示。

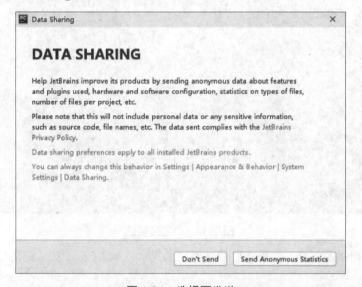

图 1-34　选择不发送

（9）重启后，将会打开图1-35所示的窗口，单击New Project按钮创建新项目。

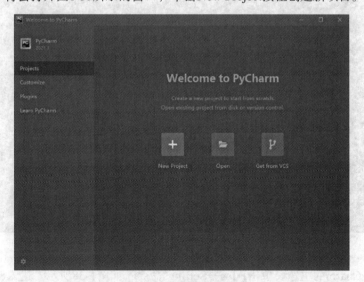

图 1-35　创建新项目

(10)打开Add Python Interpreter窗口,自定义项目存储路径,IDE默认关联Python解释器,单击OK按钮,如图1-36所示。

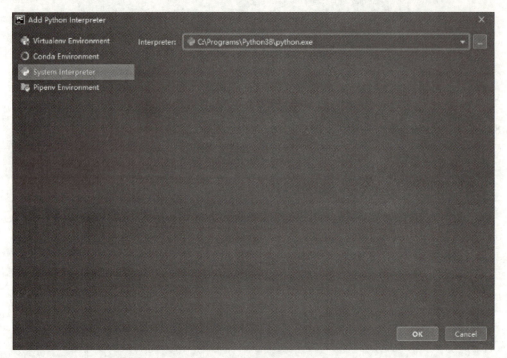

图1-36　自定义路径

(11)此时弹出提示信息,选择在启动时不显示提示,单击Close按钮,进入PyCharm界面,如图1-37所示。

图1-37　PyCharm界面

(12)更换PyCharm的主题。单击Files→Settings命令,如图1-38所示。进入Settings界面后,选

择Appearance & Behavior→Appearance选项，在Theme中选择自己喜欢的主题，这里选择Windows 10 Light或IntelliJ Light，如图1-39所示。

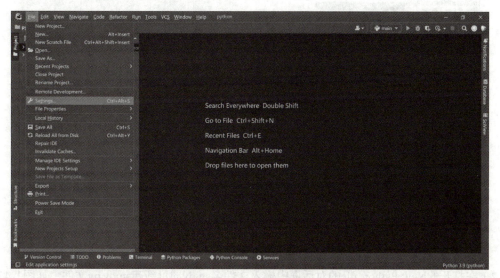

图 1-38　进入设置菜单

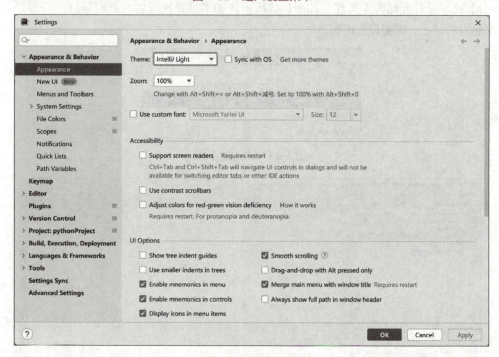

图 1-39　选择主题

二、使用 PyCharm

新建项目（此处项目名为Python）后，还要新建一个.py文件。

（1）右击项目名Python，选择New→Python File命令，如图1-40所示。

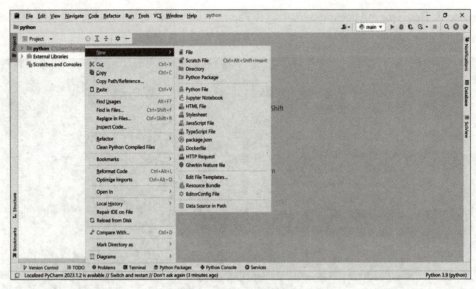

图1-40 新建文件

（2）在打开的New Python file的对话框中输入文件名study即可新建study.py文件，如图1-41所示。按【Enter】键即可打开此脚本文件，如图1-42所示。如果是首次安装，此时运行的符号是灰色的，处于不可触发的状态，需要设置控制台。

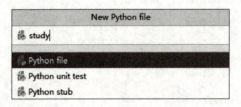

图1-41 输入文件名

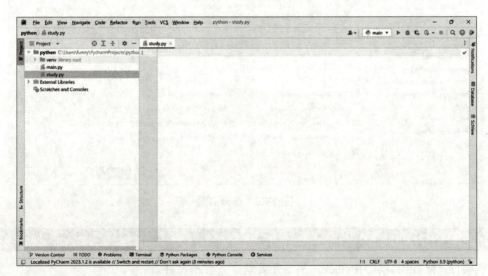

图1-42 打开脚本文件

（3）单击运行符号左边的倒三角符号（见图1-43），打开Run/Debug Configurations对话框，单击"+"号，新建一个配置项，并选择Python，如图1-44所示。

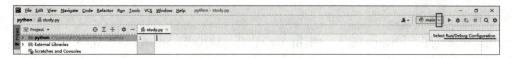

图 1-43　单击倒三角符号

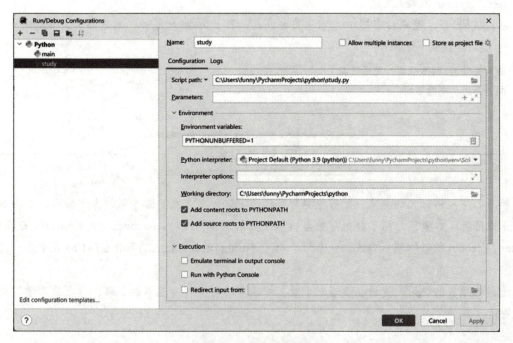

图 1-44　新建配置项

在右侧窗格中的Name文本框中输入py文件名称，单击Script path选项右侧的"浏览"按钮，找到新建的study.py文件，单击OK按钮，运行的符号就会变成绿色，此时就可以正常编程。

三、建立一个 PyCharm 项目

建立一个PyCharm项目，使用print()函数输出和input()函数输入。首先用print()函数直接输出，如代码1-3所示。

【代码1-3】使用print()直接输出。

```
print('网络强国')
```

代码运行结果：

```
网络强国
```

先赋值再输出，如代码1-4所示。

【代码1-4】先赋值再输出。

```
a='科技强国'
```

```
print(a)
```

代码运行结果：

```
科技强国
```

创建应声虫程序，用input()输入，再用print()输出，如代码1-5所示。

【代码1-5】先输入再输出。

```
print(input('输入关键词:'))
```

运行代码1-5，控制台将提示"输入关键词:"，按提示输入文字"制造强国、交通强国"，按【Enter】键后得到如下结果：

```
输入关键词:制造强国、交通强国
制造强国、交通强国
```

项目总结

随着数字经济时代的到来，数据挖掘与机器学习进入了人类日常生活的方方面面，正在加快数字经济的发展。本项目介绍了数据挖掘与机器学习的基本概念、Anaconda与PyCharm的安装方法、Jupyter Notebook的基本使用方法，并介绍了如何用print()函数与input()函数在PyCharm中建立简单的项目。

通过本项目的学习，能够让读者对于数据挖掘与机器学习有基本的了解，为之后的学习奠定良好的基础。

课后作业

选择题

1. 在数据挖掘中，下列（　　）是数据挖掘的主要意义。
   A. 通过数据挖掘算法生成数据可视化
   B. 通过数据挖掘算法解决数据收集难题
   C. 通过数据挖掘算法发现数据中的潜在规律和模式
   D. 通过数据挖掘算法进行数据清洗和数据预处理

2. 机器学习和数据挖掘的应用场景不包括（　　）。
   A. 质量控制　　　　　　　　　　　　　B. 无人机避障
   C. 图像识别　　　　　　　　　　　　　D. 工业自动化

3. Print()函数中，参数end的默认值为（　　）。
   A. 换行符"\n"　　　　　　　　　　　　B. 制表符"\t"

C. 退格符 "\b" D. 空格

4. Print()函数中flush参数，接收对象的数据格式为（ ）。
   A. int B. str C. bool D. float

5. 以下不能正确输出"Hello World"的代码是（ ）。
   A.print("Hello World')
   B.print('Hello World')
   C.print('Hello World',sep='')
   D.print('Hello World',sep=',')

6. 以下（ ）对input()函数的描述是正确的。
   A. Input()函数是用于生成一组随机数的
   B. input()函数用于从控制台读取用户输入的数据
   C. input()函数用于将输出写入控制台
   D. input()函数用于将字符串转换为整数

项目二　农产品信息可视化分析——NumPy、pandas 与 Matplotlib 库

中国是世界上农业生产大国之一，其农业生产经验和技术已经积累了几千年。中国的农产品种类繁多，其中包括水稻、小麦、玉米、花生、高粱等，在全国各地都有广泛的种植。特别是水稻，在中国南方是主要的粮食作物，也是中国超过60%人口的主食。为了应对全球粮食危机和国内人民对更高生活水平的追求，中国的育种学家们致力于培育"高产优质"型超级水稻新品种，以满足人们对高质量粮食的需求，加快建设农业强国。

在本项目中，应用NumPy、pandas和Matplotlib等开发库对水稻、小麦等农产品信息进行可视化分析。其中，NumPy、pandas和Matplotlib是Python编程语言的开发库，主要用于科学计算、数据处理、数据可视化分析等用途。本项目技术开发思维导图如图2-1所示。

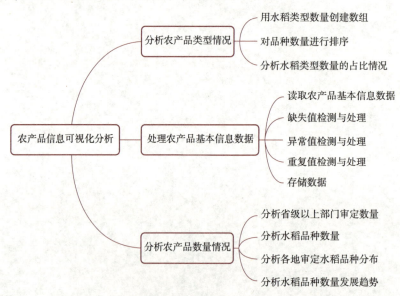

图 2-1　农产品信息可视化分析项目技术开发思维导图

学习目标

1. 知识目标

（1）掌握数组的基本概念和操作。

（2）掌握DataFrame的基本概念和基本操作。
（3）了解数据清洗、数据合并、分组聚合的基本概念。
（4）了解数据可视化的基本概念和技术。

2. 技能目标

（1）能够熟练使用NumPy库创建、操作和处理数组。
（2）能够熟练使用pandas库读取与写入数据。
（3）能够熟练使用pandas库创建、操作和处理DataFrame。
（4）能够使用Python对数据进行清洗、合并和分组聚合。
（5）能够使用Matplotlib库创建基础图表，并能够应用这些图表进行数据可视化和数据分析。

3. 素质目标

（1）培养学生数据分析思维与科研能力，引导学生关注国家农业生产情况。
（2）培养学生数据清洗和整理能力，引导学生关注社会就业市场情况。
（3）培养数据可视化能力，引导学生关注水稻这一重要农作物的生产发展状况。

任务一　分析农产品类型情况

任务描述

过去几十年来，农业技术和产业快速发展，各地研究院所和企业在水稻技术领域不断进行科技创新，开发出大量的新品种。

某地水稻类型品种的虚拟数据见表2-1。

表2-1　某地水稻类型品种数量

水稻类型	粳型两系杂交稻	籼型两系杂交稻	籼型不育系	籼型常规稻	籼型三系杂交稻	粳型常规稻	粳型三系杂交稻
品种数量	7	435	4	88	204	130	29

通过对该地的水稻类型占比的分析比较，可以深入该地的农产品市场情况，为农产品技术企业的市场决策者对未来发展趋势的判断提供参考依据。任务要求：（1）对某地的常见水稻类型进行排序；（2）分析水稻类型品种数量的占比情况。

相关知识

一、创建数组对象

NumPy是Python中一个用于科学计算的核心库，它提供了高性能的数组对象以及相关工具和函数，可以帮助开发者更加方便地进行数组计算。

视频

数组基本操作

1. 创建数组

使用NumPy库创建数组时，有许多方便的函数可用。其中，array()函数用于创建一维数组。其基本使用格式如下：

```
numpy.array (object,dtype=None,copy=True,order='K',subok=False,ndmin=0)
```

array()函数的常用参数及其说明见表2-2。

表2-2 array() 函数的常用参数及其说明

参　　数	说　　明
object	接收array_like。表示所需创建的数组对象，无默认值
dtype	接收data-type。表示数组所需的数据类型。如果未给定，则选择保存对象所需的最小类型，默认为None
copy	接收bool。表示是否在创建新数组时复制原始数组的数据，默认值为Ture
order	接收str。表示数组的排序方式，默认值为'K'
subok	接收bool。表示是否返回子类对象，默认值为False
ndmin	接收int。表示指定生成数组应该具有的最小维数，默认为0

使用array()函数创建数组，如代码2-1所示。

【代码2-1】使用array()函数创建数组

```
import numpy as np
a=np.array([1,2,3])
print(a)
```

代码运行结果：

```
[1 2 3]
```

除了使用array()函数创建数组之外，还可以使用arange()函数创建数组。arange()函数类似于Python自带的函数range()，通过指定开始值、终值和步长来创建一维数组，创建的数组不含终值。arange()函数的基本使用格式如下：

```
numpy.arange([start,]stop,[step,]dtype=None,*,like=None)
```

arange()函数的常用参数及其说明见表2-3。

表2-3 arange() 函数的常用参数及其说明

参　　数	说　　明
start	接收int或实数。表示数组的开始值，生成的区间包括该值，默认为0
stop	接收int或实数。表示数组的终值，生成的区间不包括该值，无默认值
step	接收int或实数。表示在数组中，值之间的间距，默认值1
dtype	接收数据类型。表示输出数组的类型，默认为None

使用arange()函数创建数组，如代码2-2所示。

【代码2-2】使用arange()函数创建数组

```
print('使用arange()函数创建的数组为：\n',np.arange(0,1,0.1))
```

代码运行结果：

```
使用arange()函数创建的数组为：
[ 0.  0.1 0.2 0.3 0.4 0.5 0.6 0.7 0.8 0.9]
```

Zeros()函数用于创建一个全部为0的数组。其基本使用格式如下：

```
numpy.zeros(shape,dtype=float,order='C')
```

shape参数指定数组的形状，dtype参数指定数组的数据类型，order参数指定数组在内存中的存储顺序。使用zeros()函数创建一个全为0的数组，如代码2-3所示。

【代码2-3】创建一个全为0的数组。

```
a=np.zeros((2,3))
print(a)
```

代码运行结果：

```
[[0. 0. 0.]
 [0. 0. 0.]]
```

ones()函数用于创建一个全部为1的数组。其基本使用格式如下：

```
numpy.ones(shape,dtype=float,order='C')
```

使用ones()函数创建一个全为1的数组，如代码2-4所示。

【代码2-4】创建全为1的数组。

```
a=np.ones((2,3))
print(a)
```

代码运行结果：

```
[[1. 1. 1.]
 [1. 1. 1.]]
```

full()函数用于创建相同元素的数组。其基本使用格式如下：

```
numpy.full(shape,fill_value,dtype=None,order='C')
```

使用full()函数创建一个数组，指定所有元素值2，参数含义同np.zeros()，如代码2-5所示。

【代码2-5】创建相同元素的数组。

```
a=np.full((2,3),2)
print(a)
```

代码运行结果：

```
[[2 2 2]
 [2 2 2]]
```

这些函数能够轻松地创建NumPy数组，使得数据分析和科学计算更加方便快捷。

2. 数组属性

为了更好地理解和使用数组，在创建数组之后，了解数组的基本属性是十分有必要的。数组的常用属性及其说明见表2-4。

表2-4 数组的常用属性及其说明

属 性	说 明
ndim	返回int。表示数组的维数
shape	返回tuple。表示数组形状的阵列,对于n行m列的矩阵,形状为(n,m)
size	返回int。表示数组的元素总数,等于数组形状的乘积
dtype	返回data-type。表示数组中元素的数据类型
itemsize	返回int。表示数组的每个元素的大小(以字节为单位)。例如,一个元素类型为float64的数组的itemsiz属性值为8(float64占用64 bit,每个字节长度为8 bit,所以64/8,占用8字节)。一个元素类型为complex32的数组的itemsiz属性值为4,即32/8

查看数组的常用属性,如代码2-6所示。

【代码2-6】查看数组的常用属性。

```
import numpy as np    #导入numpy库
arr=np.array([[1,2],[3,4],[5,6]])
print("数组大小为：",arr.size,"\n"
      "数组形状为：",arr.shape,"\n"
      "数组维数为：",arr.ndim,"\n"
      "数组数据类型为：",arr.dtype,"\n"
      "数组每个元素的大小为.",arr.itemsize)
```

代码运行结果：

```
数组大小为：6
数组形状为：(3,2)
数组维数为：2
数组数据类型为：int32
数组每个元素的大小为：4
```

3. 生成随机数

random()函数是最常见的生成随机数的方法。其基本使用格式如下:

```
numpy.random.random(size=None)
```

参数size接收int,表示返回的随机浮点数大小,默认为None。

使用random()函数生成随机数,如代码2-7所示。

【代码2-7】使用random()函数生成随机数。

```
import numpy as np    #导入numpy库
print('生成的随机数组为：\n',np.random.random(10))
```

代码运行结果：

```
生成的随机数组为：
```

```
[0.14268818 0.28369563 0.97022075 0.3331386  0.33070808 0.65161752
 0.58042901 0.44836407 0.31557473 0.44318695]
```

注：每次运行代码后生成的随机数组都不一样，此处部分结果已经省略。

randint()函数可以生成给定上下限范围的随机数。其基本使用格式如下：

```
numpy.random.randint(low,high=None,size=None,dtype=int)
```

randint()函数的常用参数及其说明见表2-5。

表2-5　randint()函数的常用参数及其说明

参数	说明
low	接收int或类似数组的整数。表示数组最小值，无默认值
high	接收int或类似数组的整数。表示数组最大值，默认None
size	接收int或整数元组。表示输出形状，默认为None
dtype	接收数据类型。表示输出数组的类型，默认为int

使用randint()函数生成给定上下限范围的随机数，如代码2-8所示。

【代码2-8】生成给定上下限范围的随机数

```
print('生成的随机数组为：\n',np.random.randint(2,10,size=[2,5]))
```

代码运行结果：

```
生成的随机数组为：
 [[3 5 9 9 3]
 [7 2 9 2 8]]
```

rand()函数用于生成一个$d_0 \times d_1 \times \cdots \times d_n$的随机数数组，数组中的元素符合[0,1)之间的均匀分布。使用rand()函数创建随机数数组，如代码2-9所示。

【代码2-9】创建随机数数组。

```
a=np.random.rand(3,2)
print(a)
```

代码运行结果：

```
[[0.99833155 0.61043825]
 [0.54035589 0.6081932 ]
 [0.96717508 0.12243271]]
```

二、数组基本操作

运算符是用于执行各种数学、逻辑和比较操作的符号或符号组合。在Python中，常用的运算符包括算术运算符、比较运算符等。其中常用的算术运算符见表2-6。

表 2-6 常用的算术运算符及其说明

运算符	描述	示例
+	加,即两个对象相加	10+20输出结果是30
-	减,即得到负数或者两个对象相减	10-20输出结果是-10
*	乘,即两个对象相乘	10*20输出结果是200
/	除,即两个对象相除	20/10输出结果是2
%	取模,即返回除法的余数	23%10输出结果是3
**	幂,即返回x的y次方	2**3输出结果是8
//	取整除,返回商的整数部分	23//10输出结果是2

对数组元素进行算术运算,如代码2-10所示。

【代码2-10】对数组元素进行算术运算。

```
#将数组a和b的元素相加
import numpy as np
a=np.array([1,2,3])
b=np.array([4,5,6])
c=a+b
print(c)
#将数组a和b的元素相减
c=a-b
print(c)
#将数组a和b的元素相乘
c=a*b
print(c)
#将数组a和b的元素相除
c=a/b
print(c)
#将数组a和b的元素取模
c=a%b
print(c)
#将数组a和b的元素进行幂运算
c=a**b
print(c)
#将数组a和b的元素取整除
c=a//b
print(c)
```

注:此处结果分2栏进行展示。

代码运行结果:

```
[5 7 9]
[-3 -3 -3]
[ 4 10 18]
[0.25 0.4  0.5 ]
[1 2 3]
[  1  32 729]
[0 0 0]
```

除了算术运算符,另一类常用运算符是比较运算符。Python的比较运算符用于比较两个值的大小或者是否相等,返回一个布尔值True或False。Python中常用的比较运算符见表2-7。

表2-7 常用的比较运算符及其说明

运算符	描述
==	等于,即比较对象是否相等
!=	不等于,即比较两个对象是否不相等
>	大于,即返回x是否大于y
<	小于,即返回x是否小于y
>=	大于等于,即返回x是否大于等于y
<=	小于等于,即返回x是否小于等于y

数组常用的比较运算,如代码2-11所示。

【代码2-11】数组常用的比较运算。

```
#对a和b进行比较运算
a=np.array([3,2,4])
b=np.array([3,4,3])
#判断a与b是否相等
c=a==b
print(c)
#判断a是否大于b
c=a>b
print(c)
#判断a是否大于等于b
c=a>=b
print(c)
```

代码运行结果:

```
[ True False False]
[False False  True]
[ True False  True]
```

sort()函数是一个用于对数组进行排序的函数,可以按照指定的轴和排序方式对数组元素进行排序。sort()函数将返回一个已排序的数组,原数组不受影响。sort()函数的基本使用格式如下:

```
numpy.sort(a,axis=-1,kind='quicksort',order=None)
```

sor()函数的常用参数及其说明见表2-8。

表2-8 sort()函数的常用参数及其说明

参数	说明
axis	接收int或str。表示排序数组的哪个轴,默认值为-1
kind	接收str。表示使用的排序算法,默认quicksort
order	接收int或str。表示按指定的字段排序,默认为None

使用sort()函数对数组进行排序，如代码2-12所示。

【代码2-12】对数组进行排序。

```
import numpy as np
arr=np.array([3,1,4,1,5,9,2,6,5,3,5])
#使用np.Sort()函数对数组进行排序
sorted_arr=np.sort(arr)
print("原数组:",arr)
print("排序后的数组:",sorted_arr)
```

代码运行结果：

```
原数组: [3 1 4 1 5 9 2 6 5 3 5]
排序后的数组: [1 1 2 3 3 4 5 5 5 6 9]
```

任务实施

一、用水稻类型数量创建数组

1. 创建数组

不同水稻类型数量，使用array()函数创建一个数组，如代码2-13所示。

【代码2-13】用水稻类型数量创建数组。

```
import numpy as np
#创建数组
ahdata=np.array([435,204,130,88,29,7,4])
```

2. 查看数组属性

通过查看数组的属性，了解本任务中需要分析的水稻品种数量信息，如代码2-14所示。

【代码2-14】查看数组属性。

```
print(ahdata.shape)
print(ahdata.dtype)
```

在代码2-14中，shape用于查看数组形状，dtype用于查看数组的数据类型。代码运行结果：

```
(7,)
int32
```

由代码2-14运行结果可知，所创建的数组共有7个数据，数据类型为整型。

二、对品种数量进行排序

创建好数组后，使用sort()函数对不同品种数量进行排序，分析不同水稻类型数量情况，如代码2-15所示。

【代码2-15】对品种数量进行排序。

项目二　农产品信息可视化分析 ——NumPy、pandas 与 Matplotlib 库

```
#使用sort()函数获取排序后的索引数组
sorted_data=np.sort(ahdata)
print(sorted_data)
```

代码运行结果：

```
[  4   7  29  88 130 204 435]
```

由代码2-15运行结果可知，水稻类型最多的数量为435个，水稻类型最少的数量为4个。

三、分析水稻类型数量的占比情况

利用数组的数学运算，将数量最多的两个品种相加，得到占总体品种数的比例，从而得到数量最多的水稻品种，可以作为水稻品种选育的参考，如代码2-16所示。

【代码2-16】分析水稻类型数量的占比情况。

```
#计算数量最多的两个品种数
ahdata_sum12=sorted_data[-1]+sorted_data[-2]
#计算总体品种数
ahdata_sum=sum(ahdata)
#计算占比
scale=ahdata_sum12/ahdata_sum
print(scale)
```

在代码2-16中，使用"+"运算符进行数组的相加，使用"/"运算符进行数组的相除。代码运行结果：

```
0.7123745819397993
```

由代码2-16运行结果可知，籼型两系杂交稻与籼型三系杂交稻这两种水稻是安徽省最主要的品种，占总体比例为70%以上。

任务实训

实训一　分析小麦类型数量

一、训练要点

熟练掌握数组的基本操作。

二、需求说明

农产品信息可视化分析是农业领域中的一个重要任务，它可以帮助农民、农产品经销商以及政府决策部门更好地了解农产品市场的趋势和关键因素。通过对小麦类型占比的分析比较，可以深入探究小麦品种多样性、适应性和优势特点，有助于农业生产决策者和研究者更好地了解小麦生产的未来发展趋势。各类型小麦数量见表2-9。

表 2-9　各类型小麦数量

小麦类型	1	2	3
数　量	70	70	69

三、实现思路及步骤

（1）利用NumPy库使用小麦类型数据创建数组。

（2）利用NumPy库对小麦各类型数量进行排序。

（3）利用NumPy库求小麦各类型占比。

任务二　处理农产品基本信息数据

 任务描述

通过分析水稻审定数据可以帮助种植基地或农户因地制宜选择高产、优质、抗逆性强的水稻品种，为农业技术创新提供重要的参考和依据。读者可通过搜索引擎检索到公开发表的水稻审定数据，按如表2-10所示的数据存储结构及数据格式示例采集数据并保存在ricedata.csv文件中，作为数据分析和可视化的数据来源。由于一些公开数据存在缺失值、重复值、异常值等问题，对数据进行问题检测、清洗处理是对其进行分析与可视化之前的不可或缺的步骤。

表 2-10　数据存储结构及数据示例

序号	品种名称	亲本来源（"×"前为母本）	类型	原产地/选育单位	审定编号	省份
1	玉优12号	绿102S × 7DF203	籼型两系杂交稻	××地××单位	国审稻×××××	某省
2	富粳1号	晚粳22	粳型常规稻	××地××单位	某省审稻××××	某省
3	两优8857	深08S × YR57	籼型两系杂交稻	××地××单位	国审/省审编号	某省
4	两优857	深08S × YR57	籼型两系杂交稻	××地××单位	国审/省审编号	某省
5	川优616	川康606A × R1716	籼型三系杂交稻	××地××单位	国审/省审编号	某省

本任务先了解水稻信息数据的情况，根据数据检测的内容可知数据存在缺失值、重复值、异常值的情况，并对数据中的缺失值、重复值、异常值进行处理，从而提高数据的质量，增强后续数据分析的效果，贯彻高质量发展精神。对数据进行仔细处理和清洗，确保数据的质量可靠，为后续的数据分析和决策提供更可信的基础，也展现了劳动精神的价值。

 相关知识

一、数据读取与写入

pandas是一个常用的Python数据处理库，支持多种文件格式的读取和写入。通过引入

pandas库，可以使用read_csv()函数读取CSV文件、read_excel()函数读取Excel文件等。同时，pandas也提供了to_csv()函数将数据写入CSV文件、to_excel()函数将数据写入Excel文件等。这些函数的使用使数据的读取和写入变得简单方便。

1. 读/写文本文件

文本文件是一种由若干行字符构成的计算机文件，它是一种典型的顺序文件。CSV是一种用分隔符分隔的文件格式，因为其分隔符不一定是逗号，所以又称字符分隔文件。文本文件以纯文本形式存储表格数据（数字和文本），它是一种通用、相对简单的文件格式，最广泛的应用是在程序之间转移表格数据，而这些程序本身是在不兼容的格式上进行操作的（往往是私有的、无规范的格式）。因为大量程序都支持CSV或其变体，所以CSV或其变体可以作为大多数程序的输入和输出格式。CSV文件根据其定义也是一种文本文件。

1）CSV文件读取

在数据读取过程中可以使用文本文件的读取函数对CSV文件进行读取。同时，如果文本文件是字符分隔文件，那么可以使用读取CSV文件的函数进行读取。pandas提供了read_table()函数读取文本文件，提供了read_csv()函数读取CSV文件。

read_table()函数和read_csv()函数的基本使用格式如下：

```
pandas.read_table(filepath_or_buffer,sep=<no_default>,header='infer',names
=<no_default>,index_col=None,dtype=None,engine=None,skiprows=None,nrows
=None,…)
pandas.read_csv(filepath_or_buffer,sep=<no_default>,header='infer',names
=<no_default>,index_col=None,dtype=None,engine=None,skiprows=None,nrows
=None,…)
```

read_table()函数和read_csv()函数的多数参数相同，它们的常用参数及其说明见表2-11。

表 2-11 read_table() 函数和 read_csv() 函数的常用参数及其说明

参　数	说　明
filepath_or_buffer	接收str。表示文件路径，无默认值
sep	接收str。表示分隔符，read_csv()函数默认为","，read_table()函数默认为制表符Tab
header	接收int或列表形式的int。表示将某行数据作为列名，默认为infer
names	接收array。表示列名，无默认值
index_col	接收int、sequence或False。表示索引列的位置，取值为sequence则代表多重索引，默认为None
dtype	接收字典形式的列名或类型名称。表示写入的数据类型（列名为key，数据格式为values），默认为None
engine	接收C语言或Python语言。表示要使用的数据解析引擎，默认为None
nrows	接收int。要读取的文件行数，默认为None
skiprows	接收list或int或callable。表示读取数据时跳过开头的行数，默认为None

就业是最基本的民生，根据应届生招聘数据，可以全面地了解当前就业市场的形势和趋势，为应届毕业生提供更准确的就业指导和职业规划建议，深入实施就业优先战略。某招聘网站的3个城市

的应届生招聘数据存储为recruit.csv文件，部分数据见表2-12。

表2-12 应届生招聘数据部分信息

岗 位	公司性质	行 业	地 区	学历要求	工资/元
产品经理	民营公司，少于50人	通信/电信/网络设备	A-高新区	本科	15 000
无线产品经理（光谷）	民营公司，150~500人	仪器仪表/工业自动化	B-高新技术产业开发区	本科	10 500
产品经理	民营公司，50~150人	通信/电信/网络设备	A-高新区	本科	22 500
高级产品经理	上市公司，500~1 000人	计算机软件	B	本科	12 500
售前工程师（产品经理）	民营公司，50~150人	通信/电信/网络设备	A-高新区	本科	11 500
产品经理（校招）	民营公司，500~1 000人	交通/运输/物流	A-青羊区	本科	8 746

利用read_csv()函数读取数据，如代码2-17所示。

【代码2-17】读取CSV文件。

```
import pandas as pd
#读取csv文件
recruit_data=pd.read_csv('../data/recruit.csv',encoding='gbk')
```

2）CSV文件写入

文本文件的存储和读取类似，对于结构化数据，可以通过pandas库中的to_csv()方法实现以CSV文件格式存储。to_csv()方法的基本使用格式如下：

```
DataFrame.to_csv(path_or_buf=None,sep=',',na_rep='',float_format=None,
columns=None,header=True,index=True,index_label=None,mode='w',encoding
=None,compression='infer',quoting=None,quotechar='"',line_terminator=None,
chunksize=None,date_format=None,doublequote=True,escapechar=None,
decimal='.',errors='strict',storage_options=None)
```

to_csv()方法的常用参数及其说明见表2-13。

表2-13 to_csv()方法的常用参数及其说明

参 数	说 明
path_or_buf	接收str。表示文件路径，默认为None
sep	接收str。表示分隔符，默认为","
na_rep	接收str。表示缺失值，默认为""
columns	接收list。表示写出的列名，默认为None
header	接收bool或列表形式的str。表示是否将列名写出，默认为True
index	接收bool。表示是否将行名（索引）写出，默认为True
index_label	接收sequence或str或false。表示索引名，默认为None
mode	接收特定str。表示数据写入模式，默认为w
encoding	接收特定str。表示存储文件的编码格式，默认为None

使用to_csv()方法将应届生招聘数据写入CSV文件，如代码2-18所示。

【代码2-18】写入CSV文件。

```
recruit_data.to_csv('../tmp/recruit.csv',index=False,encoding='gbk')
```

2. 读/写Excel文件

Excel是微软公司的办公软件Microsoft Office的组件之一，它可以对数据进行处理、统计分析等操作，广泛地应用于管理、财经和金融等众多领域。

1）Excel文件读取

pandas库提供了read_excel()函数读取"xls""xlsx"两种Excel文件，其基本使用格式如下：

```
pandas.read_excel(io,sheet_name=0,header=0,names=None,index_col=None,usecols
=None,squeeze=False,dtype=None,engine=None,converters=None,true_values=None,
false_values=None,skiprows=None,nrows=None,na_values=None,keep_default_na=
True,na_filter=True,verbose=False,parse_dates=False,date_parser=None,
thousands=None,comment=None,skipfooter=0,convert_float=True,mangle_dupe_cols
=True,storage_options=None)
```

read_excel()函数的常用参数及其说明见表2-14。

表2-14　read_excel() 函数的常用参数及其说明

参　　数	说　　明
io	接收str。表示文件路径，无默认值
sheet_name	接收str、int、list或None。表示Excel表内数据的分表位置，默认为0
header	接收int或列表形式的int。表示将某行数据作为列名。如果传递整数列表，那么行位置将合并为MultiIndex。如果没有表头，则使用None，默认为0
names	接收array。表示要使用的列名列表，默认为None
index_col	接收int或列表形式的int。表示将列索引用作dataframe的行索引，默认为None
dtype	接收dict。表示写入的数据类型（列名为key，数据格式为values），默认为None
skiprows	接收list、int或callable。表示读取数据开头跳过的行数，默认为None

当应届生招聘数据表存储为recruit.xlsx文件时，则使用read_excel()函数读取，如代码2-19所示。

【代码2-19】读取Excel文件。

```
import pandas as pd
#读取Excel文件
recruit_data=pd.read_excel('../data/recruit.xlsx',sheet_name='
应届生招聘数据')
```

2）Excel文件写入

将数据存储为Excel文件，可以使用to_excel()方法。其基本使用格式如下：

```
DataFrame.to_excel(excel_writer,sheet_name='Sheet1',na_rep='',float_format
=None,columns=None,header=True,index=True,index_label=None,startrow
```

```
=0,startcol=0,engine=None,merge_cells=True,encoding=None,inf_rep='inf',
verbose=True,freeze_panes=None,storage_options=None)
```

to_excel()方法的常用参数及其说明见表2-15。

表 2-15 to_excel() 方法的常用参数及其说明

参　　数	说　　明
excel_writer	接收str。表示文件路径，无默认值
sheet_name	接收str。表示Excel文件中工作簿的名称，默认为Sheet1
na_rep	接收str。表示缺失值，默认为""
columns	接收列表形式的str或sequence。表示写出的列名，默认为None
header	接收bool或列表形式的str。表示是否将列名写出，默认为True
index	接收bool。表示是否将行名（索引）写出，默认为True
index_label	接收sequence或str。表示索引名，默认为None
encoding	接收特定str。表示存储文件的编码格式，默认为None

使用to_excel()方法将应届生招聘数据存储为Excel文件，如代码2-20所示。

【代码2-20】写入Excel文件。

```
recruit_data.to_excel('../tmp/recruit.xlsx',index=False)
```

二、pandas 数据结构

pandas是一个基于Python的数据分析库，它提供了两种核心的数据结构：Series和DataFrame。Series是一维的数据结构，类似于数组和列表，它包含了一组数据以及与之相关的索引。DataFrame是二维的表格型数据结构，类似于SQL数据库中的表格，由多个Series组成，其中每个Series表示一列数据。DataFrame的列和行都可以有自己的名称和索引。pandas还支持多个DataFrame之间的合并和拼接操作。

Series可以通过多种方式创建，如从列表、数组、字典等数据类型中创建。DataFrame可以从CSV、Excel、SQL数据库等数据源中读取数据，并且可以将多个Series组成DataFrame。

1. 创建 DataFrame

DataFrame是一种二维表格数据结构，通常用于数据分析和数据处理。它类似于Excel中的电子表格或SQL数据库中的表格，但是它们通常被视为更强大和灵活的数据结构。DataFrame通常包含多个行和多个列，其中每列可以包含不同的数据类型，可以用于表示结构化数据，如从数据库或文件读取的表格数据。在Python中可以使用pandas库中的DataFrame函数创建DataFrame类型的数据。

现有四家公司的近三年营收数据，见表2-16。

表 2-16 四家公司近三年营收数据

公司名称	2020 年营收 / 亿元	2021 年营收 / 亿元	2022 年营收 / 亿元
甲	265.6	260.2	274.5
乙	110.4	125.8	143

续表

公司名称	2020年营收/亿元	2021年营收/亿元	2022年营收/亿元
丙	232.9	280.5	386.1
丁	136.8	161.9	182.5

将表2-15中的数据存入到DataFrame中，如代码2-21所示。

【代码2-21】创建Dataframe。

```
import pandas as pd
#创建字典，包含表格的数据
data={'公司名称': ['甲','乙','丙','丁'],
      '2020年营收/亿元': [265.6,110.4,232.9,136.8],
      '2021年营收/亿元': [260.2,125.8,280.5,161.9],
      '2022年营收/亿元': [274.5,143,386.1,182.5]}
#将字典转换为DataFrame
df=pd.DataFrame(data)
#打印DataFrame
print(df)
```

代码运行结果：

```
   公司名称  2020年营收/亿元  2021年营收/亿元  2022年营收/亿元
0    甲        265.6        260.2        274.5
1    乙        110.4        125.8        143.0
2    丙        232.9        280.5        386.1
3    丁        136.8        161.9        182.5
```

2. DataFrame 的基本操作

1）查看访问DataFrame中的数据

DataFrame的单列数据为一个Series。根据DataFrame的定义可知，DataFrame是一个带有标签的二维数组，每个标签相当于每一列的列名。只要以字典访问某一个key值的方式使用对应的列名，即可实现单列数据的访问。

DataFrame的数据查看与访问基本方法虽然能够基本满足数据查看要求，但是终究还是不够灵活。pandas提供了loc()和iloc()两种更加灵活的方法来实现数据访问。

loc()方法是针对DataFrame索引名称的切片方法，如果传入的不是索引名称，那么切片操作将无法执行。利用loc()方法，能够实现所有单层索引切片操作。其使用方法如下：

```
DataFrame.loc[行名或条件,列名]
```

使用loc()方法查看甲公司2020年的营收，如代码2-22所示。

【代码2-22】使用loc()方法查看甲公司2020年的营收。

```
revenue_2020=df.loc[df['公司名称']=='甲','2020年营收/亿元'].values[0]
```

```
print("甲公司2020年的营收为.{}亿元".format(revenue_2020))
```

代码运行结果：

```
甲公司2020年的营收为：265.6亿元
```

iloc()方法和loc()方法的区别是，iloc()方法接收的必须是行索引和列索引的位置。iloc()方法的使用方法如下：

```
DataFrame.iloc[行索引位置,列索引位置]
```

使用iloc()方法查看乙公司的2020年营收，如代码2-23所示。

【代码2-23】使用iloc()方法查看甲公司2020年的营收。

```
revenue_2020=df.iloc[0,1]
print("乙公司2020年的营收为.{}亿元".format(revenue_2020))
```

代码运行结果：

```
乙公司2020年的营收为：265.6亿元
```

使用loc()方法、iloc()方法可以取出DataFrame中的任意数据。

head()方法可以用于返回DataFrame或Series的前n行数据。使用head()方法可以提取第一行数据，查看甲公司这三年的营收情况，如代码2-24所示。

【代码2-24】使用head()方法查看甲公司三年的营收。

```
#使用head()方法提取第一行数据
first_row=df.head(1)
#打印第一行数据
print(first_row)
```

代码运行结果：

公司名称	2020年营收/亿元	2021年营收/亿元	2022年营收/亿元
甲	265.6	260.2	274.5

2）更改DataFrame中的数据

更改DataFrame中的数据的原理是将这部分数据提取出来，重新赋值为新的数据。

发现数据中丙公司2020年的营收数据有误，需要修改为136.5亿元，如代码2-25所示。

【代码2-25】修改丙公司2020年营收数据。

```
#修改丙公司2020年营收数据
df.loc[df['公司名称']=='丙','2020年营收/亿元']=136.5
#打印修改后的数据
print("\n修改后的数据:")
print(df)
```

代码运行结果：

```
修改后的数据：
```

公司名称	2020年营收/亿元	2021年营收/亿元	2022年营收/亿元
0 甲	265.6	260.2	274.5
1 乙	110.4	125.8	143.0
2 丙	136.5	280.5	386.1
3 丁	136.8	161.9	182.5

3）为DataFrame增添数据

为DataFrame添加一列的方法非常简单，只需要新建一个列索引，并对该索引下的数据进行赋值操作即可。已知甲、乙、丙、丁四个公司均为上市公司，需要将这个信息添加到数据中。添加"公司类型"数据，如代码2-26所示。

【代码2-26】添加"公司类型"数据

```
df['公司类型']="上市公司"
print(df)
```

代码运行结果：

公司名称	2020年营收/亿元	2021年营收/亿元	2022年营收/亿元	公司类型
0 甲	265.6	260.2	274.5	上市公司
1 乙	110.4	125.8	143.0	上市公司
2 丙	136.5	280.5	386.1	上市公司
3 丁	136.8	161.9	182.5	上市公司

4）删除某列或某行数据

在Python中可以使用pandas提供的drop()方法删除某列或某行数据。drop()方法的基本使用格式如下：

```
DataFrame.drop(labels=None,axis=0,index=None,columns=None,level=None,
inplace=False,errors='raise')
```

drop()方法的常用参数及其说明见表2-17。

表2-17 drop()方法的常用参数及其说明

参数	说明
labels	接收单一标签。表示要删除的索引或列标签，无默认值
axis	接收0或1。表示操作的轴向，默认为0
inplace	接收bool。表示操作是否对原数据生效，默认为False

使用drop()方法删除2020年的营收数据，如代码2-27所示。

【代码2-27】使用drop()方法删除2020年的营收数据。

```
df=df.drop(columns=['2020年营收/亿元'])
#打印删除后的数据
print("\n删除2020年营收数据后的数据:")
print(df)
```

代码运行结果：

删除2020年营收数据后的数据：

	公司名称	2021年营收/亿元	2022年营收/亿元	公司类型
0	甲	260.2	274.5	上市公司
1	乙	125.8	143.0	上市公司
2	丙	280.5	386.1	上市公司
3	丁	161.9	182.5	上市公司

由代码2-27运行结果可知，2020年数据被删除了，只剩下2021年、2022年的营收数据。

3. 数据类型转换

数据类型转换指的是将DataFrame中的某一列或多列的数据类型更改为其他类型，如从字符串类型转换为数字类型等。这是在进行数据处理和分析时常见的操作。

在pandas库中，可以使用astype()方法将DataFrame的一列或多列转换为其他数据类型。

使用astype()方法将"2022年营收/亿元"这一列数据更改为整型，如代码2-28所示。

【代码2-28】将营收数据更改为整型。

```
#查看原来类型
print("更改前类型为: ",df['2022年营收/亿元'].dtype)
#更改数据类型
df['2022年营收/亿元']=df['2022年营收/亿元'].astype(int)
#查看更改后类型
print("更改后类型为.",df['2022年营收/亿元'].dtype)
```

代码运行结果：

```
更改前类型为：float64
更改后类型为：int32
```

三、pandas 数据处理

pandas是一款用于数据处理和分析的Python，提供了强大的数据结构和函数，用于清洗、转换、分析和可视化数据。核心数据结构是DataFrame，类似于Excel表格。pandas提供了丰富的数据清洗、数据合并和分组聚合功能，包括删除空值、重复值、转换数据类型、合并数据集、进行数据聚合等操作。

1. 数据清洗

1）重复值

处理重复数据是数据分析经常面对的问题之一。对重复数据进行处理前，需要分析重复数据产生的原因以及去除这部分数据后可能造成的不良影响。

pandas提供了drop_duplicates()方法可用于去重，使用该方法进行去重不会改变数据原始排列，并且兼具代码简洁和运行稳定的特点。drop_duplicates()方法的基本使用格式如下：

```
pandas.DataFrame.drop_duplicates(subset=None,keep='first',inplace=False,
ignore_index=False)
```

在使用drop_dupilicates()方法去重时，当且仅当subset参数中的特征重复时才会执行去重操作，在去重时可以选择保留哪一个，甚至可以不保留。drop_dupilicates()方法的常用参数及其说明见表2-18。

表 2-18 drop_duplicates() 方法的常用参数及其说明

参数	说明
subset	接收str或sequence。表示进行去重的列，默认为None
keep	接收特定str。表示重复时保留第几个数据，first表示保留第一个；last表示保留最后一个；False表示只要有重复都不保留，默认为first
inplace	接收bool。表示是否在原表上进行操作，默认为False
ignore_index	接收bool。表示是否忽略索引，默认为False

为了使后续分析更加准确，利用drop_duplicates()方法对应届生招聘数据中的重复值进行去重操作，如代码2-29所示。

【代码2-29】去除招聘信息中的重复值。

```
import pandas as pd
#读取csv文件
recruit_data=pd.read_csv('../data/recruit.csv',encoding='gbk')
#检测并输出重复的招聘信息的个数
print('重复数据的个数为: ',recruit_data.duplicated().sum())
#删除这些数据
recruit_data=recruit_data.drop_duplicates()
```

代码运行结果：

重复数据的个数为：11

由代码2-29运行结果可知，应届生招聘数据recruit_data中一共含有11个重复数据。

2）缺失值

在数据中的某个或某些特征的值是不完整的，这些值称为缺失值。pandas提供了识别缺失值的isnull()函数以及识别非缺失值的notnull()函数，这两种函数在使用时返回的都是布尔值，即True和False。结合sum()函数、isnull()函数和notnull()函数，可以检测数据中缺失值的分布以及数据中缺失值的数量。

处理缺失值的方法有删除法与替换法。其中，删除法是指将含有缺失值的特征或记录删除。删除法分为删除观测记录和删除特征两种，它属于通过减少样本量来换取信息完整度的一种方法，是一种比较简单的缺失值处理方法。pandas中提供了dropna()函数可简便地删除缺失值，通过设置参数，既可以删除观测记录，又可以删除特征。dropna()函数的基本使用格式如下：

```
pandas.DataFrame.dropna(axis=0,how='any',thresh=None,subset=None,inplace=False)
```

dropna()函数的常用参数及其说明见表2-19。

表2-19　dropna()函数的常用参数及其说明

参数	说明
axis	接收0或1。表示轴向，0为删除观测记录（行），1为删除特征（列），默认为0
how	接收特定str。表示删除的形式，当取值为any时，表示只要有缺失值存在就执行删除操作；当取值为all时，表示当且仅当全部为缺失值时才执行删除操作，默认为any
subset	接收array。表示进行去重的列/行，默认为None
inplace	接收bool。表示是否在原表上进行操作，默认为False

使用删除法对表2-12中应届生招聘数据中的缺失值进行处理，如代码2-30所示。

【代码2-30】使用删除法处理应届生招聘数据中的缺失值。

```
#检测缺失值
print('缺失值个数为\n',recruit_data.isnull().sum())
#对工资以外的缺失值进行删除处理
recruit_data=recruit_data.dropna(subset=['学历要求'])
```

代码运行结果：

```
缺失值个数为
岗位            0
公司性质          0
行业            0
地区            0
学历要求          1
工资           19
Unnamed: 6  501
dtype: int64
```

由代码2-30可知，应届生招聘数据中含有20个缺失值，并使用删除法处理"学历要求"属性中的缺失值。

替换法是指用一个特定的值替换缺失值，数据特征可分为数值型和类别型。当缺失值所在特征为数值型时，通常利用其均值、中位数或众数等描述其集中趋势的统计量来代替缺失值；当缺失值所在特征为类别型时，则选择使用众数来替换缺失值。pandas库中提供了fillna()方法可用于缺失值替换，其基本使用格式如下：

```
pandas.DataFrame.fillna(value=None,method=None,axis=None,inplace=False,limit=None,downcast=None)
```

fillna()方法的常用参数及其说明见表2-20。

表 2-20 fillna() 方法的常用参数及其说明

参数	说明
value	接收scalar、dict、Series或DataFrame。表示用于替换缺失值的值,默认为None
method	接收特定str。表示填补缺失值的方式。 当取值为backfill或bfill时,表示使用下一个非缺失值来填补缺失值; 当取值为pad或ffill时,表示使用上一个非缺失值来填补缺失值,默认为None
axis	接收0或1。表示轴向,默认为None
inplace	接收bool。表示是否在原表上进行操作,默认为False
limit	接收int。表示填补缺失值个数上限,超过则不进行填补,默认为None
downcast	接收dict。表示转换数据类型,默认为None

使用工资平均值替换应届生招聘数据"工资"属性中的缺失值,如代码2-31所示。

【代码2-31】用平均值填补"工资"缺失值

```
#用平均值填补缺失的工资数据
recruit_data['工资']=recruit_data['工资'].fillna(recruit_data['工资'].mean())
```

由代码2-31可知,"工资"属性是数值型数据,因此选取其均值代替缺失值。

3) 异常值

3σ原则又称拉依达准则,其原则就是先假设一组检测数据只含有随机误差,对原始数据进行计算处理得到标准差,然后按一定的概率确定一个区间,认为误差超过这个区间就属于异常。但是,这种判别处理方法仅适用于对正态或近似正态分布的样本数据进行处理。正态分布数据的3σ原则见表2-21。其中σ代表标准差,μ代表均值。

表 2-21 正态分布数据的 3σ 原则

数值分布	在数据中的占比
$(\mu-\sigma, \mu+\sigma)$	0.682 7
$(\mu-2\sigma, \mu+2\sigma)$	0.954 5
$(\mu-3\sigma, \mu+3\sigma)$	0.997 3

通过表2-21可以看出,数据的数值分布几乎全部集中在区间$(\mu-3\sigma, \mu+3\sigma)$内,超出这个范围的数据仅占不到0.3%。故根据小概率原理,可以认为超出3σ的部分为异常数据。

自行构建3σ函数,对应届生招聘数据中"工资"进行异常值识别,如代码2-32所示。

【代码2-32】使用3σ原则进行异常值识别

```
import numpy as np
#计算平均值和标准差
mean1=np.mean(recruit_data['工资'])
std1=np.std(recruit_data['工资'])
#通过3σ原则过滤异常值
```

```
recruit_data1=recruit_data[abs(recruit_data['工资']-mean1)<3*std1]
```

但是由于工资分布未必符合正态分布,采取3σ原则过滤工资异常值并不太合适,下面介绍另一种通用的处理异常值的方法。

箱线图提供了识别异常值的一个标准,即异常值通常定义为小于QL-1.5IQR或大于QU+1.5IQR的值。其中,QL称为下四分位数,表示全部观察值中有四分之一的数据取值比它小;QU称为上四分位数,表示全部观察值中有四分之一的数据取值比它大;IQR称为四分位数间距,是上四分位数QU与下四分位数QL之差,其间包含了全部观察值的一半。

箱线图依据实际数据绘制,可真实、直观地表现出数据分布的本来面貌,且没有对数据做任何限制性要求(3σ原则要求数据服从正态分布或近似服从正态分布),其判断异常值的标准以四分位数和四分位数间距为基础。四分位数给出了数据分布的中心、散布和形状的某种指示,具有一定的鲁棒性,即25%的数据可以变得任意远,而不会很大地扰动四分位数,所以异常值通常不能对这个标准施加影响。鉴于此,箱线图识别异常值的结果比较客观,因此在识别异常值方面具有一定的优越性。

使用箱线图法对应届生招聘数据中"工资"进行异常值识别,如代码2-33所示。

【代码2-33】使用箱线图法进行异常值识别。

```
#去除异常值准备工作,更改数据类型
recruit_data['工资']=recruit_data['工资'].astype(int)
#去掉空格
recruit_data=recruit_data.applymap(lambda x: x.strip() if isinstance
(x,str) else x)
#根据箱线图去除异常值
import matplotlib.pyplot as plt
q1=recruit_data['工资'].quantile(0.25)
q3=recruit_data['工资'].quantile(0.75)
iqr=q3-q1
upper=q3+1.5 * iqr
lower=q1-1.5 * iqr
recruit_data=recruit_data[(recruit_data['工资']>lower) & (recruit_data
['工资']<upper)]
plt.boxplot(recruit_data['工资'],sym='o',whis=1.5)
plt.show()
#将处理好的数据存储为recruit_clean.csv文件
recruit_data.to_csv('../tmp/recruit_clean.csv',index=None,encoding='gbk')
```

代码运行结果如图2-2所示。

项目二　农产品信息可视化分析——NumPy、pandas与Matplotlib库

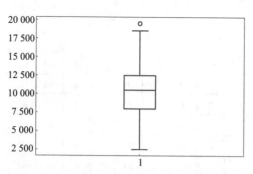

图2-2　箱线图法处理异常值结果

由图2-2可知，应届生招聘数据中"工资"数据存在一些异常值，也就部分数据超过了上四分位数，并且将处理好的数据存储为recruit_clean.csv文件。

2. 数据合并

1）堆叠合并数据

堆叠就是简单地将两个表拼在一起，也称作轴向连接、绑定或连接。依照连接轴的方向，数据堆叠可分为横向堆叠和纵向堆叠。

①横向堆叠：即将两个表在x轴向拼接在一起，可以使用concat()函数完成。concat()函数的基本使用格式如下：

```
pandas.concat(objs,axis=0,join='outer',ignore_index=False,keys=None,levels
=None,names=None,verify_integrity=False,sort=False,copy=True)
```

concat()函数的常用参数及其说明见表2-22。

表2-22　concat()函数的常用参数及其说明

参　　数	说　　明
objs	接收多个Series、DataFrame、Panel的组合。表示参与连接的pandas对象的列表的组合，无默认值
axis	接收int。表示连接的轴向，可选0和1，默认为0
join	接收str。表示其他轴向上的索引是按交集（inner）还是并集（outer）进行合并，默认为outer
ignore_index	接收bool。表示是否不保留连接轴上的索引，产生一组新索引range(total_length)，默认为False
sort	接收bool。表示对非连接轴进行排序，默认为False

当参数axis=1时，concat()函数可进行行对齐，然后将不同列名称的两张或多张表合并。当两个表索引不完全一样时，可以设置join参数选择是内连接还是外连接。在内连接的情况下，仅仅返回索引重叠部分数据；在外连接的情况下，则显示索引的并集部分数据，不足的地方则使用空值填补，横向堆叠外连接示例如图2-3所示。

某地区的几所中学举行联考，其中三所学校的考试语文平均成绩见表2-23，数学平均成绩见表2-24。

	表1					表2			合并后的表3					
	A	B	C	D		B	D	F	A	B	C	D	B	D	F
1	A1	B1	C1	D1	2	B2	D2	F2	1	A1	B1	C1	D1	NaN	NaN	NaN
2	A2	B2	C2	D2	4	B4	D4	F4	2	A2	B2	C2	D2	B2	D2	F2
3	A3	B3	C3	D3	6	B6	D6	F6	3	A3	B3	C3	D3	NaN	NaN	NaN
4	A4	B4	C4	D4	8	B8	D8	F8	4	A4	B4	C4	D4	B4	D4	F4
									6	NaN	NaN	NaN	NaN	B6	D6	F6
									8	NaN	NaN	NaN	NaN	B8	D8	F8

图 2-3　横向堆叠外连接示例

表 2-23　联考语文平均成绩

学　校	参加考试人数	语文平均成绩
甲	1 076	90
乙	978	86
丙	784	92

表 2-24　联考数学平均成绩

学　校	参加考试人数	数学平均成绩
甲	1 076	95
乙	978	88
丙	784	89

将两个数据存储为DataFrame类型，并利用cantact()函数进行横向堆叠，如代码2-34所示。

【代码2-34】使用cantact()函数横向堆叠数据

```
import pandas as pd
#创建语文成绩数据框
chinese_scores_df=pd.DataFrame({'学校': ['甲','乙','丙'],
                                '参加考试人数': [1076,978,784],
                                '语文平均成绩': [90,86,92]})

#创建数学成绩数据框
math_scores_df=pd.DataFrame({'学校': ['甲','乙','丙'],
                             '参加考试人数': [1076,978,784],
                             '数学平均成绩': [95,88,89]})

#横向堆叠，按行合并
merged_scores_df_horizontal=pd.concat([chinese_scores_df,math_scores_df],axis=1)
#输出横向堆叠后的数据框
print(merged_scores_df_horizontal)
```

代码运行结果：

```
  学校  参加考试人数  语文平均成绩  学校  参加考试人数  数学平均成绩
0  甲     1076          90         甲      1076          95
1  乙      978          86         乙       978          88
2  丙      784          92         丙       784          89
```

②纵向堆叠：对比横向堆叠，纵向堆叠是将两个数据表在y轴向上拼接，concat()函数也可以实现纵向堆叠。

当使用concat()函数时，在默认情况下，即axis=0，concat()函数进行列对齐，将不同行索引的两张或多张表纵向合并。在两张表的列名并不完全相同的情况下，可以使用join参数，当join参数取值为inner时，返回的仅仅是列名的交集所代表的列；当join参数取值为outer时，返回的是两者列名的并集所代表的列。纵向堆叠外连接示例如图2-4所示。

表1

	A	B	C	D
1	A1	B1	C1	D1
2	A2	B2	C2	D2
3	A3	B3	C3	D3
4	A4	B4	C4	D4

表2

	B	D	F
2	B2	D2	F2
4	B4	D4	F4
6	B6	D6	F6
8	B8	D8	F8

合并后的表3

	A	B	C	D	F
1	A1	B1	C1	D1	NaN
2	A2	B2	C2	D2	NaN
3	A3	B3	C3	D3	NaN
4	A4	B4	C4	D4	NaN
2	NaN	B2	NaN	D2	F2
4	NaN	B4	NaN	D4	F4
6	NaN	B6	NaN	D6	F6
8	NaN	B8	NaN	D8	F8

图 2-4　纵向堆叠外连接示例

当两张表的列名完全相同时，不论join参数的取值是inner还是outer，结果都是将两个表完全按照y轴拼接起来。

使用纵向堆叠将这几所学校的语文成绩与数学成绩合并，如代码2-35所示。

【代码2-35】使用cantact()函数纵向堆叠数据。

```
#纵向堆叠，按列合并
merged_scores_df_vertical=pd.concat([chinese_scores_df,math_scores_df],axis=0)
#输出纵向堆叠后的数据框
print(merged_scores_df_vertical)
```

代码运行结果：

```
  学校  参加考试人数  语文平均成绩  数学平均成绩
0  甲     1076          90.0         NaN
1  乙      978          86.0         NaN
```

2	丙	784	92.0	NaN
0	甲	1076	NaN	95.0
1	乙	978	NaN	88.0
2	丙	784	NaN	89.0

除了concat()函数之外，append()方法也可以用于纵向合并两张表。但是使用append()方法实现纵向表堆叠的前提条件是两张表的列名需要完全一致。append()方法的基本使用格式如下：

```
pandas.DataFrame.append(other,ignore_index=False,verify_integrity
=False,sort=False)
```

append()方法的常用参数及其说明见表2-25。

表2-25 append()方法的常用参数及其说明

参　　数	说　　明
other	接收DataFrame或Series。表示要添加的新数据，无默认值
ignore_index	接收bool。如果输入True，就会对新生成的DataFrame使用新的索引（自动产生），而忽略原来数据的索引，默认为False
verify_integrity	接收bool。如果输入True，当ignore_index为False时，会检查添加的数据索引是否冲突，若冲突，则添加失败，默认为False
sort	接收bool。如果输入True，会对合并的两个表的列进行排序，默认为False

使用append()方法对三所学校在这次联考中的语文和数学成绩进行纵向堆叠，如代码2-36所示。

【代码2-36】使用append()方法进行纵向堆叠。

```
print(math_scores_df.append(chinese_scores_df))
```

代码运行结果：

	学校	参加考试人数	数学平均成绩	语文平均成绩
0	甲	1076	95.0	NaN
1	乙	978	88.0	NaN
2	丙	784	89.0	NaN
0	甲	1076	NaN	90.0
1	乙	978	NaN	86.0
2	丙	784	NaN	92.0

2）主键合并数据

主键合并，即通过一个或多个键将两个数据集的行连接起来，类似于SQL中的join。针对两张包含不同特征的表，将根据某几个特征一一对应拼接起来，合并后数据的列数为两个原数据的列数和减去连接键的数量，如图2-5所示。

pandas库中的merge()函数可以实现主键合并。Merge()函数的基本使用格式如下：

```
pandas.merge(left,right,how='inner',on=None,left_on=None,right_on=
None,left_index=False,right_index=False,sort=False,suffixes=('_x','_y'),
```

copy=True,indicator=False,validate=None)

左表1				右表2				合并后的表3				
	A	B	Key		C	D	Key		A	B	Key	C	D
1	A1	B1	k1	1	C1	D1	k1	1	A1	B1	k1	C1	D1
2	A2	B2	k2	2	C2	D2	k2	2	A2	B2	k2	C2	D2
3	A3	B3	k3	3	C3	D3	k3	3	A3	B3	k3	C3	D3
4	A4	B4	k4	4	C4	D4	k4	4	A4	B4	k4	C4	D4

图 2-5　主键合并示例

同数据库的join一样，merge()函数也有左连接（left jion）、右连接（right jion）、内连接（inner jion）和外连接（outer）。但比起数据库SQL语言中的join，merge()函数还有其自身独到之处，如可以在合并过程中对数据集中的数据进行排序等。根据merge()函数中的参数说明，并按照需求修改相关参数，即可以多种方法实现主键合并。merge()函数的常用参数及其说明见表2-26。

表 2-26　merge() 函数的常用参数及其说明

参　　数	说　　明
left	接收DataFrame或Series。表示要添加的新数据1，无默认值
right	接收DataFrame或Series。表示要添加的新数据2，无默认值
how	接收inner、outer、left或right。表示数据的连接方式，默认为inner
on	接收str或sequence。表示两个数据合并的主键（必须一致），默认为None
left_on	接收str或sequence。表示left参数接收数据用于合并的主键，默认为None
right_on	接收str或sequence。表示right参数接收数据用于合并的主键，默认为None
left_index	接收bool。表示是否将left参数接收数据的index作为连接主键，默认为False
right_index	接收bool。表示是否将right参数接收数据的index作为连接主键，默认为False
sort	接收bool。表示是否根据连接键对合并后的数据进行排序，默认为False

使用merge()函数合并这几所学校的语文成绩与数学成绩，如代码2-37所示。

【代码2-37】使用merge()函数合并数据表。

```
merged_df=pd.merge(chinese_scores_df,math_scores_df,on=['学校','参加考试人数'],how='inner')
print(merged_df)
```

代码运行结果：

```
  学校  参加考试人数  语文平均成绩  数学平均成绩
0 甲    1076      90        95
1 乙     978      86        88
2 丙     784      92        89
```

3. 分组聚合

依据某个或某几个特征对数据集进行分组，并对各组应用一个函数，无论是聚合还是转换，都是数据分析的常用操作。pandas提供了一个灵活高效的groupby()方法，配合agg()方法能够实现分组聚合的操作。分组聚合操作的原理如图2-6所示。

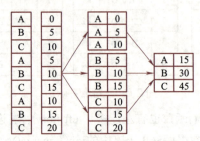

图2-6 分组聚合原理示意图

groupby()方法提供的是分组聚合步骤中的拆分功能，能够根据索引或特征对数据进行分组。其基本使用格式如下：

```
DataFrame.groupby(by=None,axis=0,level=None,as_index=True,sort=True,
group_keys=True,squeeze=<no_default>,observed=False,dropna=True)
```

groupby()方法的常用参数及说明见表2-27。

表2-27 groupby() 方法的常用参数及说明

参数	说明
by	接收list、str、mapping、function或generator。表示用于确定进行分组的依据，若传入的是一个函数，则对索引进行计算并分组；若传入的是一个字典或序列（series），则字典或序列的值用于作为分组依据；若传入一个NumPy数组，则数据的元素作为分组依据；若传入的是字符串或字符串列表，则使用这些字符串所代表的特征作为分组依据，默认为None
axis	接收0或1。表示操作的轴向，默认为0
level	接收int或索引名。表示标签所在级别，默认为None
as_index	接收bool。表示聚合后的聚合标签是否以DataFrame索引形式输出，默认为True
sort	接收bool。表示是否对分组依据、分组标签进行排序，默认为True
group_keys	接收bool。表示是否显示分组标签的名称，默认为True

根据学历要求对应届生招聘数据进行分组，如代码2-38所示。

【代码2-38】根据学历要求对招聘数据进行分组。

```
#分组聚合
grouped=recruit_data.groupby("学历要求")
print(grouped.count)
```

代码运行结果：

```
<bound method DataFrameGroupBy.count of <pandas.core.groupby.generic.
DataFrameGroupBy object at 0x0000029E7C5A4790>>
```

分组后的结果并不能直接查看,而是被存在内存中,输出的是内存地址。实际上,分组后的数据对象GroupBy类似于Series与DataFrame,是pandas提供的一种对象。GroupBy对象常用的描述性统计方法及说明见表2-28。

表2-28　GroupBy 常用的描述性统计方法及说明

方　法	说　明	方　法	说　明
count	返回各组的计数值,不包括缺失值	cumcount	对每个分组中的组员进行标记,0~n-1
head	返回每组的前n个值	size	返回每组的大小
max	返回每组最大值	min	返回每组最小值
mean	返回每组的均值	std	返回每组的标准差
median	返回每组的中位数	sum	返回每组的和

agg()方法和aggregate()方法都支持对每个分组应用某函数,包括Python内置函数或自定义函数。同时,这两个方法也能够直接对DataFrame进行函数应用操作。针对DataFrame的agg()方法与aggregate()方法的基本使用格式如下:

```
DataFrame.agg(func,axis=0,*args,**kwargs)
DataFrame.aggregate(func,axis=0,*args,**kwargs)
```

agg()方法和aggregate()方法的常用参数及其说明见表2-29。

表2-29　agg() 方法和 aggregate() 方法的常用参数及其说明

参　数	说　明
func	接收list、dict、function或str。表示用于聚合数据的函数,无默认值
axis	接收0或1。代表操作的轴向,默认为0

在正常使用过程中,agg()方法和aggregate()方法对DataFrame对象操作时的功能几乎完全相同,因此只需要掌握其中一个方法即可。结合agg()方法,计算应届生招聘数据中不同学历要求的工资平均值,如代码2-39所示。

【代码2-39】用agg()方法求工资均值。

```
grouped=recruit_data.groupby("学历要求").agg({"工资":"mean"})
print(grouped)
```

代码运行结果:

```
学历要求              工资
中专          6312.500000
大专          8782.512000
本科         11427.981308
硕士         13040.636364
```

可以得到按照学历要求对数据进行分类后,不同学历要求的招聘信息中提供的工资的平均数。

任务实施

一、读取农产品基本信息数据

1. 读取数据

使用pandas库中pd.read_csv()方法读取农产品基本信息数据,并设置编码格式为gbk,如代码2-40所示。

【代码2-40】读取数据。

```
import pandas as pd
#读取数据
rice_data=pd.read_csv('./data/ricedata.csv',encoding='gbk')
```

2. 查看数据基本属性

查看农产品基本信息数据的基本属性,大致了解水稻信息数据的情况,如代码2-41所示。

【代码2-41】查看基本属性。

```
print('水稻数据总量.\n',rice_data.shape)
print('水稻数据类型.\n',rice_data.dtypes)
```

代码运行结果:

```
水稻数据总量:
(16193,7)
水稻数据类型:
序号                        int64
品种名称                      object
亲本来源("×"前为母本)             object
类型                        object
原产地/选育单位                  object
审定编号                      object
省份                        object
dtype: object
```

由代码2-41的运行结果可知,农产品基本信息数据的维度为(16193,7),包含序号、品种名称、亲本来源("×"前为母本)、类型、原产地/选育单位、审定编号、省份7个属性。

二、缺失值检测与处理

1. 检测缺失值

使用isnull()方法和sum()方法对农产品基本信息数据中缺失值进行检测,如代码2-42所示。

【代码2-42】缺失值探索。

```
#缺失值探索
print("缺失值情况为: \n",rice_data.isnull().sum())
```

代码运行结果:

```
缺失值情况为:
序号                      0
品种名称                    0
亲本来源("×"前为母本)           0
类型                      0
原产地/选育单位                8
审定编号                    0
省份                      0
dtype: int64
```

由运行结果可知,在缺失值检测中可以发现"原产地/选育单位"这一列数据中存在缺失情况,一共缺失了8个数据。

2. 删除缺失值

由于缺失值数量不大,因此使用dropna()方法对缺失值进行删除处理,如代码2-43所示。

【代码2-43】删除缺失值。

```
rice_data=rice_data.dropna()
print("数据量变化: ",rice_data.shape)
```

代码运行结果:

```
数据量变化: (16185,7)
```

由代码2-43的运行结果可知,删除缺失数据后,新的数据表变成了16185行、7列。

三、异常值检测与处理

1. 检测异常值

水稻数据中可能存在"?"和"/"两类异常值,可使用isin()方法和sum()方法对其进行检测,如代码2-44所示。

【代码2-44】异常值探索。

```
#异常值探索
print("数据异常情况为.\n",rice_data.isin(['?','/']).sum())
```

代码运行结果:

```
数据异常情况为:
序号                      0
品种名称                    0
亲本来源("×"前为母本)          75
```

```
类型                    0
原产地/选育单位           0
审定编号                 83
省份                    0
dtype: int64
```

由运行结果可知,"亲本来源"与"审定编号"这两列数据中存在异常情况,从数据探索的内容可知数据的"亲本来源"和"审定编号"字段存在"?"和"/"两类异常值,其中"亲本来源"这一列数据存在75个异常值,"审定编号"这一列存在83个异常值。

2. 删除异常值

本任务的异常值处理操作将剔除数据中包含异常字符的所有行。使用"!="运算符剔除包含异常字符的行数据,如代码2-45所示。

【代码2-45】异常值处理。

```
#提取非异常字符的数据(剔除包含异常字符的行数据)
rice_data=rice_data[(rice_data['亲本来源("×"前为母本)']!='?') &
(rice_data['审定编号']!='/')]
print('数据量变化.',rice_data.shape)
```

代码运行结果:

```
数据量变化. (16032,7)
```

由运行结果可知,对异常值进行删除处理后,数据量发生了变化,数据表的大小变成了16032行、7列,与原来相比有所减少。

四、重复值检测与处理

1. 检测重复值

使用duplicated()方法和sum()方法对农产品基本信息数据中的重复值进行检测,如代码2-46所示。

【代码2-46】重复值探索

```
print("重复值总数为;",rice_data.duplicated(['品种名称','审定编号']).sum())
```

代码运行结果:

```
重复值总数为: 618
```

由运行结果可知,农产品基本信息数据中重复数据一共有618条。

2. 删除重复值

使用drop_duplicates()方法删除品种名称和审定编号两个字段均重复的水稻信息数据,如代码2-47所示。

【代码2-47】重复值处理。

```
rice_data=rice_data.drop_duplicates(subset=['品种名称','审定编号'])
```

```
print('数据量变化.',rice_data.shape)
```

代码运行结果：

```
数据量变化: (15414,7)
```

由运行结果可知，删除完重复数据后，水稻信息表的大小再次发生了变化，变成了15414行、7列。

五、存储数据

使用to_csv()方法将处理好的数据存储为ricedata_clean.csv，如代码2-48所示。

【代码2-48】保存数据。

```
#保存数据
rice_data.to_csv('../tmp/ricedata_clean.csv',index=None,encoding='gbk')
```

其中，index参数用于设置是否将行名（索引）写出，当为None时，表示不写出索引；encoding参数用于设置存储文件的编码格式，本处由于数据中存在中文，因此设置编码格式为gbk。

任务实训

实训二 处理小麦基本信息数据

一、训练要点

掌握pandas库进行数据清洗的基本操作。

二、需求说明

了解小麦种子数据的情况，并对数据中的缺失值、重复值、异常值进行处理，从而提高小麦种子数据的质量，提升后续数据分析的效果。小麦种子数据集包含三种不同的小麦种子的表面积、周长、压实度、籽粒长度、籽粒宽度、不对称系数、籽粒腹沟长度和类别，见表2-30。

表2-30 小麦种子数据集

表面积/cm²	周长/mm	压实度	籽粒长度/mm	籽粒宽度/mm	不对称系数	籽粒腹沟长度/mm	类别
5.26	14.84	0.871	5.763	3.312	2.221	5.22	1
14.88	14.57	0.881 1	5.554	3.333	1.018	4.956	1
14.29	14.09	0.90 5	5.291	3.337	2.699	4.825	1
13.84	13.94	0.895 5	5.324	3.379	2.259	4.805	1
16.14	14.99	0.903 4	5.658	3.562	1.355	5.175	1
14.38	14.21	0.895 1	5.386	3.312	2.462	4.956	1

三、实现思路及步骤

（1）读取小麦种子数据。

（2）利用pandas库进行缺失值检查。
（3）利用pandas库进行异常值检查。
（4）4.4利用pandas库进行重复值检查。
（5）利用to_csv()方法保持数据。

任务三　分析农产品数量情况

任务描述

数据可视化通过图表直观地展示数据间的量级关系，其目的是将抽象信息转换为具体的图形，将隐藏于数据中的规律直观地展现出来。图表是数据分析可视化最重要的工具，通过点的位置、曲线的走势、图形的面积等形式，直观地呈现研究对象间的数量关系。使用Python中的Matplotlib库从水稻信息数据进行可视化分析，以便于为水稻产业的发展提供一定的参考。例如，通过了解水稻品种数量分布情况通过分析不同水稻品种的数量分布情况，可以了解不同品种的种植和推广情况；通过对比不同品种的数量分布情况，可以了解不同品种的优劣势；通过分析不同审定部门对水稻品种的审定情况，可以了解不同部门在水稻品种推广中的作用和贡献；通过对水稻品种的数量分布情况和审定部门的审定情况进行分析等。以上对水稻品种数量分布情况和审定情况的分析，可以通过科技手段和优良品种的推广来提高农业生产效益，了解各部门在水稻品种推广中的角色和效果，为优化审定机制和提升品种审定效率提供参考。任务要求：（1）绘制柱形图分析省级以上部门审定数量；（2）绘制饼图分析水稻品种数量；（3）绘制柱形图分析省级以上部门与水稻品种的关系；（4）绘制折线图分析审定数量。

相关知识

一、基础语法和常用参数

Matplotlib是用于数据可视化的最流行的Python包之一。它是一个跨平台库，用于根据数组中的数据制作2D图。Matplotlib库由各种可视化的类构成，matplotlib.pyplot是绘制各类可视化图形的命令子库，它提供了一个面向对象的API，有助于使用Python GUI工具包在应用程序中嵌入绘图。

1. pyplot 基础语法

掌握pyplot模块基础语法的使用，可从创建画布与子图、添加画布内容、保存与显示图形三方面进行了解。

1）创建画布与子图

其主要作用是构建出一张空白的画布，并可以选择是否将整个画布划分为多个部分，方便在同一幅图上绘制多个图形的情况。当只需要绘制一幅简单的图形时，这部分内容可以省略。在pyplot中，创建画布及创建并选中子图的常用函数及作用见表2-31。为了方便读者查看，将各类函数和方法中的matplotlib.pyplot简写为plt。

表2-31 创建画布与创建并选中子图的常用函数

函　数	作　用
plt.Figure()	创建一个空白画布，可以指定画布大小、像素
figure.add_subplot()	创建并选中子图，可以指定子图的行数、列数和选中图片的编号

2）添加画布内容

添加画布内容是绘图的主体部分。其中的添加标题、添加坐标轴名称、绘制图形等步骤是并列的，没有先后顺序，可以先绘制图形，也可以先添加各类标签。但是，添加图例一定要在绘制图形之后。在pyplot中添加各类标签和图例的常用函数及作用见表2-32。

表2-32 pyplot中添加各类标签和图例的常用函数及作用

函　数	作　用
plt.Title()	在当前图形中添加标题，可以指定标题的名称、位置、颜色、字体大小等参数
plt.xlabel()	在当前图形中添加x轴标签，可以指定位置、颜色、字体大小等参数
plt.ylabel()	在当前图形中添加y轴标签，可以指定位置、颜色、字体大小等参数
plt.xlim()	指定当前图形x轴的范围，只能确定一个数值区间，而无法使用字符串标识
plt.ylim()	指定当前图形y轴的范围，只能确定一个数值区间，而无法使用字符串标识
plt.xticks()	获取或设置x轴的当前刻度位置和标签
plt.yticks()	获取或设置y轴的当前刻度位置和标签
plt.legend()	指定当前图形的图例，可以指定图例的大小、位置、标签

3）保存与显示图形

保存与显示图形的常用函数只有两个，并且参数很少，见表2-33。

表2-33 pyplot中保存与显示图形的常用函数

函　数	作　用
plt.savefig()	保存绘制的图形，可以指定图形的分辨率、边缘的颜色等参数
plt.show()	在本机显示图形

2. pyplot的动态rc参数

pyplot使用rc配置文件来自定义图形的各种默认属性，称为rc配置或rc参数。在pyplot中，几乎所有的默认属性都是可以控制的，如视图窗口大小、线条宽度、颜色与样式、坐标轴、坐标与网格属性、文本、字体等。

默认rc参数可以在Python交互式环境中动态更改。所有存储在字典变量中的rc参数，都称为rcParams。rc参数在修改后，绘图时使用默认的参数就会发生改变。线条rc参数修改前如代码2-49所示。

【代码2-49】线条rc参数修改前。

```
import numpy as np
import matplotlib.pyplot as plt
#原图
x=np.linspace(0,4 * np.pi)           #生成x轴数据
y=np.sin(x)                          #生成y轴数据
plt.plot(x,y,label='$sin(x)$')       #绘制sin曲线图
plt.title('sin')
plt.show()
```

代码运行结果如图2-7所示。

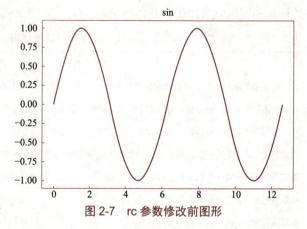

图 2-7　rc 参数修改前图形

修改rc参数，如代码2-50所示。

【代码2-50】修改rc参数。

```
plt.rcParams['lines.linestyle']='-.'
plt.rcParams['lines.linewidth']=5
plt.plot(x,y,label='$sin(x)$')       #绘制三角函数曲线图
plt.title('sin')
plt.show()
```

代码运行结果如图2-8所示。

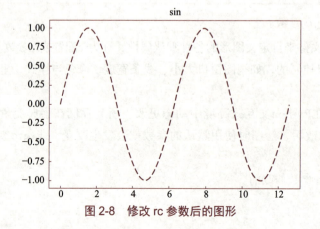

图 2-8　修改 rc 参数后的图形

在线条中常用的rc参数名称、解释与取值见表2-34。

表2-34 线条常用的 rc 参数名称、解释与取值

rc 参数	解 释	取 值
lines.linewidth	线条宽度	取0~10之间的数值，默认为1.5
lines.linestyle	线条样式	可取 "-" "--" "-." ":" 4种，默认为 "-"
lines.marker	线条上点的形状	可取 "o" "D" "h" "." "," "S" 等20种，默认为None
lines.markersize	点的大小	取0~10之间的数值，默认为1

其中，lines.linestyle参数四种取值及意义见表2-35。lines.marker参数的20种取值及其所代表的意义见表2-36。

表2-35 lines.linestyle 参数取值及意义

lines.linestyle 取值	意 义	lines.linestyle 取值	意 义
'-'	实线	'-.'	点线
'--'	长虚线	':'	短虚线

表2-36 lines.marker 参数取值及意义

lines.marker 取值	意 义	lines.marker 取值	意 义
'o'	圆圈	'.'	点
'D'	菱形	's'	正方形
'h'	六边形1	'*'	星号
'H'	六边形2	'd'	小菱形
'_'	水平线	'v'	一角朝下的三角形
'8'	八边形	'<'	一角朝左的三角形
'p'	五边形	'>'	一角朝右的三角形
','	像素	'^'	一角朝上的三角形
'+'	加号	'|'	竖线
'None'	无	'x'	X

由于默认的pyplot字体并不支持中文字符的显示，因此需要通过设置font.sans-serif参数来改变绘图时的字体，使得图形可以正常显示中文。同时，由于更改字体后，会导致坐标轴中的部分字符无法显示，因此需要同时更改axes.unicode_minus参数，如代码2-51所示。

【代码2-51】未设置rc参数绘制图形。

```
#无法显示中文标题
plt.plot(x,y,label='$sin(x)$')    #绘制三角函数曲线图
plt.title('sin曲线')
```

```
plt.show()
#设置rc参数显示中文标题
#设置字体为SimHei显示中文
plt.rcParams['font.sans-serif']='SimHei'
plt.rcParams['axes.unicode_minus']=False      #设置正常显示符号
plt.plot(x,y,label='$sin(x)$')                #绘制三角函数曲线图
plt.title('sin曲线')
plt.show()
```

代码运行结果如图2-9和图2-10所示。

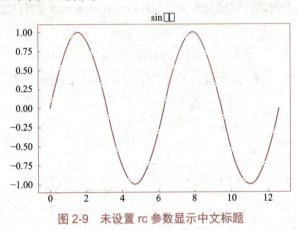

图 2-9　未设置 rc 参数显示中文标题

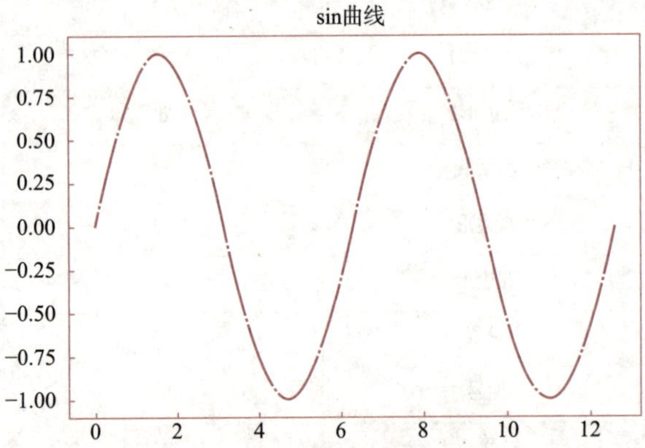

图 2-10　设置 rc 参数后

除了有设置线条和字体的rc参数外，还有设置文本、坐标轴、刻度、图例、标记、图片、图像保存等的rc参数。

二、绘制基本图形

Matplotlib库是用于可视化的绘图库，可以绘制常用的2D与3D图形，这里主要介绍如何绘制散点图、折线图、柱形图、饼图。

1. 绘制散点图

散点图（scatter diagram）又称散点分布图，是以一个特征为横坐标，以另一个特征为纵坐标，利用坐标点（散点）的分布形态反映特征间的统计关系的一种图形。值由点在图表中的位置表示，类别由图表中的不同标记表示，通常用于比较跨类别的数据：

散点图可以提供两类关键信息，具体内容如下。

（1）特征之间是否存在数值或数量的关联趋势，关联趋势是线性的还是非线性的。

（2）如果某一个点或某几个点偏离大多数点，那么这些点就是离群值，通过散点图可以一目了然，从而可以进一步分析这些离群值是否在建模分析中产生较大的影响。

散点图可通过散点的疏密程度和变化趋势表示两个特征的数量关系。如果有三个特征，若其中一个特征为类别型，散点图可改变不同特征的点的形状或颜色，即可了解两个数值型特征和这个类别型之间的关系。

pyplot中绘制散点图的函数为scatter()，scatter()函数的基本使用格式如下：

```
matplotlib.pyplot.scatter(x,y,s=None,c=None,marker=None,cmap=None,norm=None,
vmin=None,vmax=None,alpha=None,linewidths=None,*,edgecolors=None,plotnonfinite
=False,data=None,**kwargs)
```

scatter()函数的常用参数及其说明见表2-37。

表 2-37　scatter() 函数的常用参数及其说明

参　　数	说　　明
x, y	接收float或array。表示x轴和y轴对应的数据，无默认值
s	接收float或array。表示指定点的大小，若传入一维数组，则表示每个点的大小，默认为None
c	接收颜色或array。表示指定点的颜色，若传入一维数组，则表示每个点的颜色，默认为None
marker	接收特定str。表示绘制的点的类型，默认为None
alpha	接收float。表示点的透明度，默认为None

现有2021年9月20日到10月20日某网站招聘信息数量数据，存储为某网站招聘信息数量.csv，部分数据见表2-38。

表 2-38　招聘数量变化数据表

日　　期	总招聘信息数量/个	本科招聘信息数量/个	大专及以下招聘信息数量/个	硕士招聘信息数量/个
2021/9/20	533	304	189	40
2021/9/21	515	363	137	15
2021/9/22	531	342	166	23
2021/9/23	543	332	195	16
2021/9/24	595	349	192	54

绘制不同学历要求随时间变化的招聘数据量变化的散点图，如代码2-52所示。

【代码2-52】绘制不同学历要求随时间变化的招聘信息数量散点图。

```
import pandas as pd
change_by_time=pd.read_csv('../data/某网站招聘信息数量.csv',encoding='gbk')
import matplotlib.ticker as ticker
import matplotlib.pyplot as plt
plt.rcParams['font.sans-serif']='SimHei'
#不同学历的
undergrad_change_by_time=change_by_time[['日期','本科招聘信息数量/个']]
#绘制散点图
plt.scatter(undergrad_change_by_time['日期'],undergrad_change_by_time['本科招聘信息数量/个'],marker='o')
plt.gca().xaxis.set_major_locator(ticker.MultipleLocator(5))
plt.ylabel('招聘信息数量/个')
plt.title('学历要求为本科的招聘数据量变化')
plt.show()
```

代码运行结果如图2-11所示。

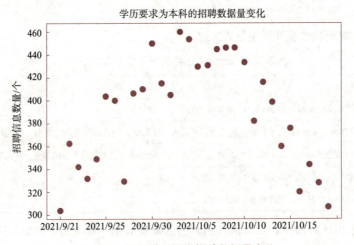

图2-11　不同学历要求招聘数据量变化

由图2-11可知，随着时间变化，学历要求为本科的招聘信息数量先增多，达到较高的值之后又开始减少，具体是在9月末到10月初招聘信息数量最多，之后逐渐减少。

2. 绘制折线图

折线图（line chart）是一种将数据点按照顺序连接起来的图形，可以看作是将散点图按照 x 轴坐标顺序连接起来的图形。折线图的主要功能是查看因变量 y 随着自变量 x 改变的趋势，最适合用于显示随时间（根据常用比例设置）而变化的连续数据。同时，还可以看出数量的差异、增长趋势的变化。

pyplot中绘制折线图的函数为plot()，plot()函数的基本使用格式如下：

```
matplotlib.pyplot.plot(* args,scalex=True,scaley=True,data=None,** kwargs)
```

plot()函数在官方文档的语法中只要求输入不定长参数，其常用参数及说明见表2-39。

表2-39 plot()函数常用参数及说明

参 数	说 明
x，y	接收array。表示x轴和y轴对应的数据，无默认值
Scalex和scaley	接收bool。表示这些参数确定视图限制是否适合于数据限制，默认为True
data	接收可索引对象。表示具有标签数据的对象，默认为None
color	接收特定str。表示指定线条的颜色，默认为None
linestyle	接收特定str。表示指定线条类型，默认为"-"
marker	接收特定str。表示绘制的点的类型，默认为None
alpha	接收float。表示点的透明度，默认为None

绘制随时间招聘数据量变化折线图，如代码2-53所示。

【代码2-53】绘制随时间招聘数据量变化折线图。

```
plt.gca().xaxis.set_major_locator(ticker.MultipleLocator(5))
plt.plot(change_by_time['日期'],change_by_time['总招聘信息数量/个'])
plt.xlabel('日期')
plt.ylabel('总招聘信息数量/个')
plt.title('随时间招聘信息数量变化')
plt.show()
```

代码运行结果如图2-12所示。

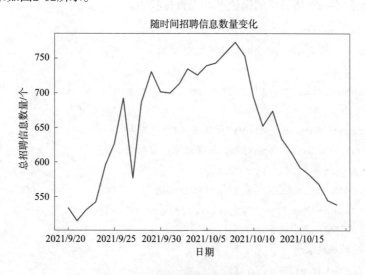

图2-12 随时间招聘数据量变化

由图2-12可知，总体的招聘信息数量随着时间变化，一开始呈现上升趋势，达到顶峰后逐渐下降，说明在9月末到10月初招聘信息数量最多，之后逐渐减少。

3. 绘制柱形图

柱形图（bar chart）的核心思想是对比，常用于显示一段时间内的数据变化或各项之间的比较情况。柱形图的适用场合是二维数据集（每个数据点包括两个值 x 和 y），但只有一个维度需要比较。例如，年销售额就是二维数据，即"年份""销售额"，但只需要比较"销售额"这一个维度。柱形图利用柱子的高度反映数据的差异，辨识效果非常好。柱形图的局限在于只适用于中小规模的数据集。

pyplot中绘制柱形图的函数为bar()，bar()函数的基本使用格式如下：

```
matplotlib.pyplot.bar(x,height,width=0.8,bottom=None,*,align='center',
data=None,** kwargs)
```

bar()函数的常用参数及其说明见表2-40。

表2-40 bar() 函数的常用参数及说明

参数	说明
x	接收array或float。表示x轴数据，无默认值
height	接收array或float。表示指定柱形图的高度，无默认值
width	接收array或float。表示指定柱形图的宽度，默认为0.8
align	接收str。表示整个柱形图与x轴的对齐方式，可选center和edge，默认为center
color	接收特定str或包含颜色字符串的list。表示柱形图颜色，默认为None

利用处理好的应届生招聘数据recruit_clean.csv绘制不同学历要求的岗位平均工资柱状图，如代码2-54所示。

【代码2-54】绘制不同学历要求的岗位平均工资柱状图。

```python
import pandas as pd
import matplotlib.pyplot as plt
#读取数据
recruit_data=pd.read_csv('../tmp/recruit_clean.csv',encoding='gbk')
#分组聚合
grouped=recruit_data.groupby("学历要求")["工资"].mean()
#将Series对象转换为DataFrame对象，并将结果保留两位小数
result=grouped.to_frame().round(2)
plt.rcParams['font.sans-serif']=['SimHei']
result.plot(kind='bar',y='工资',color='green',alpha=0.5)
plt.title('不同学历要求的平均工资')
plt.xlabel('学历要求')
plt.xticks(rotation=360)
plt.ylabel('平均月工资/元')
plt.show()
```

代码运行结果如图2-13所示。

由图2-13可知，学历要求越高，用人单位给出的平均工资也越高，其中学历要求为中专的招聘

信息中平均工资比学历要求为大专的低了将近2 000元,学历要求是硕士的平均月薪是最高的。

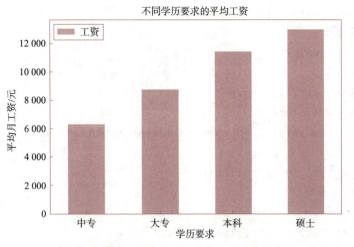

图 2-13　不同学历要求的岗位平均工资

4. 绘制饼图

饼图(pie graph)是将各项的大小与各项总和的比例显示在一张"饼"中,以"饼"的大小来确定每一项的占比。饼图可以比较清楚地反映出部分与部分、部分与整体之间的比例关系,易于显示每组数据相对于总数的大小,而且显示方式直观。

pyplot中绘制饼图的函数为pie(),pie()函数的基本使用格式如下。

```
matplotlib.pyplot.pie(x,explode=None,labels=None,colors=None,autopct=None,
pctdistance=0.6,shadow=False,labeldistance=1.1,startangle=0,radius=1,
counterclock=True,wedgeprops=None,textprops=None,center=0,0,frame=False,
rotatelabels=False,*,normalize=None,data=None)
```

pie()函数的常用参数及说明见表2-41。

表 2-41　pie() 函数的常用参数及说明

参　　数	说　　明
x	接收array。表示用于绘制饼图的数据,无默认值
explode	接收array。表示指定饼块距离饼图圆心的偏移距离,默认为None
labels	接收list。表示指定每一项的标签名称,默认为None
color	接收特定str或包含颜色字符串的array。表示饼图颜色,默认为None
autopct	接收特定str。表示指定数值的显示方式,默认为None
pctdistance	接收float。表示每个饼图切片的中心与autopct生成的文本之间的比率,默认为0.6
labeldistance	接收float。表示绘制的饼图标签离圆心的距离,默认为1.1
radius	接收float。表示饼图的半径,默认为1

利用处理好的招聘信息数据绘制不同行业占比饼图,如代码2-55所示。

【代码2-55】绘制不同行业占比饼图。

```
h_type=recruit_data['行业'].value_counts()
#得到占比最多的七个行业
top_h_type=h_type[:7]
#计算剩余行业的占比
other_count=h_type[7:].sum()
#创建一个新的变量包含剩余行业
new_h_type=pd.concat([top_h_type,pd.Series({'Other': other_count})])
#设置标签
labels=new_h_type.index.tolist()
labels[-1]='其他行业'
#设置颜色
colors=plt.cm.Set3.colors[:len(labels)]
#绘制饼状图
plt.pie(new_h_type,labels=labels,colors=colors)
plt.show()
```

代码运行结果如图2-14所示。

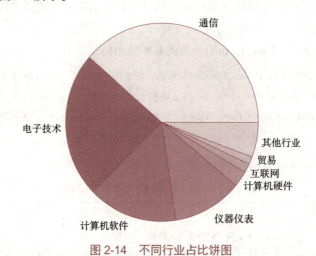

图 2-14 不同行业占比饼图

由图2-14可知,该招聘网站发布的电子技术、通信、计算机软件行业的招聘信息最多,对于想要进入这些行业的毕业生来说,可以参考该招聘网站的信息。

任务实施

视频
分析农产品数量情况

对处理好的农产品数据进行可视化分析,其中首先绘制排名前十的审定部门数量的柱状图,分析各地部门审定数量。绘制饼状图,分析水稻品种数量。通过可视化展示,分析省级以上部门与水稻品种的关系。最后,绘制折线图分析各年度审定数量变化。

一、分析省级以上部门审定数量

1. 读取数据

使用pandas库中pd.read_csv()函数读取处理后农产品基本信息数据，并设置编码格式为GBK，如代码2-56所示。

【代码2-56】读取农产品基本信息数据。

```
import numpy as np
import pandas as pd
import matplotlib.pyplot as plt
#读取数据
rice_data=pd.read_csv('./tmp/ricedata_clean.csv',encoding='gbk')
```

2. 统计省级以上部门审定的水稻数量

提取水稻信息数据的审定部门字段，对其进行数量统计，大致分析历年省级以上部门的审定数量，如代码2-57所示。

【代码2-57】统计省级以上部门审定数量。

```
#统计省级以上部门审定的水稻数量
departments=ricedata['审定方'].value_counts().sort_values()
print('审定部门数量: ',len(departments))
print(departments[-5:])
```

在代码2-57中，value_counts()函数用于对数据进行统计，sort_values()函数用于对数据进行排序，len()函数用于输出数据的长度。代码运行结果如下：

```
审定部门数量: 87
湘审稻        922
粤审稻       1058
赣审稻       1108
桂审稻       1524
国审稻       2253
Name: 审定方, dtype: int64
```

由运行结果可知，审定部门一共有87个，并以升序列表显示各地审定数量。

3. 绘制柱形图

得到省级以上部门审定数量后，通过绘制柱形图进行可视化，直观地对所得数据进行分析。使用bar()函数绘制柱形图，如代码2-58所示。

【代码2-58】省级以上部门审定数量可视化。

```
plt.rcParams['font.sans-serif']='SimHei'      #设置中文显示
plt.rcParams['axes.unicode_minus']=False      #显示坐标轴负号
#绘制柱形图
```

```
plt.bar(x=departments.index[-10:],height=departments[-5:])
plt.axhline(y=departments.mean(),c='r')
plt.xlabel('审定部门')    #设置x轴标题
plt.ylabel('数量')     #设置y轴标题
plt.title('审定部门数量统计')   #设置图表标题
plt.show()   #展示图形
```

代码运行结果如图2-15所示。

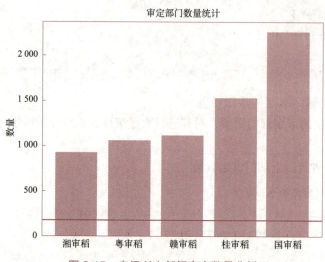

图 2-15 省级以上部门审定数量分析

由图2-15可以直观地看出国审稻、桂审稻、赣审稻、粤审稻等数量最多，说明省级以上部门审定数量较多的也都分布在沿海或河流、盆地集中的省份，均在平均线以上，内陆水资源匮乏的地区审计数量较少，比较符合农业的地区发展分布。符合农业的地区发展分布。

二、分析水稻品种数量

1. 统计水稻品种数量

提取水稻信息数据的水稻类型字段，统计不同水稻类型的数量。由于水稻品种数量差异过大，将除了数量最多的六个水稻品种以外的品种当作其他品种进行统计，如代码2-59所示。

【代码2-59】统计水稻品种数量。

```
##提取水稻品种数据，并做数量统计
rice_type=ricedata['类型'].value_counts()
top_h_type=rice_type[:6]
#计算剩余品种的占比
other_count=rice_type[6:].sum()
#创建一个新的变量包含剩余品种
new_h_type=pd.concat([top_h_type,pd.Series({'其他品种': other_count})])
print(new_h_type)
```

代码运行结果如下：

```
籼型三系杂交稻    5910
粳型常规稻       3815
籼型两系杂交稻    2772
籼型常规稻       1614
籼型不育系       476
粳型三系杂交稻    413
其他品种        224
dtype: int64
```

由运行结果可知，数量最多的六个水稻品种的数量，以及剩余水稻品种的数量总和。

2. 绘制饼图

得到不同水稻类型的数量后，可以通过绘制饼图来分析水稻品种的数量分布情况。使用pie()函数绘制饼图如代码2-60所示。

【代码2-60】绘制水稻品种数量饼状图。

```
#设置标签
labels=new_h_type.index.tolist()
labels[-1]='其他品种'
#设置颜色
colors=plt.cm.Set3.colors[:len(labels)]
#绘制饼图
plt.pie(new_h_type,labels=labels,colors=colors,autopct='%.2f%%')
plt.show()
```

由于水稻品种数量差异过大，分析可视化结果主要展示数量最多的六个水稻品种占比情况，如图2-16所示。

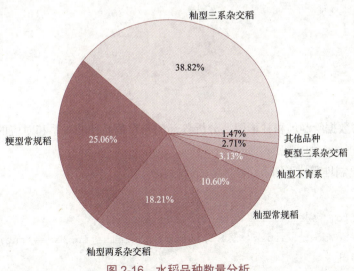

图 2-16 水稻品种数量分析

由图2-16可知,目前水稻种类以籼型三系杂交稻、籼型两系杂交稻、粳型常规稻、籼型常规稻为主,占90%以上,也是目前推广品类最多的几种水稻。

三、分析各地审定水稻品种分布

1. 统计各地审定水稻品种情况

由于各地审定数量分布差异较大和水稻类型的种类数量过多,所以提取审定数量大于审定数均值的部门和百分比占前四的水稻类型。使用列联表对提取的数据进行计数,来获取不同部门与不同品种的水稻审定数,如代码2-61所示。

【代码2-61】统计各地审定水稻品种情况。

```
#获取审定数据大于总数量均值的部门
departments_mean=departments[departments>departments.mean()].index
#获取百分比占比前四的水稻品种
Rice_type_4=rice_type[:4].index
#筛选数据
rice_data_pro=ricedata[(ricedata['审定方'].isin(departments_mean))&\
(ricedata['类型'].isin(Rice_type_4))]
#使用列联表对符合省级以上部门与水稻品种的数据进行计数
rice_data_cro=pd.crosstab(rice_data_pro['审定方'],rice_data_pro['类型'])
print(rice_data_cro)
```

代码运行结果:

类型 审定方	籼型三系杂交稻	籼型两系杂交稻	籼型常规稻	粳型常规稻
吉审稻	0	0	0	668
国审稻	889	880	880	309
川审稻	485	4	29	18
桂审稻	1032	291	157	2
浙审稻	104	39	80	103
...	...	...	...	...

2. 绘制柱形图

依据整理好的数据绘制堆积柱形图,分析各部门与水稻品种的关系和对应的审定数量情况。使用bar()函数绘制柱形图,如代码2-62所示。

【代码2-62】绘制堆积柱形图。

```
#按总数排序
rice_data_cro['总数']=rice_data_cro.sum(axis=1)
rice_data_cro.sort_values('总数',ascending=False,inplace=True)
#绘制堆积柱形图
```

```
for i in range(0,4):
    plt.bar(rice_data_cro.index,rice_data_cro.iloc[:,i],bottom=
            rice_data_cro.iloc[:,:i].sum(axis=1))
#设置旋转角度与字体大小
plt.xticks(rotation=60,fontsize=13)
plt.legend(rice_data_cro.columns)    #添加图例
plt.ylabel('审定数量',fontsize=13)
plt.xlabel('审定部门',fontsize=13)
plt.title('各地审定水稻的分析',fontsize=20)
plt.show()
```

代码运行结果如图2-17所示。

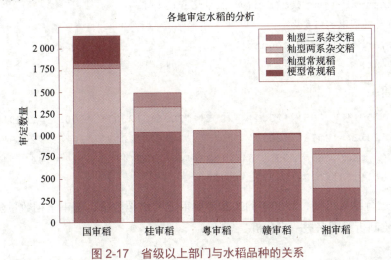

图2-17 省级以上部门与水稻品种的关系

由图2-17可知，籼型三系杂交稻、籼型两系杂交稻、籼型常规稻、粳型常规稻在各地的主要占比分布情况。

四、分析水稻品种数量发展趋势

1. 统计审定数量

每年通过审定的水稻品种数量的变化可能反映了多种因素，这些因素可能包括农业生产技术的发展、市场需求的变化等。分析水稻品种数量能够在一定程度上了解水稻选育发展状况。表2-10中，"审定编号"属性的前四个数字代表的是年份。提取年份数据，并统计国审水稻数量，如代码2-63所示。

【代码2-63】获取审定数量

```
#绘制折线图
result=ricedata.head(2218)
data=result['审定编号']
```

```
#定义新变量,用于存放国审水稻数量
year_count={}
#统计不同年份的国审水稻数量
for d in data:
    year=d[3:7]
    if year in year_count:
        year_count[year]+=1
    else:
        year_count[year]=1
years=list(year_count.keys())
counts=list(year_count.values())
years,counts=zip(*sorted(zip(years,counts)))
#输出不同年份的国审水稻数量
v_year=np.array([years,counts])
print(v_year)
```

代码运行结果:

```
[['2000' '2001' '2003' '2004' '2005' '2006' '2007' '2008' '2009' '2010'
  '2011' '2012' '2013' '2014' '2015' '2016' '2017' '2018' '2019' '2020']
 ['13' '36' '88' '61' '59' '84' '52' '45' '52' '55' '29' '44' '43' '47'
  '53' '66' '178' '269' '372' '572']]
```

由代码2-63运行结果可知,2000年到2020年所审定的水稻数量,国审水稻数量随时间的变化而变化,因此可以绘制折线图来进一步分析。

2. 绘制折线图

得到不同年份的水稻审定品种数量后,使用plot()函数绘制折线图分析从2000年到2020年国审水稻数量的变化,如代码2-64所示。

【代码2-64】绘制国审水稻数量随年份的变化折线图。

```
#绘制折线图
import matplotlib.ticker as ticker
plt.plot(years,counts)
plt.gca().xaxis.set_major_locator(ticker.MultipleLocator(3))
plt.xlabel('年份变化')
plt.ylabel('审定数量')
plt.title('国审水稻数量变化')
plt.show()
```

代码运行结果如图2-18所示。

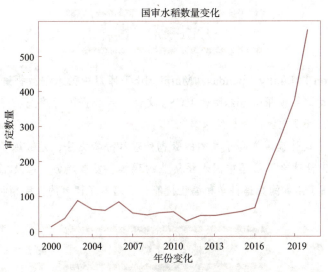

图 2-18　国审水稻数量随年份的变化趋势

由图2-18可知,2017年到2020年增长非常迅速,到2020年审定数量最多。2016年及之前的十几年里,审定数量有起伏,变化不是特别大。这说明水稻育种技术在2017年左右可能取得了较大进步,促使了更多的水稻品种通过审定。例如,基因编辑技术的发展可能加速了水稻育种的速度,使得更多的品种在短时间内获得审定。

任务实训

实训三　分析小麦生长情况

一、训练要点

(1)掌握用pandas进行数据分析的基本操作。
(2)掌握用Matplotlib库进行数据可视化的基本操作。

二、需求说明

数据可视化通过图表直观地展示数据间的量级关系,其目的是将抽象信息转换为具体的图形,将隐藏于数据中的规律直观地展现出来。本任务基于实训二处理后的数据,使用Matplotlib库对小麦种子数据进行可视化分析。

三、实现思路及步骤

(1)读取小麦种子数据。
(2)绘制柱形图,分析小麦种子类别分布情况。
(3)绘制饼图,分析种子的表面积占比情况。
(4)绘制折线图,分析小麦平均周长变化趋势。

项目总结

本项目使用Python中NumPy、pandas和Matplotlib等库对中国水稻数据进行处理和分析。使用NumPy进行简单数据运算；使用pandas库读取CSV文件，对数据进行清洗、筛选和聚合操作；使用Matplotlib库绘制图表，可视化数据分析结果。

通过这个项目，不仅让读者学会了具体的数据处理和分析方法，还锻炼了读者的编程能力和解决问题的能力。同时，让读者了解了中国水稻产业的现状和发展趋势，以及中国在粮食安全领域所做出的贡献。不仅提高了读者的数据科学和编程技能，还培养了读者的探究精神和解决问题的能力。

课后作业

一、选择题

1. NumPy库用于（　　）。
   A. 数据可视化　　　　　　　　　　　　B. 数据存储
   C. 数据处理和数值计算　　　　　　　　D. 网络编程

2. 在NumPy中，用于生成一个在给定范围内等间隔的一维数组的函数是（　　）。
   A. arange　　　　B. full　　　　C. ones　　　　D. zeros

3. 在pandas中，用于选择DataFrame的特定列的函数或方法是（　　）。
   A. drop()　　　　B. astype()　　　　C. dropna()　　　　D. []

4. 在pandas中，用于读取和写入数据的函数或方法是（　　）。
   A. read_csv和to_csv()　　　　　　　　B. load_data和save_data
   C. load_file和save_file　　　　　　　　D. import_data和export_data

5. 在Matplotlib库中，用于绘制散点图的函数是（　　）。
   A. plot　　　　B. scatter　　　　C. bar　　　　D. hist

6. 在Matplotlib库中，用于设置图形标题的函数是（　　）。
   A. title　　　　　　　　　　　　　　　B. xlabel和ylabel
   C. legend　　　　　　　　　　　　　　D. grid

二、操作题

助农超市是指通过销售农村地区的农产品，帮助当地农民增加收入，提高农村经济发展的一种商业模式，推动现代服务业同现代农业深度融合。助农超市将农产品直接销售给城市居民，避免了中间环节的层层加价，让农民得到更多的收益。通过建设助农超市，可以促进农村地区的农业生产和经济发展，提高当地农民的生活水平和社会福利。某助农连锁超市销售数据orders.csv包含了该连锁超市2021年所有的订单数据，每行数据代表一条订单记录，包含了订单号、订单成交时间、商品类别、单价与销量等信息、部分信息见表2-42。

表 2-42　部分销售数据信息

订单号	商品类别	门店编号	单价	销量	成交时间
20170103CDLG00021005××××	915000003	CDNL	25.23	0.328	2020/1/1
20170103CDLG00021005××××	914010000	CDNL	2	2	2020/1/2
20170103CDLG00021005××××	922000000	CDNL	19.62	0.23	2020/1/3
20170103CDLG00021005××××	922000000	CDNL	2.8	2.044	2020/1/4

根据某助农连锁超市销售数据，农产品销售情况进行分析。具体操作步骤如下：

（1）读取该文件。

（2）对数据进行清洗，包括缺失值、异常值、重复值的处理。

（3）将处理好的数据存储到新的文件中。

（4）绘制饼图，分析各门店营业额占比情况。

（5）绘制折线图，分析最后一周的营业额变化趋势。

（6）绘制柱形图，分析营业额前十的商品类别分布情况。

项目三 建筑工程混凝土抗压强度检测
——线性回归

混凝土是一种应用最普及的建筑材料，许多知名建筑都是由混凝土打造。混凝土抗压强度是衡量混凝土承受荷载能力的重要指标，通过检测混凝土抗压强度可以评估建筑物结构的安全性，确保建筑物能够承受荷载并保持稳定。

本项目应用线性回归分析混凝土抗压强度检测数据。线性回归源于统计学，是机器学习中最经典的模型，它利用数理统计中回归分析来确定两种或两种以上变量间相互依赖的定量关系，在数据分析工作中应用十分广泛。本项目技术开发思维导图如图3-1所示。

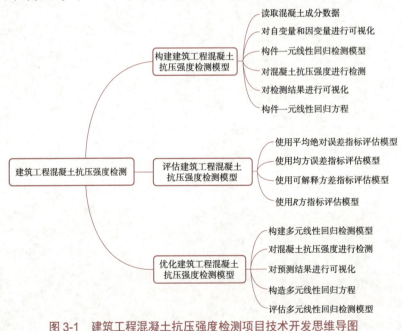

图 3-1 建筑工程混凝土抗压强度检测项目技术开发思维导图

学习目标

1. 知识目标

（1）了解一元线性回归的基本概念。

（2）了解线性回归的最小二乘法求解。
（3）掌握Matplotlib库的基本语法和参数。
（4）熟悉使用Matplotlib库进行可视化的基本流程。
（5）熟悉回归模型的评估指标。
（6）了解多元线性回归的基本概念。

2. 技能目标

（1）能够使用Python的pandas库读取和预处理数据。
（2）能够使用Python的sklearn库构建线性回归模型。
（3）能够使用Python的Matplotlib库可视化线性回归模型。
（4）能够使用Python的sklearn库计算R方值和均方误差等评价指标。

3. 素质目标

（1）引导学生关注建筑行业现有的技术，培养学生的创新精神和实践能力。
（2）引导学生积极参与体育锻炼，增强体质和心理承受能力。
（3）培养学生的数据分析能力，对实例进行数据挖掘。

任务一　构建建筑工程混凝土抗压强度检测模型

任务描述

建筑工程中需要对混凝土抗压强度进行检测，以保证建筑物的结构安全。传统的混凝土抗压强度检测方法需要进行大量的试验和实测，费时费力，且存在一定的误差。并且，由于检测模型包含的参数较多，如何从数据中估计众多参数，使得模型更接近实际也是重难点。因此，利用机器学习技术构建混凝土抗压强度检测模型，可以提高检测效率和准确性，节省人力和物力，推进新型工业化，加快建设制造强国、质量强国。

在本任务中将使用一元线性回归模型构建一个能够预测混凝土抗压强度的模型。使用该模型可以极大地节约测试时间和成本，并且能够减少测试误差。任务要求：（1）使用sklearn库建立一元线性回归模型；（2）使用Matplotlib库实现结果的可视化。

相关知识

一元线性回归是一种基本的回归方法，用于建立单个自变量x与因变量y之间的线性关系，通过拟合这条直线来预测未知的因变量值。一元线性回归示意图如图3-2所示。

其中，点表示样本点，直线函数表示一元线性回归的趋势线，通过拟合曲线可以对目标问题的数据进行相应的预测或求解工作。

假设有n个样本数据，其中(x_i, y_i)，$i=1, 2, \cdots, n$。假设数据之间的关系是线性的，则可以找到一组参数a和b，拟合出式（3-1），使得预测值$\hat{y}_i$与真实值y_i的误差最小。

$$\hat{y} = ax + b \tag{3-1}$$

视频

一元线性回归

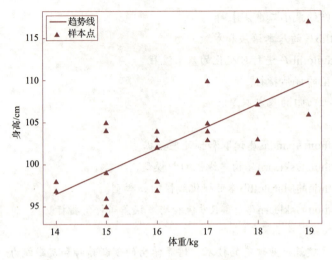

图 3-2 一元线性回归示例图

利用最小二乘法可以简便地求得未知的数据,并使得预测数据与实际数据之间误差的平方和最小,即最小化残差平方和(RSS)。

$$\text{RSS} = \sum_{i=1}^{n}(\hat{y}_i - y_i)^2 \qquad (3\text{-}2)$$

为使用最小二乘法拟合目标函数,需要解出 a 和 b 的值,可以通过求导来找到最优的 a 和 b 的值。在Python中,使用sklearn库中linear_model模块的LinearRegression类可以建立线性回归模型。其基本使用格式如下:

```
class sklearn.linear_model.LinearRegression(fit_intercept=True,normalize=False,copy_X=True,n_jobs=1)
```

LinearRegression类常用的参数及说明见表3-1。

表 3-1 LinearRegression 类常用的参数及说明

参 数	说 明
fit_intercept	接收bool。表示是否有截距,若没有则直线过原点,默认为True
normalize	接收bool。表示是否将数据归一化,默认为False
copy_X	接收bool。表示是否复制数据表进行运算,默认为True
n_jobs	接收int。表示计算时使用的核数,默认为1

近年来,政府提出了全民健身计划,鼓励儿童在校内外积极参与体育活动,提高身体素质,并且加大对儿童体育设施建设的投资,为儿童提供更好的体育活动场所。为了解儿童的身体发育情况,现有某幼儿园学生的身高体重数据,需要建立学生身高与体重之间的回归模型。

使用某幼儿园学生的身高体重数据绘制散点图,观察数据分布,如代码3-1所示。

【代码3-1】绘制学生身高体重散点图。

```
import pandas as pd
```

```
import matplotlib.pyplot as plt
from sklearn.linear_model import LinearRegression
#数据导入
people = pd.read_csv("../data/people.csv")
#提取people中的数据,分别作为x、y
x=people.iloc[:, :-1]
y=people.iloc[:, -1]
plt.rcParams['font.sans-serif']='SimHei'
#绘制散点图
plt.scatter(x, y, label='真实值')
plt.xlabel('体重/kg')
plt.ylabel('身高/cm')
plt.legend()
plt.show()
```

代码运行结果如图3-3所示。

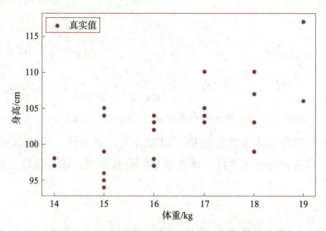

图 3-3　各学生身高体重数据散点图

由图3-3可知,每个样本点分别对应学生的体重和身高数据,观察学生身高体重分布图中数据分布比较集中,整体呈线性,适合运用一元线性回归。

然后使用LinearRegression建立回归模型,求出回归方程的系数和截距并将结果可视化展示,如代码3-2所示。

【代码3-2】构建学生身高体重一元线性回归模型。

```
lr=LinearRegression()
lr.fit(x,y)
#从训练好的模型中提取函数斜率和截距
w=lr.coef_    #函数斜率
b=lr.intercept_   #函数截距
plt.rcParams['font.sans-serif']='SimHei'
```

```
plt.scatter(x,y,c='y',marker="^",label='样本点')
#针对每一个x,计算出预测的y值
y_pred=w * x+b
plt.plot(x,y_pred,c='b',linewidth=1.0,linestyle="-",label='趋势线')
plt.legend()
plt.xlabel('体重/kg')
plt.ylabel('身高/cm')
plt.show()
```

代码运行结果如图3-4所示。

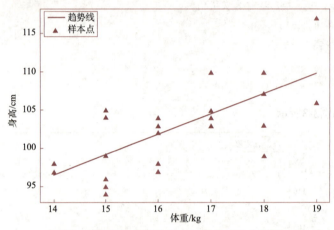

图3-4 学生的身高体重一元线性回归模型图

由图3-4可知,学生的身高体重数据趋势可以拟合为一条直线,且样本点均匀地分布在直线两端。学生的身高和体重具有正线性相关性,体重越重,身高越高;体重越轻,身高越矮。

任务实施

一、读取混凝土成分数据

1. 查看混凝土成分数据

混凝土是一种高强度的材料,可以承受很大的荷载和压力,使得建筑具有更好的耐久性和稳定性。表3-2所示为混凝土样本的9个特征数据集。

表3-2 混凝土样本特征数据集

水泥含量/(kg/m³)	矿渣含量/(kg/m³)	石灰含量/(kg/m³)	水含量/(kg/m³)	超塑化剂含量/(kg/m³)	粗骨料含量/(kg/m³)	细骨料含量/(kg/m³)	达到特定抗压强度所需天数	混凝土抗压强度/MPa
540	0	0	162	2.5	1040	676	28	79.99
540	0	0	162	2.5	1055	676	28	61.89
332.5	142.5	0	228	0	932	594	270	40.27
332.5	142.5	0	228	0	932	594	365	41.05

续表

水泥含量/ (kg/m³)	矿渣含量/ (kg/m³)	石灰含量/ (kg/m³)	水含量/ (kg/m³)	超塑化剂含量/ (kg/m³)	粗骨料含量/ (kg/m³)	细骨料含量/ (kg/m³)	达到特定抗压强度 所需天数	混凝土抗压强度/ MPa
198.6	132.4	0	192	0	978.4	825.5	360	44.3
266	114	0	228	0	932	670	90	47.03
380	95	0	228	0	932	594	365	43.7
380	95	0	228	0	932	594	28	36.45
266	114	0	228	0	932	670	28	45.85

2. 读取数据

使用pandas库中pd.read_csv函数读取混凝土样本特征数据集，并设置编码格式为GBK，如代码3-3所示。

【代码3-3】读取混凝土样本特征数据集

```
import pandas as pd
#读取数据集
concrete=pd.read_csv('../data/concrete.csv',encoding='gbk')
```

3. 提取自变量和因变量

在本任务中将水泥含量作为自变量，混凝土抗压强度作为因变量。使用iloc函数提取自变量和因变量，如代码3-4所示。

【代码3-4】提取自变量和因变量。

```
#提取自变量和因变量
concrete_data=concrete.iloc[:,:1]           #提取自变量
concrete_target=concrete.iloc[:,-1]         #提取因变量
```

二、对自变量和因变量进行可视化

基于自变量和因变量数据，使用scatter()函数绘制散点图，如代码3-5所示。

【代码3-5】绘制散点图。

```
import matplotlib.pyplot as plt
plt.rcParams['font.sans-serif']='SimHei'
#绘制散点图
plt.scatter(concrete_data,concrete_target)
plt.xlabel('水泥含量/(kg/m³)')
plt.ylabel('混凝土抗压强度/MPa')
plt.show()
```

在代码3-5中，plt.rcParams用于正常显示中文标签，SimHei表示"黑体"字体，xlabel()函数和ylabel()函数分别用于设置x坐标轴标题和y坐标轴标题。代码运行结果如图3-5所示。

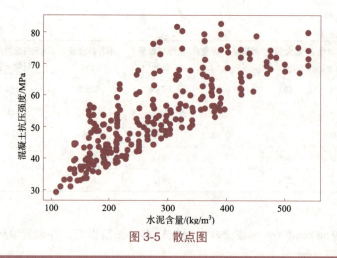

图 3-5　散点图

三、构建一元线性回归检测模型

1. 拆分训练集和测试集

混凝土的抗压强度往往与水泥含量有着线性关系,建立线性模型预测混凝土的抗压强度。将数据集拆分为训练集和测试集,使用训练集对模型进行训练,使用测试集对构建的模型进行测试,其中测试集占整个数据集的20%。使用train_test_split类拆分为训练集和测试集,如代码3-6所示。

【代码3-6】拆分为训练集和测试集。

```
from sklearn.model_selection import train_test_split
data_train,data_test,\
    target_train,target_test=\
        train_test_split(concrete_data,concrete_target,test_size=0.20,
                         random_state=123)
```

在代码3-6中,test_size参数用于设置测试集占整个数据集比例,此处设置占比为20%。data_train和target_train为训练集,data_test和target_test为测试集。

2. 构建模型

使用sklearn库建立一元线性回归检测模型,并使用训练集对模型进行训练,如代码3-7所示。

【代码3-7】混凝土抗压强度一元线性回归模型。

```
#对线性回归模型进行训练
from sklearn.linear_model import LinearRegression
lr=LinearRegression()
lr.fit(data_train,target_train)
```

四、对混凝土抗压强度进行检测

利用训练后的混凝土抗压强度一元线性回归模型来预测训练集中的抗压强度,如代码3-8所示。

【代码3-8】混凝土抗压强度预测。

```
#预测测试集结果
y_pred=lr.predict(data_test)
print('预测前20个结果为.','\n',y_pred[: 20])
```

代码运行结果：

预测前20个结果为：
 [42.45660914 42.06739971 43.36476448 68.01469499 57.63577688 69.41185704
 45.03137921 47.04728446 52.14692596 79.49138329 50.230818 45.03137921
 61.12868201 61.42807388 45.03137921 50.57012878 42.24703483 73.00455947
 53.25467587 47.37661552]

至此，模型已经训练完毕，且对前20个样本的混凝土抗压强度完成预测。

五、对检测结果进行可视化

利用Matplotlib库对预测结果进行可视化，可以更直观地看出预测结果的好坏，如代码3-9所示。

【代码3-9】混凝土模型真实值绘图。

```
import matplotlib.pyplot as plt
plt.rcParams['font.sans-serif']='SimHei'
plt.scatter(data_test,target_test,c='y',marker="^",label='样本点')
plt.plot(data_test,y_pred,c='b',linewidth=1.0,linestyle="-",label
        ='趋势线')
plt.legend()
plt.xlabel('水泥含量/(kg/m³)')
plt.ylabel('混凝土抗压强度/MPa')
plt.show()
```

代码运行结果如图3-6所示。

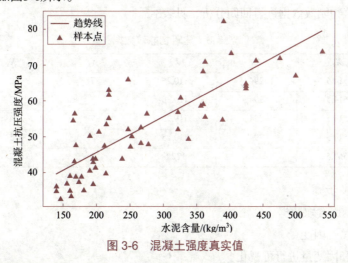

图3-6　混凝土强度真实值

由图3-6可知，数据趋势可以拟合为一条直线，且样本点均匀地分布在直线两端，即说明模型的效果相对较好。

六、构造一元线性回归方程

查看回归模型的回归系数和截距，如代码3-10所示。

【代码3-10】输出回归系数和截距

```
w=lr.coef_                    #函数斜率
b=lr.intercept_               #函数截距
print('回归系数为:',w)
print('截距为:',b)
```

代码运行结果：

```
回归系数为: [0.09979729]
截距为: 25.600846941799354
```

由代码3-10可知，拟合得到的一元线性回归方程为$y=0.099x+25.6$。

任务实训

实训一 构建建筑物能效检测模型

一、训练要点

掌握构建一元线性回归模型的方法。

二、需求说明

建筑物是全球能源消耗和温室气体排放的主要来源之一。通过对建筑物能效进行估计，可以确定其能源消耗情况和碳排放水平，有助于识别低效建筑，采取相应的节能减排措施，从而加强生态环境保护，使得生态文明制度体系更加健全，污染防治攻坚向纵深推进，绿色、循环、低碳发展迈出坚实步伐。对建筑物能效数据进行回归分析，见表3-3。

表3-3 建筑物能效数据

X_1	X_2	X_3	X_4	X_5	X_6	Y_1
0.98	514.5	294	110.25	7	2	15.55
0.98	514.5	294	110.25	7	3	15.55
0.98	514.5	294	110.25	7	4	15.55
0.98	514.5	294	110.25	7	5	15.55
0.9	563.5	318.5	122.5	7	2	20.84

三、实现思路及步骤

（1）使用pandas库读取数据。

（2）提取自变量、因变量。

（3）对自变量和因变量进行可视化。

（4）拆分为训练集和测试集。
（5）使用sklearn库构建一元线性回归模型。
（6）使用Matplotlib对预测结果进行可视化。
（7）构建一元线性回归方程。

任务二 评估建筑工程混凝土抗压强度检测模型

任务描述

在建筑工程中，安全尤为重要。建筑施工企业在安全管理中必须坚持"安全第一，预防为主，科学管控，综合治理"的方针。为了保证施工安全，保护工人生命健康，在构建建筑工程混凝土抗压强度检测模型之后，需要对预测模型进行评价。任务要求：使用sklearn库进行模型的评价。

视频

线性回归评估

相关知识

在回归分析中，还需要进行线性回归评估。回归评价的作用是通过对回归分析中数据及假设的检验和分析，来评估模型的效果。目前常用的回归模型评价方法见表3-4。

表3-4 常用的回归模型评价方法

方 法	最 优 值	sklearn 函数
平均绝对误差	0.0	metrics.mean_absolute_error()
均方误差	0.0	metrics.mean_squared_error()
可解释方差值	1.0	metrics.explained_variance_score()
R方值	1.0	metrics.r2_score()

图3-7所示为一个简单的房屋价格回归预测图，图中共有3个样本点用圆点表示，"+"点表示回归直线对该样本点的预测值。本任务以该图为例，简要讲解评价指标的计算。

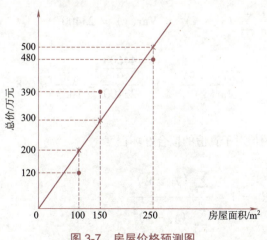

图3-7 房屋价格预测图

平均绝对误差（MAE）：反映了样本点偏离预测直线的程度。

$$\text{MAE} = \frac{1}{n}\sum_{i=1}^{n}|y_i - \hat{y}_i| \tag{3-3}$$

利用式（3-3）可求得图3-7的MAE如下：

$$\frac{1}{3}(|120-200|+|390-300|+|480-500|) = \frac{190}{3} \approx 63.3$$

均方误差（MSE）：反映了样本点偏离预测直线的程度的平方距离：

$$\text{MSE} = \frac{1}{n}\sum_{i=1}^{n}(y_i - \hat{y}_i)^2 \tag{3-4}$$

利用式（3-4）可求得图3-7的MSE：

$$\frac{1}{3}[(120-200)^2+(390-300)^2+(480-500)]^2 = \frac{14900}{3} \approx 4966.7$$

可解释方差值（EVAR）：衡量的是所有预测值和样本之间的差的分散程度与样本本身的分散程度的相近程度。

$$\text{EVAR} = 1 - \frac{\sum_{i=1}^{n}[(y_i-\hat{y}_i) - E(y_i-\hat{y}_i)]^2}{\sum_{i=1}^{n}(y_i-\bar{y})^2} \tag{3-5}$$

其中，E指均值。

利用式（3-5）可求得图3-7的Evak：

$$\bar{y} = \frac{120+390+480}{3} = 330$$

$$\frac{1}{n}\sum_{i=1}^{n}[(y_i-\hat{y}_i)-E(y_i-\hat{y}_i)]^2 = \text{Var}(y-\hat{y}) = \frac{44600}{9}$$

$$\frac{1}{n}\sum_{i=1}^{n}(y_i-\bar{y})^2 = \text{Var}(y) = 23400$$

$$1 - \frac{\text{Var}(y-\hat{y})}{\text{Var}(y)} = 1 - \frac{\frac{44600}{9}}{23400} = \frac{830}{1053} \approx 0.8$$

其中Var指方差。

R方值：衡量的是预测值对于真值的拟合好坏程度。

$$R^2 = 1 - \frac{\sum_{i=1}^{n}(y_i-\hat{y}_i)^2}{\sum_{i=1}^{n}(y_i-\bar{y})^2} \tag{3-6}$$

利用式（3-6）可求得图3-7的R方值如下：

$$1 - \frac{\sum_{i=1}^{n}(y_i - \hat{y}_i)^2}{\sum_{i=1}^{n}(y_i - \bar{y})^2} = 1 - \frac{14900}{23400 \times 3} \approx 0.8$$

可以发现房屋价格预测的拟合效果一般，原因很可能是数据量不足造成的，代码3-11中利用更多的数据量，尝试对房屋的价格进行回归预测。

房屋价格是影响民生的重要因素，保障和改善居民住房，一直是国家关注的重点和人民殷切的希望。居民希望对房屋均价有所了解，需要对房屋价格和房屋面积进行回归分析，并对回归结果进行评价。

对房屋价格和面积进行回归分析并评价，如代码3-11所示。

【代码3-11】房屋价格模型拟合优度的评价

```
import pandas as pd
from sklearn.linear_model import LinearRegression
people=pd.read_csv('../data/price.csv',header=None)
#提取price中的数据，分别作为x、y
x=people.iloc[:,:-1]
y=people.iloc[:,-1]
from sklearn.model_selection import train_test_split
#划分训练集与测试集
x_train,x_test,y_train,y_test=train_test_split(x,y,test_size=0.2,random_state=20)
#建立线性模型
lr=LinearRegression()
lr.fit(x_train,y_train)
#针对每一个x，计算出预测的y值
y_pred=lr.predict(x_test)
#计算评价指标
from sklearn.metrics import explained_variance_score,\
    mean_absolute_error,mean_squared_error,r2_score
print('房屋价格线性回归模型的平均绝对误差为：',
    mean_absolute_error(y_test,y_pred))
print('房屋价格线性回归模型的均方误差为：',
    mean_squared_error(y_test,y_pred))
print('房屋价格线性回归模型的可解释方差值为：',
    explained_variance_score(y_test,y_pred))
print('房屋价格线性回归模型的R方值为：',
    r2_score(y_test,y_pred))
```

代码运行结果：

房屋价格线性回归模型的平均绝对误差为：5461.1311902693315
房屋价格线性回归模型的均方误差为：36231369.73246897
房屋价格线性回归模型的可解释方差值为：0.9217826266573412
房屋价格线性回归模型的R方值为：0.9181417274539507

由代码3-11运行结果可知，虽然回归模型的平均绝对误差和均方误差数值较大，但是可解释方差值与R方值均大于0.9。可知模型的拟合效果较好，均方误差数值较大的原因可能是样本点本身数值较大。因此，应该继续优化模型，提高模型预测的准确率。

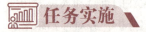 任务实施

一、使用平均绝对误差指标评估模型

1. 了解模型评估的意义

回归模型建立后，为了保证回归模型的预测结果真实可靠，需要对模型进行评价。sklearn库中有封装好的用于计算评价指标的函数。调用这些函数，可以方便地计算回归模型的评价指标。

2. 使用平均绝对误差指标

对构建的建筑工程混凝土抗压强度检测模型，使用平均绝对误差指标进行评价，如代码3-12所示。

【代码3-12】计算平均绝对误差。

```
from sklearn.metrics import mean_absolute_error
print('建筑工程混凝土抗压强度检测模型的平均绝对误差为：',
      mean_absolute_error(target_test,y_pred))
```

在代码3-12中使用sklearn库中的mean_absolute_error类进行平均绝对误差的计算。代码运行结果：

建筑工程混凝土抗压强度检测模型的平均绝对误差为：5.6036932185073836

由运行结果可知，模型的平均绝对误差约为5.6。当平均绝对误差越接近0时，模型的效果越好。

二、使用均方误差指标评估模型

对构建的建筑工程混凝土抗压强度检测模型，使用均方误差指标进行评价，如代码3-13所示。

【代码3-13】计算均方误差。

```
from sklearn.metrics import mean_squared_error
print('建筑工程混凝土抗压强度检测模型的均方误差为：',
      mean_squared_error(target_test,y_pred))
```

在代码3-13中使用sklearn库中的mean_squared_error类进行均方误差的计算。代码运行3-13结果：

建筑工程混凝土抗压强度检测模型的均方误差为：48.67979459319181

由运行结果可知，模型的均方误差约为48.68。当均方误差越接近0时，模型的效果越好。

三、使用可解释方差指标评估模型

对构建的建筑工程混凝土抗压强度检测模型，使用可解释方差指标进行评价，如代码3-14所示。

【代码3-14】计算可解释方差。

```
from sklearn.metrics import explained_variance_score
print('建筑工程混凝土抗压强度检测模型的可解释方差为：',
       explained_variance_score(target_test,y_pred))
```

在代码3-14中使用sklearn库中的explained_variance_score类进行可解释方差的计算。代码运行结果：

建筑工程混凝土抗压强度检测模型的可解释方差为：0.6867553960551194

由运行结果可知，模型的可解释方差约为0.69。当可解释方差越接近1时，模型的效果越好。

四、使用 R 方指标评估模型

对构建的建筑工程混凝土抗压强度检测模型，使用R方指标进行评价，如代码3-15所示。

【代码3-15】计算R方。

```
from sklearn.metrics import r2_score
print('建筑工程混凝土抗压强度检测模型的R方为：',
       r2_score(target_test,y_pred))
```

在代码3-15中使用sklearn库中的r2_score类进行R方的计算。代码运行结果：

建筑工程混凝土抗压强度检测模型的R方为：0.6864794356357525

由运行结果可知，模型的R方约为0.69。当R方越接近1时，模型的效果越好。

由代码3-12～代码3-15运行结果可知，该模型均方误差与平均绝对误差偏大；R方值与可解释方差值均为0.68以上。模型的拟合效果一般，还需要进行一定的优化。

任务实训

实训二　评估建筑物能效检测模型

一、训练要点

掌握评估模型的方法。

二、需求说明

为了安全、环保考虑，在建立建筑物能效估计模型后，需要对模型进行评估。本实训将基于实训一构建的建筑物能效检测模型进行模型的评估。

三、实现思路及步骤

（1）使用sklearn库计算平均绝对误差。

（2）使用sklearn库计算均方误差。
（3）使用sklearn库计算可解释方差值。
（4）使用sklearn库计算R方值。

任务三　优化建筑工程混凝土抗压强度检测模型

任务描述

一元线性回归模型用于处理单个自变量，但是现实生活中往往会出现多个自变量的情况，此时就需要使用多元线性回归模型进行处理。在任务一、任务二中使用了一元线性回归模型对建筑工程混凝土抗压强度进行检测，发现模型的拟合效果一般，还有优化的空间。为此，本任务将使用多元线性回归模型，对建筑工程混凝土抗压强度检测模型进一步优化。任务要求：（1）使用sklearn库建立多元线性回归模型；（2）使用Matplotlib库实现结果的可视化。

相关知识

如果回归分析中包括两个或两个以上的自变量，且因变量和自变量之间是线性关系，则称为多元线性回归模型。

对于由 d 个特征组成的样本集 $\boldsymbol{x}=(x_1, x_2, \cdots, x_d)$，其中 x_i 是 x 在第 i 个特征上的取值。线性模型即通过学习得到一个特征的线性组合来预测样本标签的函数：

$$f(\boldsymbol{x})=\omega_1 x_1+\omega_2 x_2+\cdots+\omega_d x_d+b \tag{3-7}$$

式（3-7）的一般表示为式（3-8）：

$$f(\boldsymbol{x})=\boldsymbol{\omega}^\mathrm{T}\boldsymbol{x}+b \tag{3-8}$$

在式（3-8）中，$\boldsymbol{\omega}^\mathrm{T}=(\omega_1, \omega_2, \cdots, \omega_d)^\mathrm{T}$ 表示回归系数的集合，其中回归系数 ω_d 表示特征 x_d 在预测目标变量时的重要性，b 为常数。

现如今，人工智能、云计算、大数据等新一代信息技术发展日新月异，应用极其广泛。我国计划在2030年前建成全球领先的5G网络。在网络使用中，流量负载是衡量网速快慢的重要指标，主要由热点比例阈值和转发负载阈值所决定。影响网速的特征说明见表3-5。

表3-5　影响网速的特征说明

特征名称	说明
热点比例阈值	指某个时刻内特定内容或资源的访问量占整体访问量的比例。当热点比例超过设置的阈值时，可能会出现网络拥塞、带宽不足等问题，需要采取相应措施
转发负载阈值	指网络中的数据包在传输过程中被转发的次数。当转发负载超过设置的阈值时，可能会导致网络延迟、数据丢失等问题
流量负载	指网络中的数据流量大小。当流量负载超过设置的阈值时，可能会出现网络拥塞、带宽不足等问题

本例研究对象为热点比例阈值，转发负载阈值和流量负载。使用sklearn库进行建模，探寻三者

之间存在的多元线性关系，如代码3-16所示。

【代码3-16】构建流量负载多元线性回归模型。

```python
import numpy as np
from sklearn import linear_model
import matplotlib.pyplot as plt
import pandas as pd
#读数据
data=pd.read_csv('../data/traffic.csv',header=None)
data_test=pd.read_csv('../data/datatraffic_test.csv',header=None)
# X为特征，Y为结果
#行的索引除了最后的-1以外的所有元素
X=data.iloc[:,0:-1]
#转换为numpy数组
X=np.array(X)
#行的索引为-1的列元素
Y=data.iloc[:,-1]
Y=np.array(Y)
X_test=data_test.iloc[:,0:-1]
Y_test=data_test.iloc[:,-1]
X_test=np.array(X_test)
Y_test=np.array(Y_test)
#预测模型
regression_equation=linear_model.LinearRegression()
regression_equation.fit(X,Y)
#为三维图准备数据，xs、ys、zs为三维坐标值
xs=[]
ys=[]
zs=[]
zs_predict=[]
#对测试集X_test中的数据进行预测
for x in X_test:
    xs.append(x[0])
    ys.append(x[1])
    x=np.array(x).reshape(1,-1)
    predict=regression_equation.predict(x)
    zs_predict.append(predict[0])   #将预测值存入zs_predict中
for z in Y_test:
    zs.append(z)    #将真实值存入zs中
print("预测值")
```

```
print(zs_predict)
print("真实值")
print(zs)
#训练集坐标数据
xs_train=[]
ys_train=[]
zs_train=Y
for x in X:
    xs_train.append(x[0])
    ys_train.append(x[1])
```

代码运行结果:

预测值:

[0.2318181818181818,0.24696969696969695,0.3053030303030303,0.3636363636363636,
0.37878787878787873,0.39393939393939387,0.409090909090909,0.424242424242424203]

真实值:

[0.2,0.25,0.3,0.45,0.4,0.5,0.45,0.2]

利用Matplotlib库对代码3-16得到的预测结果进行可视化展示,如代码3-17所示。

【代码3-17】流量负载多元线性回归模型可视化。

```
#显示正常的中文标签
plt.rcParams['font.sans-serif']='SimHei'
#设置画布
fig=plt.figure(figsize=(8,6))
#画布中增加轴域,画三维图
ax=fig.add_subplot(111,projection='3d')
#绘制散点图,s是点的大小,c是颜色,marker是图像样式
ax.scatter(xs,ys,zs,s=20,c='blue',depthshade=True,marker='^')
ax.scatter(xs,ys,zs_predict,s=20,c='red',depthshade=True)
ax.scatter(xs_train,ys_train,zs_train,s=35,c='black',depthshade=True,marker='+')
#设置坐标轴名称
ax.set_xlabel('流量负载')
ax.set_ylabel('转发负载阈值')
ax.set_zlabel('热点比例阈值')
plt.show()
```

代码运行结果如图3-8所示。

由图3-8可知,三角形点为热点比例阈值的真实值,圆形点为热点比例阈值的预测值,"+"为训练集数据。当红蓝色圆点在流量负载与转发负载阈值较小时,重合度较高,回归效果比较理想;当流量负载和转发负载阈值较大时回归效果较差。原因可能是训练集的数据在流量负载和转发负载阈

值较大时,分布比较分散,导致训练出的模型效果较差。

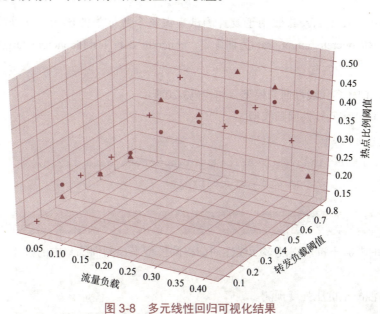

图 3-8　多元线性回归可视化结果

任务实施

一、构建多元线性回归检测模型

1. 提取自变量和因变量

本任务中将水泥含量、矿渣含量等8项指标作为自变量,混凝土抗压强度作为因变量。使用iloc函数提取自变量和因变量,如代码3-18所示。

【代码3-18】提取自变量和因变量。

```
#提取自变量和因变量
concrete_data=concrete.iloc[:,:-1]
concrete_target=concrete.iloc[:,-1]
```

视　频

优化建筑工程混凝土抗压强度检测模型

2. 拆分训练集和测试集

将数据集拆分为训练集和测试集,使用训练集对模型进行训练,使用测试集对构建的模型进行测试,其中测试集占整个数据集的20%。使用train_test_split类拆分为训练集和测试集,如代码3-19所示。

【代码3-19】拆分训练集和测试集。

```
#划分训练集和测试集
concrete_data_train,concrete_data_test,concrete_target_train,
concrete_target_test=\
    train_test_split(concrete_data,concrete_target,test_size=0.2,random_
```

state=20)

在代码3-19中,test_size参数用于设置测试集占整个数据集的比例,此处设置占比为20%。concrete_data_train和concrete_target_train为训练集,concrete_data_test和concrete_target_test为测试集。

3. 构建多元线性回归模型

使用sklearn库构建多元线性回归模型,如代码3-20所示。

【代码3-20】构建多元线性回归模型。

```
#构建多元线性回归模型
concrete_linear=LinearRegression().fit(concrete_data_train,
                  concrete_target_train)
```

二、对混凝土抗压强度进行检测

利用训练后的混凝土抗压强度多元线性回归检测模型来预测训练集中的抗压强度,如代码3-21所示。

【代码3-21】混凝土抗压强度预测。

```
#预测测试集结果
y_pred=concrete_linear.predict(concrete_data_test)
print('预测前20个结果为.','\n',y_pred[: 20])
```

代码运行结果:

```
预测前20个结果为:
 [66.14974838  57.14995486  42.74449405  69.92266517  66.65883584  42.00649116
  57.93283617  64.29902405  47.58568253  66.3800502   62.07312285  50.80643382
  63.97674778  45.26262292  73.5788684   74.43096272  70.48454506  34.67364088
  46.70412995  67.60987749]
```

至此,模型已经训练完毕,且对前20个样本的混凝土抗压强度完成预测。

三、对预测结果进行可视化

利用Matplotlib库对预测结果进行可视化,可以更直观地看出预测结果的好坏,如代码3-22所示。

【代码3-22】混凝土模型真实值绘图。

```
#设置空白画布,并制定大小
fig=plt.figure(figsize=(12,6))
#根据真实值画图
plt.plot(range(concrete_target_test.shape[0]),
        list(concrete_target_test),color='blue')
#根据预测值画图
plt.plot(range(concrete_target_test.shape[0]),
```

```
        y_pred,color='red',linewidth=1.5,linestyle='-.')
plt.legend(['真实值','预测值'])
#显示图片
plt.show()
```

代码运行结果如图3-9所示。

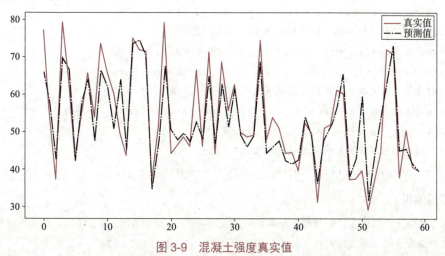

图 3-9　混凝土强度真实值

由图3-9可知,根据所得到的折线图,说明除了部分预测值和原值相差较大外,绝大多数拟合效果良好,与实际偏差不大,模型的效果相对较好。

四、构造多元线性回归方程

查看回归模型的回归系数和截距,如代码3-23所示。

【代码3-23】输出回归系数和截距。

```
print('回归系数为:\n',concrete_linear.coef_)
print('截距为:\n',concrete_linear.intercept_)
```

代码运行结果:

```
回归系数为:
[ 0.13223256  0.08902713  0.07452675 -0.08881328 -0.14658504  0.03360293
  0.01856623  0.04171797]
截距为:
-30.39146614569455
```

由代码3-23可知,拟合得到的一元线性回归方程如下:

$$y=0.132x_1+0.089x_2+0.075x_3-0.089x_4-0.147x_5+0.034x_6+0.019x_7+0.042x_8-30.391$$

五、评估多元线性回归检测模型

对构建的建筑工程混凝土抗压强度检测模型,使用表3-4中的指标进行评价,如代码3-24所示。

代码3-24 计算常用评价指标

```python
#计算评价指标
from sklearn.metrics import mean_absolute_error
print('建筑工程混凝土抗压强度检测模型的平均绝对误差为：',
      mean_absolute_error(concrete_target_test,y_pred))
from sklearn.metrics import mean_squared_error
print('建筑工程混凝土抗压强度检测模型的均方误差为：',
      mean_squared_error(concrete_target_test,y_pred))
from sklearn.metrics import explained_variance_score
print('建筑工程混凝土抗压强度检测模型的可解释方差值为：',
      explained_variance_score(concrete_target_test,y_pred))
from sklearn.metrics import r2_score
print('建筑工程混凝土抗压强度检测模型的R方值为：',
      r2_score(concrete_target_test,y_pred))
```

代码运行结果：

```
建筑工程混凝土抗压强度检测模型的平均绝对误差为：4.55923262029837
建筑工程混凝土抗压强度检测模型的均方误差为：36.09660625235774
建筑工程混凝土抗压强度检测模型的可解释方差值为：0.7923344751676025
建筑工程混凝土抗压强度检测模型的R方值为：0.7898391118826397
```

由运行结果可知，优化后的建筑工程混凝土抗压强度检测模型的均方误差与平均绝对误差均相对减小；R方值与可解释方差值均相对增加，说明模型的效果相对原来的有所变好。并且，R方值与可解释方差值均接近0.8，说明优化后的模型拟合效果较好。

任务实训

实训三 优化建筑物能效检测模型

一、训练要点

掌握构建多元线性回归模型的方法。

二、需求说明

一元线性回归模型用于处理单个自变量的情况，但是现实生活中往往会出现多个自变量的情况，此时就需要使用多元线性回归模型进行处理。在实训一和实训二中使用了一元线性回归模型对建筑物进行检测，发现模型的拟合效果一般，还有优化的空间。为此，本实训将使用多元线性回归模型，对建筑物能效检测模型进一步进行优化。

三、实现思路及步骤

（1）使用pandas库读取数据。
（2）提取自变量因变量。

（3）拆分为训练集和测试集。
（4）使用sklearn库构建多元线性回归模型。
（5）使用Matplotlib对预测结果进行可视化。
（6）构建多元线性回归方程。
（7）使用sklearn评估多元线性回归模型。

项目总结

线性回归是拟合单个或多个自变量与因变量的线性关系的方法。本项目从一元和多元线性回归的基本内容出发，介绍了最小二乘法的概念以及如何用Python实现。本项目以混凝土抗压强度检测为实例，让读者将多元线性回归拟合方法应用到实际问题中，掌握使用LinearRegression()函数建立回归模型，求出回归方程的系数和截距并将结果可视化展示。最后介绍了回归模型评价方法。

通过本项目的学习，可以让读者熟练掌握线性回归的相关知识，从而为解决实际问题奠定良好的基础。通过关注建筑行业的技术问题，帮助学生了解行业内的现有技术和方法，并鼓励他们寻找新的解决方案和创新点，加快发展数字经济，促进数字经济和实体经济深度融合。提高数据收集、整理、分析及对分析结果解释的辩证思考能力，不但可以提升自身的专业素养，还可以树立严肃认真的科学精神。通过一元线性回归的学习举一反三学习多元线性回归，激发自身的学习激情。

课后作业

一、选择题

1. LinearRegression类的作用是（　　）。
   A. 对自变量进行特征选择　　　　　　　　B. 对自变量进行标准化处理
   C. 对自变量和因变量进行数据分割　　　　D. 训练线性回归模型
2. 以下LinearRegression参数中表示是否将数据归一化的是（　　）。
   A. normalize　　　　　　　　　　　　　　B. fit_intercept
   C. copy_X　　　　　　　　　　　　　　　D. predict
3. 残差平方和（RSS）的意义为（　　）。
   A. 数据与预测数据之间的误差　　　　　　B. 数据与预测数据之间的误差平方和
   C. 数据与预测数据之间误差的平方的期望值　D. 数据与预测数据之间误差的期望值
4. 均方误差（MSE）的作用是（　　）。
   A. 反映了样本点偏离预测直线的程度的平方距离
   B. 反映了样本点偏离预测直线的程度的绝对值距离
   C. 反映了预测值对于真值的拟合好坏程度

D. 反映了预测值和样本之间的差的分散程度

5. R方值的作用是（　　）。

   A. 反映了样本点偏离预测直线的程度的平方距离

   B. 反映了样本点偏离预测直线的程度的绝对值距离

   C. 反映了预测值对于真值的拟合好坏程度

   D. 反映了预测值和样本之间的差的分散程度

6. 在使用线性回归模型对数据进行拟合时，如果数据集中存在异常点，下列（　　）可能发生。

   A. 模型的预测精度会提高　　　　　　B. 模型的预测精度会降低

   C. 模型的复杂度会降低　　　　　　　D. 模型的复杂度会增加

7. 在多元线性回归和一元线性回归中，下列（　　）是两者主要区别之一。

   A. 自变量的数量　　　　　　　　　　B. 因变量的数量

   C. 模型复杂度　　　　　　　　　　　D. 拟合优度

8. 【多选题】在多元线性回归中，下列（　　）可以用于评估模型的效果。

   A. 平均绝对误差　　　　　　　　　　B. 可解释方差值

   C. R方值　　　　　　　　　　　　　D. 均方误差

二、操作题

新能源汽车具有环保、节能、降噪、维护成本低等多方面的优点，将成为未来汽车发展的趋势。表3-6所示为某汽车经销商销售的不同类型新能源汽车的数据集，包括汽车的马力、高度、宽度和价格4个参数。

表3-6　汽车参数数据集

ID	宽度/英寸	高度/mm	马力	价格/元
1	48.8	2 548	111	13 495
2	48.8	2 548	111	16 500
3	52.4	2 823	154	16 500
10	52	3 053	160	?
4	54.3	2 337	102	13 950

注：1马力≈735 W

根据所给的3个参数预测汽车的价格。具体操作步骤如下：

（1）读取汽车参数数据集auto.csv。

（2）查看数据集中的维度信息。

（3）检测缺失值情况，并使用dropna()函数去除异常值"?"。

（4）使用corr()方法对数据进行相关性检验，若相关性强则适合进行线性回归。

（5）使用sklearn库和iloc()函数将数据分为因变量与自变量，并划分测试集与训练集。

（6）使用sklearn库建立线性回归模型，并对测试集的数据进行预测。

（7）使用Matplotlib库将预测结果可视化。

（8）使用sklearn库中函数对模型进行评估。

项目四 电商平台运输行为预测——逻辑回归

随着网络技术的迅猛发展，互联网已经成为信息传播、商业交易、社交互动等多种活动的重要平台。作为一个新兴的行业，电子商务的发展为我国的经济增长和就业提供了新的动力。同时，电子商务也推动了我国在信息技术领域的发展，提升了我国在全球经济中的地位。因此，加强网络强国、科技强国建设，提高网络信息安全意识，是推动电子商务和互联网行业发展的重要保障，也是我国实现经济现代化和信息化的必然要求。

人们在互联网的浏览行为愈发频繁，加上人们在线上购物行为日益增多，电子商务物流这一行业也顺势高速发展。网络营销的商机越来越大，大量的电子商务网站在悄然发展，电商行业的竞争也在加大。

用户作为电商物流企业的主要经营对象，分析每个用户的订单运输记录，探索运输时效的规律，并将这些规律和网站经营策略相结合，对网站的营销方案做出有利的修改，以及为物流企业增加利润和实施高效管理有着重要意义。本项目技术开发思维导图如图4-1所示。

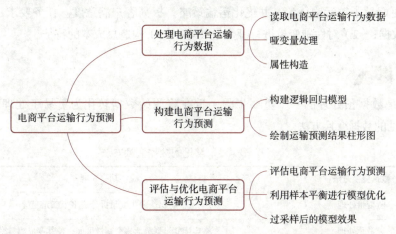

图4-1 电商平台运输行为预测项目技术开发思维导图

学习目标

1. 知识目标

（1）了解哑变量处理、离散化处理和属性构造的方法及其目的。

（2）了解逻辑回归算法的基本原理和应用场景。

（3）掌握逻辑回归模型的评估方法。

（4）掌握样本不平衡问题的解决方法及其原理。

2. 技能目标

（1）能够使用Python的pandas库进行哑变量处理、离散化处理和属性构造。

（2）能够使用Python的sklearn库构建逻辑回归模型。

（3）能够使用Python的sklearn库计算准确率、召回率和ROC曲线。

（4）能够使用Python的imblearn库进行样本不平衡问题的处理。

3. 素质目标

（1）培养学生维护网络安全的责任感，推动学生成为网络强国建设的中坚力量。

（2）增强学生处理数据时保障用户的隐私和权益的意识。

（3）通过不断地优化模型，反复评估和检验，培养学生精益求精的精神。

任务一　处理电商平台运输行为数据

 任务描述

某电商平台需要对该平台的运输行为进行分析，并预测运输行为是否会按时到达。该平台提供了包括客户ID、公司厂库、装运方式、客户服务电话数量、客户评价、产品成本、运输数量、产品重要性、折扣、重量、准时到达、性别等相关数据。本任务需要对这些数据进行处理和分析，以帮助该电商平台更好地了解运输行为，并优化运输策略，提高客户满意度。任务要求：（1）探索电商平台运输行为数据；（2）对性别变量进行哑变量处理；（3）构造总成本的特征。

 相关知识

数据变换是数据预处理的一个重要步骤，旨在将原始数据转化为更易于处理和分析的形式。表4-1所示为常见的数据变换方法。

表4-1　常见的数据变换方法

数据变换方法	功　　能
哑变量处理	将每个分类变量拆分成多个二元变量
离散化处理	将连续变量划分为多个离散区间，使其变成离散变量
属性构造	通过计算、转换、组合等方式生成新的属性来增加数据的信息量

离散化处理和属性构造

数据变换的目标是将数据转化为适合模型建立和训练的形式，从而提高模型的准确性和泛化能力。

一、哑变量处理

在某些分类问题中,原始数据可能包含一些分类变量(也称为离散变量),如性别、颜色等。这些变量不能直接作为模型输入,因为它们通常无法被计算机算法所理解。一种常见的解决方法是采用哑变量处理,即将每个分类变量拆分成多个二元变量。例如,在一个性别变量中,可以将其转换为两个变量,即"是否为男性"和"是否为女性",哑变量处理的拆分示意图如图4-2所示。

哑变量处理前

用户ID	性别
1	男
2	女
3	男
4	男
5	女

哑变量处理后

用户ID	性别_男	性别_女
1	1	0
2	0	1
3	1	0
4	1	0
5	0	1

图 4-2 哑变量处理拆分示意图

拆分后性别变量变为"男""女"两种形式,其中1表示肯定,0表示否定。

在Python中,使用pandas库的get_dummies()函数可以对类别型数据进行哑变量处理。其基本使用格式如下:

```
pd.get_dummies(data,prefix=None,prefix_sep='_',dummy_na=False,columns=None,sparse=False,drop_first=False)
```

get_dummies()函数常用参数及说明见表4-2。

表 4-2 get_dummies() 函数常用参数及其说明

参 数	说 明
data	接收DataFrame。表示输入数据集,无默认值
prefix	接收字符串。表示虚拟变量的名称前缀,默认为None
prefix_sep	接收字符串。表示虚拟变量的名称前缀与原始列名之间的分隔符,默认为'_'
dummy_na	接收字符串或列表。表示是否添加一列表示缺失值,默认为False
columns	接收字符串或列表。要进行独热编码的列名,默认为None
sparse	接收bool。表示是否使用稀疏矩阵表示虚拟变量,默认为False
drop_first	接收bool。表示是否删除每个虚拟变量的第一列,默认为False

在双十一大型电商促销活动中,某电商品牌公司统计了其旗舰店老客户在双十一期间是否运输某美妆产品的消费者行为数据,存储为customer.csv文件。表4-3所示为部分消费者信息数据,其中"1"表示运输,"0"表示未运输。现需要分析消费者身份特征,为公司下一步产品营销重点提供方向。

表4-3 部分消费者信息数据集

用户ID	年龄/岁	地区	历史消费金额/元	是否运输
1	28	北京	1 200	1
2	32	上海	800	0
3	25	广州	500	0
4	40	上海	3 200	1
5	35	深圳	1 500	1

为分析地区因素是否对消费者的运输行为有影响,对地区变量进行哑变量处理,将其拆分为"北京""上海""深圳""广州"4个变量,如代码4-1所示。

【代码4-1】对消费者地区进行哑变量处理。

```
import pandas as pd
#读取消费者数据集
df=pd.read_csv('../data/customer.csv')
print("处理前的数据: \n",df.head())              #输出前几行数据
print("数据集的行数和列数:",df.shape)            #输出数据集的行数和列数
#哑变量处理
dummies=pd.get_dummies(df['地区'],prefix='地区')
df=pd.concat([df,dummies],axis=1)
df.drop('地区',axis=1,inplace=True)              #生成新的数据集
print("处理后的数据: ",df.head())                #输出前几行数据
print("数据集的行数和列数:\n",df.shape)          #输出数据集的行数和列数
```

代码运行结果:

```
处理前的数据:
    用户ID  年龄/岁  地区   历史消费金额/元  是否运输
0     1     28   北京    1200         1
1     2     32   上海     800         0
2     3     25   广州     500         0
3     4     40   上海    3200         1
4     5     35   深圳    1500         1
数据集的行数和列数:(10,5)
处理后的数据:
```

	用户ID	年龄/岁	历史消费金额/元	是否运输	地区_上海	地区_北京	地区_广州	地区_深圳
0	1	28	1200	1	0	1	0	0
1	2	32	800	0	1	0	0	0
2	3	25	500	0	0	0	1	0
3	4	40	3200	1	1	0	0	0
4	5	35	1500	1	0	0	0	1

```
数据集的行数和列数：(10,8)
```

由运行结果可知，地区变量转换为"是否为北京""是否为上海""是否为广州""是否为深圳"，其中0代表不是，1代表是。哑变量处理后的数据由5列增加到了8列。

二、离散化处理

离散化处理主要应用于某些场景下的连续变量数据，将其转化为离散变量数据，从而降低数据的复杂度和计算量，提高模型的建立和训练效率。常见的离散化方法有等宽离散化、等频离散化等，可以根据实际情况选择不同的离散化方法。

1. 等宽法

等宽法（equi-width binning）将变量的取值范围划分为k个等宽的区间，将落在同一个区间内的数据归为同一类。等宽法的优点是处理简单，但它可能无法充分反映变量的特点，因为有些区间内可能没有数据，有些区间内可能有过多数据，导致分布不均匀。例如，消费者的年龄是一个连续变量，将这些年龄数据进行离散化处理，分成4个等宽的区间，离散化处理的拆分示意图如图4-3所示。

用户ID	年龄
1	28
2	32
3	25
4	40
5	35

用户ID	年龄
1	[26～30]
2	[31～35]
3	[20～25]
4	[36～40]
5	[31～35]

（a）离散化处理前　　　　（b）离散化处理后

图4-3　离散化处理拆分示意图

在Python中，使用pandas库中的cut()函数可以实现等宽离散化处理。其基本使用格式如下：

```
pandas.cut(x,bins,right=True,labels=None,retbins=False,precision=3,
include_lowest=False,duplicates='raise')
```

Cut()函数的常用参数及说明见表4-4。

表4-4　cut()函数的常用参数及说明

参数名称	说　　明
x	接收Series或Numpy。表示输入的数据集，无默认值
bins	接收int。指定离散化的区间，可以是一个整数、一个序列（表示区间边缘的数值）或者字符串（表示自定义区间的名称），无默认值
right	接收bool。是否包含右边界，默认为True
labels	接收bool。指定离散化后每个区间的标签，可以是一个列表或数组，长度应该与分组后的区间数量相同，默认为None

续表

参数名称	说明
retbins	接收bool。是否返回每个区间的边界值,默认为False
precision	接收int。设置显示区间边界的小数位数,默认为3
include_lowest	接收bool。是否将最小值包含在第一个区间内,默认为False
duplicates	接收指定str。当区间存在重复时,指定如何处理,默认为raise

为分析年龄因素是否对消费者的运输行为有影响,将表4-3中的消费者年龄变量离散化为[20,25]、[26,30]、[31,35]、[36,40]多个年龄区间,如代码4-2所示。

【代码4-2】等宽法离散化处理消费者年龄。

```
#等宽法离散化处理年龄
bins=[20,25,30,35,40]
labels=['[20,25]','[26,30]','[31,35]','[36,40]']
df['年龄段']=pd.cut(df['年龄/岁'],bins=bins,labels=labels,
            include_lowest=True)
df.drop('年龄/岁',axis=1,inplace=True)              #生成新的数据集
print("处理后的数据:\n",df.head())                   #输出前几行数据
print("数据集的行数和列数:",df.shape)                 #输出数据集的行数和列数
```

代码运行结果:

```
处理后的数据:
   用户ID  年龄/岁  历史消费金额/元  是否运输  地区_上海  地区_北京  地区_广州  地区_深圳   年龄段
0    1    28      1200       1      0      1       0       0    [26,30]
1    2    32       800       0      1      0       0       0    [31,35]
2    3    25       500       0      0      0       1       0    [20,25]
3    4    40      3200       1      1      0       0       0    [36,40]
4    5    35      1500       1      0      0       0       1    [31,35]
数据集的行数和列数:(10,9)
```

由代码4-2运行结果可知,年龄变量被替换为年龄段,如用户1年龄28岁对应的年龄段区间是[26,30]。

2. 等频法

等频法(equi-depth binning)将变量的取值范围划分为k个区间,每个区间包含大致相等数量的数据点,也称为分位数法(quantile binning)。等频法可以更好地反映变量的分布特征,但划分过程比较复杂。

在Python中,使用pandas库中qcut()函数可以实现等频离散化处理。其基本使用格式如下:

```
pandas.qcut(x,q,labels=None,retbins=False,precision=3,duplicates='raise')
```

qcut()函数的常用参数及说明见表4-5。

表 4-5 qcut() 函数的常用参数及说明

参数名称	说明
x	接收Series或Numpy。表示输入数据集，无默认值
q	接收int或列表。表示指定要分成的区间数量，表示分位数，无默认值
labels	接收bool、int、序列或bool标记。表示指定离散化后每个区间的标签，可以是一个列表或数组，长度应该与分组后的区间数量相同。如果未指定，则默认为整数索引
retbins	接收bool类型。表示是否返回每个区间的边界值，默认为False
precision	接收int。表示设置显示区间边界的小数位数，默认为3
duplicates	接收指定str。表示当区间存在重复时，指定如何处理，默认为raise

使用pandas库中的qcut()函数，将某美妆产品的消费者信息数据中的"历史消费金额"划分为3个区间，如代码4-3所示。

【代码4-3】等频法离散化处理消费金额。

```
#等频法离散化处理历史消费金额,将历史消费金额划分为3个区间
money=pd.qcut(df['历史消费金额/元'],q=3,labels=['低消费','中消费','高消费'])
money.name='消费水平'                        #将money列重命名为"消费水平"
#将新的money列添加到数据框中,并将修改后的数据框保存到df中
df=pd.concat([df,money],axis=1)
print("处理后的数据:\n",df.head())           #输出前几行数据
print("数据集的行数和列数:",df.shape)        #输出数据集的行数和列数
```

代码运行结果：

```
处理后的数据:
   用户ID  年龄/岁  历史消费金额/元  是否运输  地区_上海  地区_北京  地区_广州  地区_深圳  年龄段    消费水平
0    1     28       1200        1       0        1        0       0    [26,30]  中消费
1    2     32        800        0       1        0        0       0    [31,35]  低消费
2    3     25        500        0       0        0        1       0    [20,25]  低消费
3    4     40       3200        1       1        0        0       0    [36,40]  高消费
4    5     35       1500        0       0        0        0       1    [31,35]  高消费
5    6     27        600        0       0        0        1       0    [26,30]  低消费
6    7     30        900        1       0        0        0       0    [26,30]  中消费
7    8     26        700        0       0        1        0       0    [26,30]  低消费
8    9     38       2400        1       0        0        1       0    [36,40]  高消费
9   10     29       1000        0       1        0        0       0    [26,30]  中消费
数据集的行数和列数:(10,10)
```

由运行结果可知，等频法将10个数据划分为3个区间，低消费：500～1 000元，包含3个数据。中消费：1 200～1 500元，包含3个数据。高消费：2 400～3 200元，包含4个数据。每个区间包含的

数据量相等或者接近相等。

三、属性构造

在某些场景下,原始数据可能不够完整或不够丰富,无法满足模型的需求。在这种情况下,可以采用属性构造,即通过计算、转换、组合等方式生成新的属性来增加数据的信息量,以便在建模时能够更好地反映实际情况。

消费者信息数据集已经进行了哑变量处理和离散化处理。将性别和地区变量转换为哑变量,如"男""女"2个和"北上广深"4个哑变量。然后,将年龄离散化为[20,25]、[26,30]、[31,35]、[36,40]这4个年龄区间。现在需要构建"历史消费金额差异"属性,是指将每个用户的消费金额与平均消费金额之间的差异作为一个新的属性构造出来,以衡量每个用户在消费行为上的偏好和特点,如代码4-4所示。

【代码4-4】对消费者信息数据集进行属性构造。

```
#属性构造
mean_amount=df['历史消费金额/元'].mean()
df['历史消费金额差异']=df['历史消费金额/元']-mean_amount
print("处理后的数据: \n",df)    #输出数据
print("数据集的行数和列数:",df.shape)    #输出数据集的行数和列数
```

代码运行结果:

处理后的数据:

	用户ID	年龄/岁	历史消费金额/元	是否运输	地区_上海	...	地区_广州	地区_深圳	年龄段	消费水平	历史消费金额差异
0	1	28	1200	1	0	...	0	0	[26,30]	中消费	-80.0
1	2	32	800	0	1	...	0	0	[31,35]	低消费	-480.0
2	3	25	500	0	0	...	1	0	[20,25]	低消费	-780.0
3	4	40	3200	1	1	...	0	0	[36,40]	高消费	1920.0
4	5	35	1500	1	0	...	0	1	[31,35]	高消费	220.0
5	6	27	600	0	0	...	0	0	[26,30]	低消费	-680.0
6	7	30	900	1	0	...	0	0	[26,30]	中消费	-380.0
7	8	26	700	0	0	...	0	0	[26,30]	低消费	-580.0
8	9	38	2400	1	0	...	0	0	[36,40]	高消费	1120.0
9	10	29	1000	0	1	...	0	0	[26,30]	中消费	-280.0

[10 rows x 11 columns]
数据集的行数和列数:(10,11)

历史消费金额差异可以表示用户对于该产品的消费水平相对于其他用户的消费水平的相对位置。例如,用户4对该产品的消费水平是数据集中最高的,超过平均值1 920元,用户8的消费水平也很高,高于平均值1 120元。

代码4-4的运行结果展示了对表4-3数据进行哑变量处理、离散化处理和属性构造之后,得到的一

组新的相对完善的消费者信息数据集,包括消费者的地区、年龄基本信息,以及消费金额与平均消费金额之间的差异等信息。这些信息可以为商家提供更全面、更准确的消费者画像,帮助商家更好地了解消费者的需求和偏好,进而开展有针对性的营销策略。

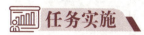任务实施

一、读取电商平台运输行为数据

视频

处理电商平台用户行为数据(哑变量、属性构造)

1. 查看电商平台运输行为数据

某电商平台提供了包括客户ID、公司厂库、装运方式、客户服务电话数量、客户评价、产品成本、运输数量、产品重要性、折扣、重量、准时到达、性别等在内的相关运输行为数据,共计9 643条记录。考虑到电商平台用户数据的敏感性和网络信息安全问题,在采取保证用户数据的机密性、完整性和可用性的基础上,对已得到数据进行脱敏处理,加强个人信息保护。脱敏后的特征说明见表4-6。

表4-6 脱敏后的数据字段说明

特 征	说 明
客户ID	客户的ID号,已经过脱敏处理
公司厂库	公司的仓库编号,分为1~5等区
装运方式	装运产品的方式,分为船舶、飞行和公路。其中0代表公路,1表示船舶,2表示飞行
客户服务电话数量	询价的客户服务电话总数量
客户评价	公司已对每位客户进行了评价。1为最低,5为最高
产品成本	产品的成本
运输数量	运输的数量
产品重要性	公司根据产品的重要程度,为0~10的评分数
性别	客户的性别
折扣	针对该特定产品提供的折扣
重量	产品的重量
准时到达	商品是否准时到达。其中0表示未按时到达产品,1表示已按时到达

2. 读取数据

使用pandas库中read_csv()函数读取用户行为数据,并查看电子商务运输数据,输出前5行数据,如代码4-5所示。

【代码4-5】读取数据。

```
import pandas as pd
#读取数据
df=pd.read_csv('../data/电子商务运输数据.csv ')
print("电子商务运输数据前5行: \n",df.head())     #输出前几行数据
```

代码运行结果:

电子商务运输数据前5行:

	客户ID	公司厂库	装运方式	客户服务电话数量	客户评价	产品成本	运输数量	产品重要性	性别	折扣	重量	准时到达
0	1	2	2	4	2	177	3	0	女	44	1.233	1
1	2	2	2	4	5	216	2	0	男	59	3.088	1
2	3	0	2	2	2	183	4	0	男	48	3.374	1
3	4	1	2	3	3	176	4	1	男	10	1.177	1
4	5	2	2	2	2	184	3	1	女	46	2.484	1

3. 查看数据维度

使用pandas库中shape属性可以得到DataFrame对象的维度信息,它返回一个包含行数和列数的元组,如代码4-6所示。

【代码4-6】查看数据维度。

```
#查看数据维度
print("数据集的行数和列数:",df.shape)    #输出数据集的行数和列数
```

代码运行结果:

```
数据集的行数和列数: (9643,12)
```

由代码4-6可知,使用print输出DataFrame的行数和列数,以字符串的形式显示在屏幕上。电商平台运输行为数据集分别存储了9 643位客户的12个特征数据。

4. 查看数据类型

使用pandas库中info()方法查看电商平台运输行为数据类型,如代码4-7所示。

【代码4-7】查看数据类型。

```
#查看数据类型
print(df.info())
```

代码运行结果:

```
<class'pandas.core.frame.DataFrame'>
RangeIndex: 9643 entries,0 to 9642
Data columns (total 12 columns):
 #   Column        Non-Null Count   Dtype
---  ------        --------------   -----
 0   客户ID          9643 non-null    int64
 1   公司厂库         9643 non-null    int64
 2   装运方式         9643 non-null    int64
 3   客户服务电话数量  9643 non-null    int64
 4   客户评价         9643 non-null    int64
 5   产品成本         9643 non-null    int64
 6   运输数量         9643 non-null    int64
 7   产品重要性       9643 non-null    int64
```

```
 8   性别           9643 non-null    object
 9   折扣           9643 non-null    int64
 10  重量           9643 non-null    float64
 11  准时到达         9643 non-null    int64
dtypes: float64(1),int64(10),object(1)
memory usage: 904.2+ KB
None
```

由代码4-7运行结果可知,数据为pandas库的DataFrame对象,有9643行、12列,并展示了每列的名称、非空值数量和数据类型。此外,还输出了该DataFrame对象占用内存的大小为904.2+ KB,以及该DataFrame对象中每列的数据类型和非空值数量等信息。由此可以看出,该数据集中包含了10个整型、1个浮点型和1个字符串型(即object)的列,并且数据中不存在缺失值。

5. 分析产品重要程度

1)离散化处理

使用pandas库中的cut()函数可以对产品重要性进行等宽离散化处理,如代码4-8所示。

【代码4-8】等宽法离散化处理产品。

```
#分析产品重要程度分布
#等宽法离散化处理产品重要性
bins=[0,4,7,11]
labels=['低','中','高']
product_imp=pd.cut(df['产品重要性'],bins=bins,labels=labels,
                   include_lowest=True)
```

在代码4-8中,将产品重要性根据[0,4]、[4,7]、[7,11]划分为低、中、高3个程度。其中,bins参数用于设置离散化的区间,labels参数用于指定离散化后每个区间的标签,include_lowest用于设置是否将最小值包含在第一个区间内,为True时表示将最小值包含在第一个区间内。

2)绘制饼图

使用Matplotlib库的pie()函数绘制产品重要程度分布饼图,如代码4-9所示。

【代码4-9】绘制产品重要程度分布饼图。

```
#绘制饼图
import matplotlib.pyplot as plt
plt.rcParams['font.sans-serif']='SimHei'
label=['低','中','高']
a=product_imp.value_counts()    #统计每个区间的数量
plt.pie(a,labels=label,autopct='%1.1f%%')
plt.title('产品重要程度分布饼图')
plt.show()
```

在代码4-9中,plt.rcParams用于正常显示中文标签,SimHei表示"黑体"字体;pie()函数用于绘制饼图,labels参数用于指定每一项的标签名称,autopct参数用于指定数值的显示方式;title()函数用于设置图形的标题。代码运行结果如图4-4所示。

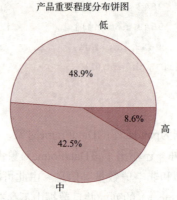

图4-4　产品重要程度分布饼图

由图4-4可知,产品重要程度为"低"的商品占比最多,为48.9%;产品重要程度为"中"的商品占比也较多,为42.5%;产品重要程度为"高"的商品占比最少,为8.6%。

6. 分析是否按时到达

使用Matplotlib库的pie()函数绘制是否按时到达分布的饼图,如代码4-10所示。

【代码4-10】绘制是否按时到达分布饼图

```
#查看数据分布
import matplotlib.pyplot as plt
plt.rcParams['font.sans-serif']='SimHei'
label=['按时到达','未按时到达']
explode=[0.01,0.01]          #设置各项距离圆心n个半径
a=y.value_counts()
plt.pie(a,explode=explode,labels=label,autopct='%1.1f%%')
plt.title('是否按时到达分布饼图')
plt.show()
```

代码运行结果如图4-5所示。

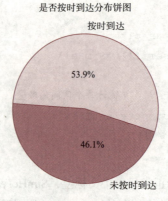

图4-5　电商平台运输是否准时饼状图

由图4-5可知，初始数据集中有53.9%的客户按时到达，46.1%的客户未按时到达。

二、哑变量处理

使用pandas库中get_dummies()函数对性别变量进行哑变量处理，将一元变量性别拆分为性别_男和性别_女二元变量，并查看处理后的数据情况，如代码4-11所示。

【代码4-11】 哑变量处理。

```
#哑变量处理
dummies=pd.get_dummies(df['性别'],prefix='性别')
df=pd.concat([df,dummies],axis=1)              #生成新的数据集
df.drop('性别',axis=1,inplace=True)             #删除"性别"特征
print("数据集的行数和列数：\n",df.shape)         #输出数据集的行数和列数
print("哑变量处理后的前5行：\n",df.head())       #输出前几行数据
```

代码运行结果：

```
数据集的行数和列数：
 (9643,13)
哑变量处理后的前5行：
   客户ID 公司厂库 装运方式 客户服务电话数量 客户评价 产品成本 ... 产品重要性 折扣 重量   准时到达 性别_女 性别_男
0    1    2    2       4           2    177  ...    0    44  1.233    1     1     0
1    2    2    2       4           5    216  ...    0    59  3.088    1     0     1
2    3    0    2       2           2    183  ...    0    48  3.374    1     0     1
3    4    1    2       3           3    176  ...    1    10  1.177    1     0     1
4    5    2    2       2           2    184  ...    1    46  2.484    1     1     0

[5 rows x 13 columns]
```

由代码4-11运行结果可知，性别_男、性别_女中的0表示否，1表示是。哑变量处理将文本型变量（性别）转换为数值型变量，以便于机器学习模型对其进行处理和分析。

三、属性构造

1. 属性说明

想要得到测试集的类别标签，需要模型经过训练集学习，模型在训练集上学习的其实就是特征。在给模型输入数据时，实际上模型用到的是特征及其相应的类别标签，而特征就是用于描述为什么该样本的类别标签如此；在本例中即用于描述某用户运输行为准时/不准时。结合生活经验及业务理解，为数据集增加"总成本"属性。

2. 构造总成本属性

使用pandas的DataFrame数据结构df访问"产品成本"和"运输数量"这两个属性列，并将它们相乘，得到每个客户的总成本。接着将总成本除以1 000，得到以千元为单位的总成本，并将结果存

储在一个新的列"总成本/千元"中，如代码4-12所示。

【代码4-12】构造属性。

```
#构造属性
df['总成本/千元']=df['产品成本']*df['运输数量']/1000
print(df.columns)
```

代码运行结果：

```
Index(['客户ID','公司厂库','装运方式','客户服务电话数量','客户评价',
'产品成本','运输数量','产品重要性',
       '折扣','重量','准时到达','性别_女','性别_男','总成本/千元'],
      dtype='object')
```

最后使用的print()函数打印出DataFrame的列名，以便于检查新的列是否已添加到DataFrame中。

3. 保存数据

使用pandas库的to_csv()方法将数据保存为新的数据集"新电子商务运输数据.csv"，保存路径为tmp文件，保留原有的中文表头且不保存行索引，如代码4-13所示。

【代码4-13】保存数据。

```
#保存数据处理后的数据集
df.to_csv("../tmp/新电子商务运输数据.csv",encoding="utf-8-sig",
header=True,index=False)
```

至此任务一对电商平台运输行为数据进行了哑变量处理和属性构造。最终，处理后的数据被保存在新电子商务运输数据.csv文件中，以便于后续任务使用。

任务实训

实训一 处理送货卡车运输行为数据

一、训练要点

（1）掌握Dataframe的数据清洗操作。
（2）掌握哑变量处理的方法。

二、需求说明

商品运输是商品流通过程中的一个重要环节，其中常见的运输方式是卡车运输。某公司收集了卡车运输数据，希望就此分析车辆运输行为。在具体进行分析前，需要先对数据进行清洗。卡车运输数据见表4-7。

表4-7 卡车运输数据说明

特 征	说 明
是否签约	是否为签约的运输车辆

续表

特　征	说　明
出发地经纬度	出发地的经纬度
目的地经纬度	目的地的经纬度
按时	是否按时到达
延迟	是否延迟到达
总距离	运输总距离
顾客姓名	顾客的姓名

三、实现思路及步骤

（1）使用pandas库读取数据。
（2）处理缺失值并查看数据维度和类型。
（3）使用等宽法离散化处理运输距离。
（4）绘制饼图分析运输距离分布情况。
（5）绘制饼图分析到达数据分布。
（6）对"是否签约"列的数据进行哑变量处理。
（7）构造新的属性"优质客户"。
（8）保存数据处理后的新数据集。

任务二　构建电商平台运输行为预测

任务描述

电商平台运输预测是一项非常重要的任务。坚持一切为了人民，通过预测用户的运输行为，电商平台可以更好地了解用户需求，提高产品推荐的精准度，优化供应链管理，提高销售效率，增加用户黏性，提高平台收益。

然而，运输行为往往是一个难以捉摸的过程，不受规律和时间限制的影响，这给预测模型的建立带来了很大的挑战。本任务基于逻辑回归模型，从历史交互数据中学习运输行为的一般特征，预测下一个月用户可能会运输哪些品牌。将重点关注电商平台用户的运输行为，提高运输预测的准确率，优化平台的运营管理和商业决策，从而提高平台的竞争力和收益。

相关知识

二分类问题是一种基本的分类问题，它涉及将数据样本分为两个不同的类别或标签中的一个。例如，将垃圾邮件与正常邮件分类、将肿瘤分为恶性和良性等都是二分类问题。

在二分类问题中，通常将一个类别标记为"正例"（positive），另一个标记为"反例"

(negative)。分类模型的目标是学习如何将输入特征与相应的标签相关联,以便在新的未知数据上进行分类预测。常用的二分类算法包括逻辑回归、决策树、随机森林等。这些算法在不同的数据集和应用场景中表现不同,因此,选择合适的算法以及进行适当的特征工程是进行二分类任务的重要部分。

在项目三中任务一的学习中已经介绍了线性回归的一般形式,给出了自变量x与因变量y呈线性关系时所建立的函数关系。但是,现实场景中更多的情况是x不与y呈线性关系,而是与y的某个函数呈线性关系,此时需要引入广义线性回归模型。

需要注意的是,逻辑回归虽然称作"回归",但实际上是一种分类算法。该算法期望所有预测值都介于0~1之间。具体的分类方法为设置一个分类阈值,将预测结果y大于分类阈值的样本归为正类,反之归为反类。

假设函数如下:

$$H_\theta(\boldsymbol{x}) = g(\theta^T \boldsymbol{x}) \tag{4-1}$$

其中,$\boldsymbol{\theta}^T$表示分类阈值参数集。

Logstic函数如下:

$$g(z) = \frac{1}{1 + e^{-z}} \tag{4-2}$$

式(4-2)的图像如图4-6所示,保证了所有函数值都介于(0,1)之间。

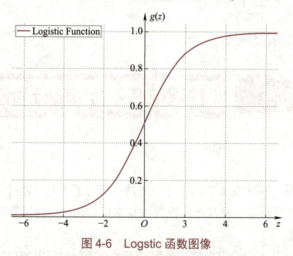

图 4-6 Logstic 函数图像

合并式(4-1)和式(4-2)转为标准逻辑回归形式:

$$g(x) = \frac{1}{1 + e^{-\theta^T x}} \tag{4-3}$$

θ^T分类阈值参数集的确定是由模型训练得到,将数据集划分为训练集和测试集,模型经过拟合输出合适的分类阈值,进而确定样本类别的划分,得到预测结果。

决策边界(decision boundary)是指在分类问题中,将不同类别的数据样本分隔开的那条线、曲面或超平面。在机器学习中构建分类模型,需要通过数据训练模型,得到一个可以将不同类别的数据样本正确分类的决策边界。

逻辑回归模型的建模步骤如图4-7所示。

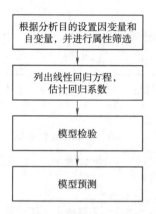

图 4-7 逻辑回归模型的建模步骤

具体步骤如下：

（1）根据分析目的设置因变量和自变量，然后收集数据，根据收集到的数据，再次进行属性筛选。

（2）y取1的概率是$y=P(y=1|X)$，取0概率是$1-y$。根据自变量列出线性回归方程，估计出模型中的回归系数。

（3）模型检验。模型有效性的检验指标有很多，常见的指标有正确率、混淆矩阵、ROC曲线等。

（4）模型预测。输入自变量的取值，就可以得到预测变量的值。

使用scikit-learn库中linear_model模块的LogisticRegression类可以建立逻辑回归模型。其语法格式如下：

```
class sklearn.linear_model.LogisticRegression(penalty='l2',dual=False,
tol=0.0001,C=1.0,fit_intercept=True,intercept_scaling=1,class_weight
=None,random_state=None,solver='liblinear',max_iter=100,multi_class
='ovr',verbose=0,warm_start=False,n_jobs=1)
```

LogisticRegression类常用参数及说明见表4-8。

表 4-8 LogisticRegression 类常用参数及其说明

参　数	说　明
penalty	接收str。表示正则化选择参数，可选l1或l2，默认为l2
solver	接收str。表示优化算法选择参数，可选参数为newton-cg、lbfg、liblinear、sag，当penalty='l2'时，4种都可选；当penalty='l1'时，只能选liblinear；默认为liblinear
multi_class	接收str。表示分类方式选择参数，可选ovr和multinomial，默认为ovr
class_weight	接收balanced及字典。表示类型权重参数，如对于因变量取值为0或1的二元模型，可以定义class_weight={0:0.9,1:0.1}，这样类型0的权重为90%，而类型1的权重为10%，默认为None

续表

参　数	说　明
copy_X	接收bool。表示是否复制数据表进行运算，默认为True
n_jobs	接收int。表示计算时使用的核数，默认为1

案例：某招聘考试分为初试和复试两个环节。表4-9所示为考试分数数据集，其中初试成绩已按比例处理为百分制。

表4-9　考试分数数据集

初试成绩	复试成绩	录取结果
34.62	78.02	0
94.83	45.69	1
35.84	72.90	0
...	...	...
55.34	64.93	1
42.08	78.84	0

使用Matplotlib库可将考生成绩数据可视化，绘制散点图观察数据，如代码4-14所示。

【代码4-14】绘制考生成绩数据散点图。

```python
import matplotlib.pyplot as plt
import numpy as np
import pandas as pd
#读取数据
data=pd.read_csv('../data/ex2data1.txt',names=['初试成绩','复试成绩','录取情况'])
#可视化数据集
fig,ax=plt.subplots()    #显示图像
plt.rcParams['font.sans-serif']='SimHei'
ax.scatter(data[data['录取情况']==0]['初试成绩'],data[data['录取情况']==0]
['复试成绩'],c='r',marker='x',label='未录取y=0')
ax.scatter(data[data['录取情况']==1]['初试成绩'],data[data['录取情况']==1]
['复试成绩'],c='b',marker='o',label='录取y=1')
ax.legend()    #显示标签
ax.set_xlabel('初试成绩')    #设置坐标轴标签
ax.set_ylabel('复试成绩')
plt.show()
```

代码运行结果如图4-8所示。可知录取结果只有录取（1）和未录取（0）两种状态，适合采用逻辑回归对录取结果进行分类。并且，大部分在初试和复试中稳定发挥的考生均被录取，初试或复试成绩过低者未被录取，符合实际。

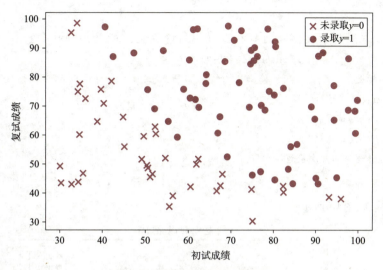

图 4-8　考生成绩数据散点图

使用LogisticRegression类构建逻辑回归模型，如代码4-15所示。

【代码4-15】使用LogisticRegression构建考生录取情况预测模型

```
X=data.iloc[:,:-1].values
y=data.iloc[:,-1].values
#将输入的数据集data随机划分成训练集和测试集
from sklearn.model_selection import train_test_split
X_train,X_test,y_train,y_test=train_test_split(X,y,test_size=0.2,
                                random_state=42)
from sklearn.linear_model import LogisticRegression
#建立逻辑回归模型
clf=LogisticRegression().fit(X_train,y_train)
y_pre=clf.predict(X_test)
print(clf.coef_,clf.intercept_)
```

代码运行结果：

```
[[0.25970118 0.22480872]] [-30.19982371]
```

由运行结果可知，拟合得到的回归方程为$0.25970118x+0.22480872y-30.19982371=0$。

将预测的结果可视化并绘制出决策边界，如代码4-16所示。

【代码4-16】考生成绩预测结果可视化及决策边界图。

```
#绘制测试集数据点
plt.scatter(X_test[y_test==0,0],X_test[y_test==0,1],marker='x',c='red',
            label='y=0')
plt.scatter(X_test[y_test==1,0],X_test[y_test==1,1],marker='o',c='blue',
            label='y=1')
```

```python
#绘制决策边界
plt.plot(X_test,(0.25970118*X_test-30.19982371)/-0.22480872,c='b',linewidth=
                1.0,linestyle="-")
#添加标签和标题
plt.legend()     #显示标签
plt.xlabel('初试成绩')
plt.ylabel('复试成绩')
plt.title('逻辑回归决策边界')
plt.show()
```

代码运行结果如图4-9所示。

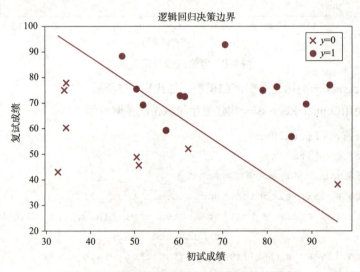

图 4-9　考生录取结果预测结果及决策边界图

由图4-9可知，圆点表示考生被录取，为正类样本，×表示考生未被录取，为负类样本。直线表示决策边界，直线下方的考生被预测为负类样本，直线上方的考生被预测为正类样本，可以看出该模型的预测效果良好。

任务实施

一、构建逻辑回归模型

1. 读取数据

使用pandas库中read_csv()函数读取处理后的电子商务运输数据，如代码4-17所示。

【代码4-17】读取新电商平台用户数据。

```
import pandas as pd
data=pd.read_csv('../tmp/新电子商务运输数据.csv',index_col=0)
```

2. 提取特征变量和目标变量

从原始数据集中提取出特征变量（即用于预测的变量）和目标变量（即要预测的变量）。在本任务中将原始数据集中除了"准时到达""客户ID""产品成本""运输数量"4列以外的所有列作为特征变量，"准时到达"列作为目标变量。使用drop()方法提取特征变量和目标变量，如代码4-18所示。

【代码4-18】提取特征变量和目标变量

```
#提取特征变量和目标变量
X=df.drop(columns=['准时到达','客户ID','产品成本','运输数量'])
y=df['准时到达']
print(X.shape)
```

代码运行结果：

```
(9643,10)
```

此时特征变量包含9643行、10列数据。

3. 拆分训练集和测试集

将数据集拆分为训练集和测试集，使用训练集对模型进行训练，使用测试集对构建的模型进行测试，其中测试集占整个数据集的20%。使用train_test_split类拆分为训练集和测试集，如代码4-19所示。

【代码4-19】拆分训练集和测试集。

```
from sklearn.model_selection import train_test_split
X_train,X_test,y_train,y_test=train_test_split(X,y,test_size=0.2,
            random_state=123)
```

在代码4-19中，test_size参数用于设置测试集占整个数据集的比例，此处设置占比为20%。X_train和y_train为训练集，X_test和y_test为测试集。

4. 构建模型

使用LogisticRegression类构建电商平台运输逻辑回归预测模型，如代码4-20所示。

【代码4-20】构建电商平台运输预测模型

```
#建立逻辑回归模型
from sklearn.linear_model import LogisticRegression
clf=LogisticRegression().fit(X_train,y_train)
```

5. 对电商平台运输行为进行预测

利用训练后的电商平台运输行为预测模型来预测测试集中的运输行为，如代码4-21所示。

【代码4-21】电商平台运输行为预测。

```
#在测试集上进行预测
y_pre=clf.predict(X_test)
print('预测前20.\n',y_pre[:20])
```

代码运行结果：

预测前20:
 [1 0 0 1 0 1 0 0 1 0 0 1 0 0 1 0 1 0 1 0]

至此，模型已经训练完毕，且对前20个样本的运输行为完成预测。

二、绘制运输预测结果柱形图

y_pre即为逻辑回归模型生成的预测数据，使用柱形图可视化展示预测得到的各类型的柱形图，如代码4-22所示。

【代码4-22】电商平台运输预测结果柱形图。

```
import matplotlib.pyplot as plt
import numpy as np
#柱形图可视化展示
y_test_bin=np.bincount(y_test.astype(int))
y_pre_bin=np.bincount(y_pre.astype(int))
plt.rcParams['font.sans-serif']='SimHei'
#柱状图可视化展示
x=np.array([0,1])          # x轴坐标位置
width=0.3                   #柱子宽度
plt.bar(x-width/2,[y_test_bin[0],y_test_bin[1]],width,label='预测前')
plt.bar(x+width/2,[y_pre_bin[0],y_pre_bin[1]],width,label='预测后',alpha=0.5)
#添加标签
for i,v in enumerate(y_test_bin):
    plt.text(i-width/2-0.1,v+100,str(v),ha='center',fontsize=12)
for i,v in enumerate(y_pre_bin):
    plt.text(i+width/2+0.1,v+100,str(v),ha='center',fontsize=12)
#设置图例、坐标轴标签和标题
plt.legend()
plt.xticks(x,['运输不准时','运输准时'])
plt.xlabel('运输是否准时')
plt.ylabel('数量/人')
plt.title('逻辑回归预测结果')
#设置纵轴范围
plt.ylim(0,1300)
plt.show()
```

代码运行结果如图4-10所示。

观察图4-10可以看出模型的预测结果，预测前的真实值是861人运输不准时，1 068人运输准时。

预测后的结果是964人运输不准时，965人运输准时。

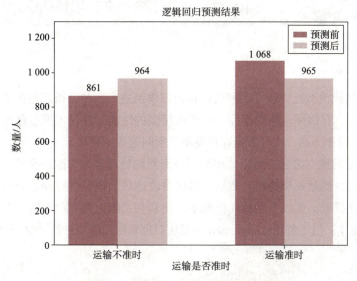

图 4-10　电商平台运输预测结果柱形图

任务实训

实训二　构建送货卡车运输行为预测模型

一、训练要点

掌握构建逻辑回归的方法。

二、需求说明

运货卡车是供应链中货物运输的重要环节。准确预测卡车是否按时到达可以帮助供应链管理者优化物流计划和调度，确保货物按时到达目的地。这有助于提高供应链的效率和可靠性，减少供应链中的延迟和不确定性。及时交付是客户满意度的重要指标之一。通过准确预测卡车是否按时到达，企业可以更好地管理客户的期望并提供准时交付的承诺。这有助于增强客户的信任和忠诚度，维护良好的客户关系。本实训将基于实训一处理后的运输数据，构建逻辑回归模型，预测卡车是否能按时到达。

三、实现思路及步骤

（1）使用pandas库读取数据。
（2）拆分训练集和测试集。
（3）使用sklearn库建立逻辑回归模型。
（4）使用Matplotlib库绘制柱形图。

任务三　评估与优化电商平台运输行为预测

任务描述

电商平台运输预测模型已经建立，利用逻辑回归模型进行预测，得到预测结果。然后，通过各种指标（例如准确率、召回率、精确率等）来评价模型的性能，并找出模型存在的不足之处。这些不足可能是模型的准确率不高，或者数据存在类不平衡问题等所导致。

在了解模型不足的地方之后，可以采用类不平衡问题处理等方法改进模型，以优化模型，提高模型预测效果，贯彻高质量发展精神。然后，再次对改进后的模型进行评价和检验，以验证改进效果是否显著。通过此流程，可以不断地优化模型，使其在预测电商客户运输行为方面的准确率和效果不断提高。任务要求：（1）使用sklearn.metrics模块对逻辑回归模型进行评价；（2）使用sklearn库解决类不平衡问题。

相关知识

视频
分类模型评估

在二分类问题中，常用的性能指标包括准确率、精确率、召回率、F1得分等。准确率是分类模型正确分类的样本数与总样本数之比。精确率是正确预测为正例的样本数与所有预测为正例的样本数之比；召回率是正确预测为正例的样本数与所有真实正例的样本数之比；F1得分是精确率和召回率的加权调和平均值。

一、混淆矩阵、准确率与召回率

1. 混淆矩阵

混淆矩阵（confusion matrix）是模式识别领域中一种常用的表达形式，描绘样本数据的真实属性与识别结果类型之间的关系，是评价分类器性能的一种常用方法，并且可以将分类问题的结果进行可视化。

以一个二分类任务为例，可将样本根据真实类别与预测的分类结果的组合划分为真正例（true positive，TP）、假正例（false positive，FP）、真反例（true negative，TN）和假反例（false negative，FN）共4种情形，并对应其样本数，则有总样本数=TP+FP+TN+FN。分类结束后的混淆矩阵见表4-10。

表4-10　混淆矩阵

真实结果	预测结果	
	正类	反类
正类	TP	FN
反类	FP	TN

表4-10中各项说明如下：

（1）TP：正确地将正样本预测为正样本的分类数。

（2）TN：正确地将负样本预测为负样本的分类数。

（3）FP：错误地将负样本预测为正样本的分类数。

（4）FN：错误地将正样本预测为负样本的分类数。

使用sklearn.metrics模块对代码4-15的考生录取情况预测模型进行评价，计算其评价结果的混淆矩阵，如代码4-23所示。

【代码4-23】考生录取情况预测模型混淆矩阵。

```
from sklearn.metrics import confusion_matrix
#计算混淆矩阵
cm=confusion_matrix(y_test,y_pre)
```

代码运行结果中，共有100个样本数据，并将其分成2类，整理得到的混淆矩阵分类情况见表4-11。

表4-11 混淆矩阵分类情况

真实结果	预测结果	
	类1	类2
类1	7	1
类2	3	9

由表4-11可知，第一行的数据说明有7个样本正确分类，有1个样本应属于类1，却错误分到了类2；第二行的数据说明有9个样本被正确分类，有3个样本应属于类2，却错误分到了类1。

2. 准确率与召回率

准确率（accuracy）是指分类器正确分类的样本数与总样本数之比，它可以展示分类器的整体分类效果。准确率定义如下：

$$\text{accuracy} = \frac{TP + TN}{TP + TN + FP + FN} \tag{4-4}$$

准确率取值范围为[0,1]，取值越高表示分类模型效果越好，完美分类的准确率为1，完全随机猜测的准确率为分类的类别数的倒数。

召回率（recall），也称为灵敏度（sensitivity）或真正例率（true positive rate），是一个二元分类模型中的性能指标。召回率是指分类器正确分类的正样本数与实际正样本数之比，它可以展示分类器对于正样本的分类效果，用于评估模型对正类的识别能力。

召回率的计算公式如下：

$$\text{recall} = \frac{TP}{TP + FN} \tag{4-5}$$

其中，参数说明同式（4-4）中参数各项说明。

召回率的取值范围为[0,1]，取值越大表示模型在预测正样本方面的能力越强，即能够更准确地将正样本识别出来。当召回率为1时，表示模型能够将所有正样本都识别出来，没有遗漏，这是理想的情况。

使用sklearn.metrics模块对代码4-15的考生录取情况预测模型进行评价，计算其评价结果的准确率与召回率，如代码4-24所示。

【代码4-24】考生录取情况预测模型准确率与召回率。

```
from sklearn.metrics import recall_score, accuracy_score
#求取准确率
accuracy=accuracy_score(y_test,y_pre)
print('准确率: \n ',accuracy)
#求取召回率
recall=recall_score(y_test,y_pre)
print('召回率: \n ',recall)
```

代码运行结果：

```
准确率：
 0.8
召回率：
 0.75
```

由运行结果可知，考生录取情况预测模型的准确率为0.8，表示有80%的样本被正确分类，召回率为0.75，表示有75%的实际正例被分类器正确预测为正例。

3. 分类报告

classification_report是一个用于生成分类报告的类，用于评估分类模型的性能。它计算并打印出准确率、召回率、f1-score和support等指标。

因此，代码4-15的考生录取情况预测模型也可以使用sklearn.metrics模块中的classification_report类进行评价，如代码4-25所示。

【代码4-25】考生录取情况预测模型评价指标。

```
from sklearn.metrics import classification_report   #评价指标
print(classification_report(y_test,y_pre))
```

代码运行结果：

	precision	recall	f1-score	support
0	0.70	0.88	0.78	8
1	0.90	0.75	0.82	12
accuracy			0.80	20
macro avg	0.80	0.81	0.80	20
weighted avg	0.82	0.80	0.80	20

分类报告对于每个类别，都给出了对应的指标。对于第一类（标签为0），其precision为0.7，表示在所有被预测为0的样本中，有70%确实是0；recall为0.88，表示在所有真实为0的样本中，有88%被正确地预测为0；f1-score为0.78，是precision和recall的调和平均数；support为8，表示真实为0的样本数。

对于第二类（标签为1），其precision为0.9，表示在所有被预测为1的样本中，有90%确实是1；recall为0.75，表示在所有真实为1的样本中，有75%被正确地预测为1；f1-score为0.82；support为12，表示真实为1的样本数。

总体而言，这个模型的accuracy为0.8，表示在所有样本中，有80%被正确地预测了；macro avg是对两个类别进行求平均的，其precision、recall和f1-score分别为0.80、0.81和0.80；weighted avg是根据每个类别的样本数量进行加权平均的，其precision、recall和f1-score分别为0.82、0.80和0.80。

二、ROC 曲线

接收者操作特征曲线（receiver operating characteristic curve，ROC曲线）是一种非常有效的模型评价方法，可为选定临界值给出定量提示。

在图4-11中，真正率，即正确地将正例预测为正例的比率，为纵坐标；假正率，即错误地将负例预测为正例的比率，为横坐标。该曲线下的面积（AUC）为0.93，而面积的大小与每种方法的优劣密切相关，可反映分类器正确分类的统计概率，因此，其值越接近1说明该算法效果越好。

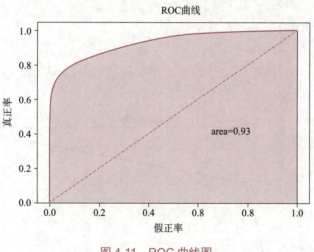

图 4-11　ROC 曲线图

在Python中，使用sklearn.metrics模块中的roc_curve类中的roc_curve()函数可以计算ROC曲线，其基本使用格式如下。

```
fpr,tpr,thresholds=roc_curve(y_true,y_score,pos_label=None,
sample_weight=None,drop_intermediate=True)
```

其中，fpr为假正率，tpr为真正率，thresholds为分类器阈值。roc_curve()函数的参数及说明见表4-12。

表 4-12 roc_curve 函数常用参数及其说明

参　数	说　明
y_true	接收数组。表示样本真实的标签，必须为0或1，无默认值
y_score	接收数组。表示分类器预测的样本得分，可以是概率值、决策函数的值等，无默认值
pos_label	接收int或str。表示正类的标签，默认为None
sample_weight	接收数组。表示样本的权重，可以用于不平衡样本的处理，默认为None
drop_intermediate	接收bool。表示是否删除不必要的阈值点，如果为True，则只返回fpr和tpr值中有效的部分，默认为True

对代码4-15的考生录取情况预测模型进行评价，绘制ROC曲线，如代码4-26所示。

【代码4-26】考生录取情况预测模型ROC曲线。

```
from sklearn.metrics import roc_curve,auc
#绘制ROC曲线
fpr_res,tpr_res,thresholds=roc_curve(y_test,y_pre,pos_label=1)
AUC=auc(fpr_res,tpr_res)         # AUC值
plt.rcParams['font.family']='SimHei'
plt.plot(fpr_res,tpr_res,linewidth=2,label='平均ROC曲线(面积=%0.2f)' % AUC,
color='green')                   # ROC曲线
plt.xlabel('假正率')              #坐标轴标签
plt.ylabel('真正率')              #坐标轴标签
plt.title('ROC曲线')
plt.legend(loc="lower right")
plt.show()
```

代码运行结果如图4-12所示。

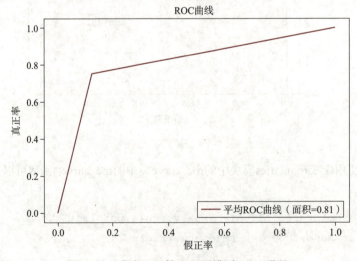

图 4-12 考生录取情况预测模型 ROC 曲线

由图4-12可知，ROC曲线下面积为0.81。ROC曲线可以直观地展示模型的准确度和泛化能力，面

积（0.81）越靠近1说明模型表现越好。

三、样本平衡

在现实分类模型中，常存在类别不平衡问题，即指在数据集中，不同类别的样本数量差别很大，其中一个类别的样本数量远远少于另一个类别的样本数量。这种情况在机器学习任务中很常见，如欺诈检测、罕见病预测等。如果不处理类别不平衡问题，那么训练得到的模型可能会偏向于样本数量多的类别，对样本数量少的类别预测效果较差。

解决类别不平衡问题的方法有欠采样、过采样等。欠采样是一种处理类不平衡问题的方法，它通过减少多数类样本的数量来达到平衡样本分布的目的。欠采样的主要思想是从多数类中随机选择一部分样本作为训练集，使得多数类样本数量和少数类样本数量相近。在Python中，可以使用imblearn库中under_sampling模块的RandomUnderSampler类实现欠采样。

SMOTE（synthetic minority over-sampling technique）是一种常见的过采样方法，它通过生成新的合成样本来增加少数类别的样本数量，从而平衡数据集中各个类别的样本数量。它主要是通过生成一些与小类样本相似的样本来达到平衡数据的目的；该算法不是简单地复制小类样本，而是增加新的并不存在的样本，因此在一定程度上可以避免过拟合的问题。

SMOTE算法的实现过程分为三步。

（1）对于少数类样本中的每一个样本，计算其与所有少数类样本的欧氏距离。

（2）选取距离该样本最近的k个少数类样本，对其进行随机采样。

（3）对于每个选中的少数类样本，按照式（4-6）生成一个新的合成样本。

$$\text{新样本}=\text{原样本}+\text{随机因子}（\text{选中样本}-\text{原样本}） \quad (4\text{-}6)$$

其中，选中样本为样本空间中随机选择的一个样本，随机因子为[0,1]之间的随机数。

在Python中，使用imblearn库中over_sampling模块的SMOTE类可以处理类不平衡问题。其基本使用格式如下：

```
SMOTE=SMOTE(sampling_strategy='auto',k_neighbors=5,random_state=42)
```

SMOTE类常用参数及说明见表4-13。

表4-13 SMOTE 类常用参数及说明

参　　数	说　　明
sampling_strategy	接收str或float。表示用于设置合成样本的数量，默认为auto
k_neighbors	接收int。表示用于设置合成样本的k个最近邻居的数量，默认为5
random_state	接收int。表示用于设置随机数生成器的种子，默认为42

银行会根据信用评分的高低来决定是否批准申请人的贷款申请，以及贷款的额度、期限、利率等细节，以此帮助银行提高贷款的有效性和盈利性，减少拖欠和违约的风险。信用评分模型是银行和其他金融机构用于评估申请贷款的个人或企业信用风险的工具。这个模型可以通过对借款人的个人信息、财务状况、借贷历史等多个因素进行评估，生成一个数值评分来表示该借款人的信用水平。表4-14所示为部分借款人的个人信息及财务状况记录。

表4-14 借款人个人信息及财务状况数据集

编号	年龄/岁	性别	工作	住房情况	储蓄账户等级	支票账户等级	贷款金额/元	贷款期限/月	信用评分等级
0	67	男	2	有房	无	少	11 690	6	好
1	22	女	2	有房	少	中等	59 510	48	坏
2	49	男	1	有房	少	无	20 960	12	好
3	45	男	2	无房	少	少	78 820	42	好
4	53	男	2	无房	少	少	48 700	24	坏
5	35	男	1	无房	无	无	90 550	36	好

在信用评分模型中,通常会出现类别不平衡的问题,即其中一种类别的样本数量远远大于另一种类别。例如,在银行信用评分模型中,大部分的客户可能会被认定为"好客户",只有极少数客户会被认定为"坏客户"。这种类别不平衡问题可能会导致模型的精度和召回率存在偏差,因为模型倾向于预测数量较大的类别。

利用LogisticRegression类建立信用评分模型并对其结果进行评价,如代码4-27所示。

【代码4-27】信用评分模型及其评价。

```
import pandas as pd
from imblearn.over_sampling import SMOTE
from sklearn.model_selection import train_test_split
from sklearn.linear_model import LogisticRegression
from sklearn.preprocessing import LabelEncoder
from sklearn.metrics import confusion_matrix,classification_report
#读取数据
data=pd.read_csv('../data/credit_data.csv',encoding='gbk')
#将特征和标签分开
X=data.drop('信用评分等级',axis=1)
y=data['信用评分等级']
#对分类变量进行编码
cat_cols=['性别','住房情况','储蓄账户等级','支票账户等级','借贷期限']
label_encoders={}
for col in cat_cols:
    le=LabelEncoder()
    X[col]=le.fit_transform(X[col].astype(str))
    label_encoders[col]=le
#划分训练集和测试集
X_train,X_test,y_train,y_test=train_test_split(X,y,test_size=0.2,random_state=42)
#训练逻辑回归模型
lr=LogisticRegression(max_iter=1000)    #增加最大迭代次数
lr.fit(X_train,y_train)
```

```
#在测试集上进行预测并评估模型性能
y_pred=lr.predict(X_test)
print(confusion_matrix(y_test,y_pred))
print(classification_report(y_test,y_pred))
```

代码运行结果：

```
[[  4  19]
 [  7 170]]
              precision    recall  f1-score   support

          坏       0.36      0.17      0.24        23
          好       0.90      0.96      0.93       177

    accuracy                           0.87       200
   macro avg       0.63      0.57      0.58       200
weighted avg       0.84      0.87      0.85       200
```

根据混淆矩阵和分类报告，可以看出模型在测试集上的表现。混淆矩阵中，真正例为4，假正例为19，假反例为7，真反例为170，表示模型在预测坏信用和好信用上有一定的表现，但是也存在一定的误判。

分类报告中，precision、recall和f1-score分别是精确率、召回率和F1值，可以看出，在测试集上坏信用的precision为0.36，recall为0.17，f1-score为0.24，好信用的precision为0.90，recall为0.96，f1-score为0.93。模型在预测好信用方面表现较好，但在预测坏信用方面有较大的提升空间。

故采用SMOTE类对数量较少的"坏"类别进行过采样并评价预测结果，如代码4-28所示。

【代码4-28】过采样后的信用评分模型及其评价。

```
#使用过采样法对训练集进行处理
SMOTE=SMOTE(sampling_strategy='auto',k_neighbors=5,random_state=42)
X_train_SMOTE,y_train_SMOTE=SMOTE.fit_resample(X_train,y_train)
#训练逻辑回归模型
lr=LogisticRegression(max_iter=1000)    #增加最大迭代次数
lr.fit(X_train_SMOTE,y_train_SMOTE)
#在测试集上进行预测并评估模型性能
y_pred=lr.predict(X_test)
print(confusion_matrix(y_test,y_pred))
print(classification_report(y_test,y_pred))
```

代码运行结果：

```
[[ 17   6]
 [ 38 139]]
              precision    recall  f1-score   support
```

坏	0.31	0.74	0.44	23
好	0.96	0.79	0.86	177
accuracy			0.78	200
macro avg	0.63	0.76	0.65	200
weighted avg	0.88	0.78	0.81	200

由代码4-28可知，坏信用的召回率有所提升，从0.17提高到0.74，过采样方法提高了模型对坏信用的预测准确率。最后，模型整体的准确率为0.78，表示模型正确分类的样本占总样本数的比例，可以看作是一种比较平衡的结果。在实际情况中，坏信用的预测准确率较高意味着模型能够更好地识别出那些不能偿还贷款的人，从而降低贷款违约率，减少银行的损失。

任务实施

视频

评估与优化电商平台用户购买预测（过采样评估）

一、评估电商平台运输行为预测

1. 使用 ROC 曲线评估模型

在机器学习中，通常需要评估训练出来的模型的性能，以便对其进行改进或选择最佳模型。而准确率、召回率、ROC曲线是逻辑回归模型中用于评估分类模型性能的常见指标。

使用roc_curve类计算ROC曲线相关系数，并使用plot()函数绘制出ROC曲线，如代码4-29所示。

【代码4-29】电商平台运输预测模型ROC曲线。

```
from sklearn.metrics import roc_curve,auc
#绘制ROC曲线
fpr_res,tpr_res,thresholds=roc_curve(y_test,clf.predict_proba(X_test)
[:,1],pos_label=1)
AUC=auc(fpr_res,tpr_res)                #AUC值
plt.rcParams['font.family']='SimHei'
plt.plot(fpr_res,tpr_res,linewidth=2,label='平均ROC曲线(面积=%0.2f)' % AUC,
color='green')                          #做出ROC曲线
plt.xlabel('假正率')                    #坐标轴标签
plt.ylabel('真正率')                    #坐标轴标签
plt.title('ROC曲线')
plt.legend(loc="lower right")
plt.show()
```

代码运行结果如图4-13所示。

ROC曲线的面积值越靠近1表示预测效果越好，0.78是一个比较平均的结果，但也需要进一步的评估和改进。

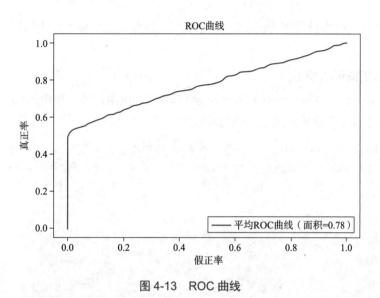

图 4-13　ROC 曲线

2. 使用准确率评估模型

使用sklearn.metrics模块的accuracy_score类计算模型的准确率，如代码4-30所示。

【代码4-30】电商平台运输预测模型的准确率

```
from sklearn.metrics import accuracy_score
accuracy=accuracy_score(y_test,y_pre)              #准确率
print('准确率.',accuracy)
```

代码运行结果：

准确率：0.7153965785381027

由运行结果可知，准确率为0.715，表示模型正确预测的样本数占总样本数的比例为71.5%。

3. 使用召回率评估模型

使用sklearn.metrics模块的recall_score类计算模型的召回率，如代码4-31所示。

【代码4-31】电商平台运输预测模型的召回率。

```
from sklearn.metrics import recall_score
recallp=recall_score(y_test,y_pre)                 #正样本召回率
print('正样本召回率:',recallp)
recalln=recall_score(y_test,y_pre,pos_label=0)     #计算负样本的召回率
print('负样本召回率:',recalln)
```

代码运行结果：

正样本召回率：0.6264044943820225
负样本召回率：0.8257839721254355

由代码4-31运行结果可知，正样本召回率为0.626，表示模型正确分类的正样本数占实际正样本

数的比例为62.6%。负样本召回率为0.826，表示模型正确分类的负样本数占实际正样本数的比例为82.6%。

4. 使用混淆矩阵评估模型

使用sklearn.metrics模块的confusion_matrix类计算模型的混淆矩阵，如代码4-32所示。

【代码4-32】电商平台运输预测模型的混淆矩阵。

```
from sklearn.metrics import confusion_matrix
conf_res=confusion_matrix(y_test,y_pre)          #混淆矩阵
print('混淆矩阵: \n',conf_res)
```

代码运行结果：

```
混淆矩阵：
 [[711 150]
 [399 669]]
```

由代码4-32运行结果可知，混淆矩阵中共有1 929条样本，左上角的711表示模型正确地预测了711个"负样本"，即实际值为"未按时到达"且模型预测为"未按时到达"的样本数量；右上角的150表示模型错误地将150个"负样本"预测为"正样本"，即实际值为"未按时到达"但模型预测为"按时到达"的样本数量；左下角的399表示模型错误地将399个"正样本"预测为"未按时到达"，即实际值为"按时到达"但模型预测为"未按时到达"的样本数量；右下角的669表示模型正确地预测了669个"正样本"，即实际值为"按时到达"且模型预测为"按时到达"的样本数量。

在给出的评价中，模型在大部分情况下都能正确分类样本，可能需要继续优化模型的表现，分析可能是模型的数据存在类不平衡问题，使得模型预测过于偏向某一类别。

二、利用样本平衡进行模型优化

1. SMOTE 过采样

在实际应用中，电商平台更希望提高对"未按时到达"的预测率，以便能及时采取应对措施，提高物流服务。因此，为提高模型对负样本的预测率，使用过采样法，提高负样本的个数。

使用imblearn库中的SMOTE类对电子商务运输数据进行过采样处理，如代码4-33所示。

【代码4-33】SMOTE过采样。

```
#使用过采样法对训练集进行处理
from imblearn.over_sampling import SMOTE
SMOTE=SMOTE(sampling_strategy='all',k_neighbors=4,random_state=123)
X_train_SMOTE,y_train_SMOTE=SMOTE.fit_resample(X_train,y_train)
print('过采样前的训练样本数: \n',y_train.value_counts())
print('过采样后的训练样本数: \n',y_train_SMOTE.value_counts())
```

在代码4-33中，sampling_strategy参数用于设置合成样本的数量，sampling_strategy='all'表示使用过采样处理数据；k_neighbors参数用于设置用于合成样本的k个最近邻居的数量；random_state参数

用于设置随机数生成器的种子。

注意：在操作时仅对训练集进行过采样处理。

代码运行结果：

```
过采样前的训练样本数：
1    4129
0    3585
Name:准时到达,dtype: int64
过采样后的训练样本数：
1    4129
0    4129
Name:准时到达,dtype: int64
```

由代码4-33运行结果可知，过采样调整了负样本的个数，由原先的3585个样本增加到了4129个样本，实现了正负样本平衡。正样本数量未发生改变，仍为4129个。

2. 建立过采样后的逻辑回归模型

使用sklearn库中的LogisticRegression类建立过采样后的逻辑回归模型，如代码4-34所示。

【代码4-34】建立过采样后的逻辑回归模型。

```
#训练逻辑回归模型
lr=LogisticRegression().fit(X_train_SMOTE,y_train_SMOTE)
#在测试集上进行预测
y_pred=lr.predict(X_test)
```

三、过采样后的模型效果

将这部分数据作为新的建模数据，调整数据正负比例样本后，计算过采样后的评价指标，对模型进行评价。

1. 使用 ROC 曲线评估模型

使用roc_curve类计算ROC曲线相关系数，并使用plot()函数绘制出ROC曲线，如代码4-35所示。

【代码4-35】过采样后的ROC曲线。

```
from sklearn.metrics import roc_curve,auc
#绘制ROC曲线
fpr,tpr,thresholds=roc_curve(y_test,y_pred,pos_label=1)
AUC=auc(fpr,tpr)                    #AUC值
plt.rcParams['font.family']='SimHei'
plt.plot(fpr,tpr,linewidth=2,label='平均ROC曲线(面积=%0.2f)' % AUC,
color='green')    #作出ROC曲线
plt.xlabel('假正率')                  #坐标轴标签
plt.ylabel('真正率')                  #坐标轴标签
```

```
plt.title("过采样后的ROC曲线")
plt.legend(loc="lower right")
plt.show()
```

代码运行结果如图4-14所示。

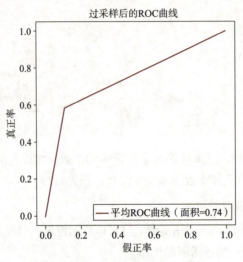

图 4-14 过采样后的 ROC 曲线图

2. 使用混淆矩阵评估模型

使用sklearn.metrics模块的confusion_matrix类计算模型的混淆矩阵,如代码4-36所示。

【代码4-36】过采样后的混淆矩阵。

```
from sklearn.metrics import confusion_matrix
conf_res=confusion_matrix(y_test,y_pred)           #混淆矩阵
print('过采样后的混淆矩阵.\n',conf_res)
```

代码运行结果:

```
过采样后的混淆矩阵:
 [[774  87]
 [441 627]]
```

由运行结果可知,混淆矩阵中共有1929条样本,左上角的774表示模型正确地预测了774个"负样本",即实际值为"未按时到达"且模型预测为"未按时到达"的样本数量;右上角的87表示模型错误地将87个"负样本"预测为"正样本",即实际值为"未按时到达"但模型预测为"按时到达"的样本数量;左下角的441表示模型错误地将441个"正样本"预测为"未按时到达",即实际值为"按时到达"但模型预测为"未按时到达"的样本数量;右下角的627表示模型正确地预测了627个"正样本",即实际值为"按时到达"且模型预测为"按时到达"的样本数量。

3. 计算过采样后的模型评价指标

使用sklearn.metrics模块classification_report类计算逻辑回归的分析报告,如代码4-37所示。

【代码4-37】过采样后的评价指标。

```
from sklearn.metrics import classification_report  #评价指标
print(classification_report(y_test,y_pred))
```

代码运行结果：

```
              precision    recall  f1-score   support

           0       0.64      0.90      0.75       861
           1       0.88      0.59      0.70      1068

    accuracy                           0.73      1929
   macro avg       0.76      0.74      0.72      1929
weighted avg       0.77      0.73      0.72      1929
```

由代码4-37的运行结果可知，负样本的召回率达到0.9，是一个较好预测结果，电商平台运输行为预测模型可以较好地预测到可能"未按时到达"的用户订单，后续及时采取补救措施，提高物流公司的服务水平。

过采样会增加少数类样本，使得分类器更关注于少数类，从而提高召回率，但可能会导致精确率下降。这是因为过采样后生成的样本可能不够真实，会影响分类器对边界样本的分类，从而导致错误的分类。

在实际应用中，模型的优化是一个不断迭代的过程，需要不断地寻找模型的瓶颈和不足，并采取相应的方法进行改进，以达到更好的效果。

任务实训

实训三 评估送货卡车运输行为预测模型

一、训练要点

（1）掌握绘制ROC曲线的方法。

（2）掌握使用准确率、召回率、混淆矩阵等指标进行模型评估的方法。

二、需求说明

运输企业需要使用预测卡车是否按时到达的数据进行决策支持。例如，根据预测结果优化调度计划、改进运输策略、选择合适的运输合作伙伴等，从而提高运营效率和业务绩效。在模型结果运用前，需要对预测模型进行评估，了解模型的效果。本实训将对实训二构建的逻辑回归模型进行评估。

三、实现思路及步骤

（1）使用Matplotlib库绘制ROC曲线。

（2）使用accuracy_score类求模型准确率。

（3）使用recall_score类求模型召回率。

（4）使用confusion_matrix类求混淆矩阵。

项目总结

逻辑回归是一种二分类算法，旨在通过对已知数据进行训练，建立一个预测模型，以预测未知数据的类别。本项目基于某电子商务网站提供的运输行为数据，构建了逻辑回归模型预测运输产品能否准时到达。首先对数据进行数据探索和处理，构建逻辑回归模型，并且使用准确率、召回率和ROC曲线评估模型，发现了模型的不足之处。最后重点介绍了分类问题中类不平衡问题的一般处理方法，以及通过逻辑回归加强处理类不平衡问题的效果。

通过完成电商平台运输行为预测项目，能够让读者在项目实践中学习如何更好地处理分类问题，提高模型预测的准确性和效率，优化电子商务网站的服务，提升用户体验和安全性。通过学习如何不断优化和改进模型，以适应不同的应用场景和需求。同时，还能提高读者的信息安全意识，更好地保护用户隐私和数据安全，推动形成良好网络生态。

课后作业

一、选择题

1. 在Python中，哑变量处理可以使用（　　）库实现。

　　A. NumPy　　　　　　B. pandas　　　　　　C. sklearn　　　　　　D. scipy

2. 等宽法是一种（　　）的数据预处理方法。

　　A. 将数据分为具有相等数据范围的不同组　　B. 对数据进行平滑处理，消除噪声

　　C. 将数据进行归一化，缩放到指定范围　　　D. 根据不同的权重对数据进行加权处理

3. 以下可以用于将数据集划分为训练集和测试集的函数为（　　）。

　　A. train_test_split()　　　　　　　　　　B. fit()

　　C. predict()　　　　　　　　　　　　　　D. transform()

4. 在Python中，构建二分类逻辑回归模型可使用sklearn库中的方法是（　　）。

　　A. LinearRegression()　　　　　　　　　B. Ridge()

　　C. ElasticNet()　　　　　　　　　　　　D. Logisticregression()

5. 在Python中，使用（　　）函数可以绘制ROC曲线。

　　A. sklearn.metrics.roc_auc_score()

　　B. sklearn.metrics.precision_recall_curve()

　　C. sklearn.metrics.plot_precision_recall_curve()

　　D. sklearn.metrics.plot_roc_curve()

6. 以下混淆矩阵说法正确的是（   ）。
   A. 一种将数据映射到高维空间的技术
   B. 一种将数据压缩到低维空间的技术
   C. 一种用于评估分类器性能的矩阵
   D. 一种用于评估聚类算法性能的矩阵

7. 以下关于准确率和召回率计算方法正确的是（   ）。
   A. 准确率=（TP+TN）/（TP+TN+FP+FN），召回率=TP/（TP+FN）
   B. 准确率=（TP+TN）/（TP+TN+FP+FN），召回率=TN/（TP+FN）
   C. 准确率=TP/（TP+TN+FP+FN），召回率=TP/（TP+FN）
   D. 准确率=TN/（TP+TN+FP+FN），召回率=TP/（TP+FN）

8. 关于SMOTE（Synthetic Minority Over-sampling Technique）过采样算法说法正确的是（   ）。
   A. 一种基于特征选择的数据预处理算法
   B. 一种基于聚类的数据采样算法
   C. 一种基于生成新样本的过采样算法
   D. 一种基于核方法的数据降维算法

二、操作题

每年的9月24日是世界心脏日。心脏病是一种常见的疾病，早期预测心脏病的发生可以帮助患者及时采取措施，以减轻心脏病的风险。其次，对于已经患有心脏病的患者，预测可以为临床医生提供重要的诊断信息，减缓患者病情加重或者发生其他并发症，提高治疗效果和生活质量。

常见的心脏病相关的生理指标有年龄、性别、肌酸磷酸激酶的血液浓度、是否有高血压、血液中钠的浓度等。表4-15所示某医院保存的299位心脏病患者的生理指标集和患病结果。

表4-15 心脏病患者的生理指标集和患病结果数据集

年龄/岁	是否贫血	肌酸磷酸激酶的血液浓度/（U/L）	是否患有糖尿病	射血分数	是否有高血压	血液中的血小板数/（10⁹/L）	血液中肌酐的浓度/（mg/dL）	血液中钠的浓度/（mmol/L）	患者的性别	是否吸烟	随访时间/天	是否死亡
75	否	582	否	20	是	265 000	1.9	130	男	否	4	是
55	否	7861	否	38	否	263 358.03	1.1	136	男	否	6	是
65	否	146	否	20	否	162 000	1.3	129	男	是	7	是
…	…	…	…	…	…	…	…	…	…	…	…	…
45	否	2060	是	60	否	742 000	0.8	138	女	否	278	否
45	否	2413	否	38	否	140 000	1.4	140	男	是	280	否
50	否	196	否	45	否	39 5000	1.6	136	男	是	285	否

根据所给的13个参数来预测汽车的价格。具体操作步骤如下：

（1）读取心脏病生理指标数据集heart_failure_clinical_records_dataset.csv，并查看数据的维度、类型。

（2）使用get_dummies()函数对数据进行哑变量处理，将"是否××"的指标和性别指标转换为0、1样式。

（3）使用cut()函数对年龄变量进行离散化处理。

（4）使用train_test_split类将数据划分为测试集与训练集。

（5）使用sklearn库建立逻辑回归模型，并对测试集的数据进行预测。

（6）使用Matplotlib库绘制ROC曲线，计算准确率、召回率和混淆矩阵，对模型进行评估。

（7）使用SMOTE类处理数据的类不平衡问题，增加正样本的数量。

（8）使用sklearn库建立过采样后的逻辑回归模型，并对测试集的数据进行预测。

（9）使用Matplotlib库绘制过采样后的ROC曲线，计算混淆矩阵和分析报告，对模型进行评估。

项目五 加工厂玻璃类别识别
——决策树、随机森林

在现代工业生产中，玻璃制品广泛应用于建筑、家具、汽车、电子等领域，而对于加工厂来说，对生产出来的玻璃进行分类识别，有助于提高生产效率、降低生产成本和提高产品质量。加工厂玻璃类别识别任务是指通过对加工厂生产的玻璃进行分类识别，以实现玻璃质量控制的目的。本项目让大家了解数据挖掘与机器学习在工业生产中的应用。随着新一代信息技术以及战略性新兴产业融合集群的不断发展，大数据、人工智能与制造业的深度融合已成为新时代工业发展的趋势。本项目技术开发思维导图如图5-1所示。

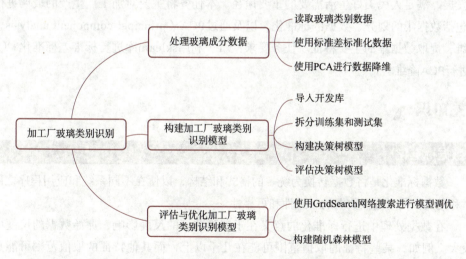

图 5-1 加工厂玻璃类别识别项目技术开发思维导图

学习目标

1. 知识目标

（1）了解数据标准化、降维的基本概念。

（2）了解决策树、随机森林模型的基本概念。

（3）了解K折交叉验证的基本概念。

2. 技能目标

（1）能够使用Python的sklearn库进行数据标准化、降维。

（2）能够使用Python的sklearn库构建决策树模型。

（3）能够使用Python的sklearn库进行K折交叉验证。

（4）能够使用Python的sklearn库构建随机森林模型。

3. 素质目标

（1）关注制造业的发现，学习制造业相应技术，贯穿制造强国、质量强国的基本理念。

（2）培养阅读兴趣，引导终身学习的理念。

（3）通过不断地优化模型，反复评估和检验，培养学生精益求精的精神。

任务一　处理玻璃成分数据

任务描述

数据预处理是数据分析的基础，具体目标是将不同格式和单位的数据，整合为同一形式，便于之后的数据分析。经过处理后高质量的数据才能得到更优异的数据分析结果，建设质量强国是推动高质量发展、满足人民美好生活需要的重要途径。本任务将主要对加工厂生产的玻璃进行数据的预处理，包括数据集的划分、数据的标准化，以及通过PCA（principal component analysis，主成分分析）降维，提取数据集的主要特征。任务要求：（1）利用sklearn库进行标准差标准化；（2）利用sklearn库进行PCA降维。

相关知识

一、数据标准化

视频
数据标准化

数据标准化是将数据转换为统一的格式和结构，以便在不同系统和应用程序之间进行共享和交换，同时确保数据的一致性和可靠性。

在数据处理中进行标准化的意义在于消除数据的尺度影响，原始数据的尺度可能差异较大。例如，某些特征的取值范围可能在几千以上，而其他特征的取值范围可能只有几十或几百。这样就会导致某些特征对模型的贡献比其他特征更显著，从而影响到模型的准确性。数据标准化可以将所有特征的取值范围统一，消除尺度影响，提高模型的稳定性和准确性。

数据标准化可以提高模型的收敛速度，在机器学习中，一些优化算法可能需要多次迭代才能达到最优解。如果数据的尺度不同，会导致算法在某些特征上迭代次数多，而在其他特征上则迭代次数少。提高数据质量，标准化可以帮助识别和消除数据中的异常值和错误，提高数据质量。常见的数据标准化方法及说明见表5-1。

表 5-1　常见的数据标准化方法及说明

方　法	说　明
最大最小标准化	将数据缩放到指定范围内，适用于数据分布在不同范围的情况下
标准差标准化	将数据转换为其标准分数，适用于正态分布的数据
小数定标标准化	将数据除以一个固定的基数，例如10的幂，以消除数据中的单位差异

1. 最大最小标准化

最大最小标准化通过对原始数据进行线性变换，将数据缩放到指定的范围内，通常是[0,1]。最大最小标准化的公式如下：

$$x' = \frac{x - \min(x)}{\max(x) - \min(x)} \quad (5-1)$$

其中，$\max(x)$与$\min(x)$分别表示x的最大值和最小值。

使用sklearn库中的MinMaxScaler()函数可以实现最大最小标准化。其基本使用格式如下：

```
class sklearn.preprocessing.MinMaxScaler(feature_range=(0,1),copy=True)
```

MinMaxScaler()函数的参数及说明见表5-2。

表 5-2　MinMaxScaler() 函数的参数及说明

参　数	说　明
feature_range	接收tuple，用于指定数据转换后的范围，默认值为（0,1）
copy	接收bool，表示是否复制输入数据，默认为True

加强国家科普能力建设，深化全民阅读活动。广泛地阅读不仅可以开阔视野，还可以发现自己的兴趣导向。在阅读时，有时需要对一篇文献的词频进行分析。首先将文献中的每个词语作为一个特征，构造一个词频矩阵。词频矩阵便于快速地浏览一篇文章的主要内容。可对词频矩阵进行标准差标准化处理，以消除词频之间的量级差异。表5-3所示为关于词频矩阵的数据集，其中每行表示一篇文章，每列表示一个词语的出现次数。

表 5-3　词频矩阵

数　字	中　国	网　络
5	100	10
4	25	80
6	70	12
10	25	100

使用MinMaxScaler()函数进行最大最小标准化，如代码5-1所示。

【代码5-1】词频矩阵的最大最小标准化。

```
import numpy as np
import pandas as pd
```

```
from sklearn.preprocessing import MinMaxScaler
#构造一个词频矩阵，每行表示一篇文章，每列表示一个词语的出现次数
word_matrix=pd.read_csv('../data/词频.csv',encoding='gbk')
word_matrix=np.array(word_matrix)
#对词频矩阵进行最大最小标准化
mscaler=MinMaxScaler()
minmaxscaler=mscaler.fit_transform(word_matrix)
#输出最大最小标准化的结果
print("标准化前的词频矩阵： \n",word_matrix)
print("标准化后的词频矩阵： \n",minmaxscaler)
```

代码运行结果：

标准化前的词频矩阵：
```
[[  5 100  10]
 [  4  25  80]
 [  6  70  12]
 [ 10  25 100]]
```

标准化后的词频矩阵：
```
[[0.16666667  1.          0.        ]
 [0.          0.          0.77777778]
 [0.33333333  0.6         0.02222222]
 [1.          0.          1.        ]]
```

注：此处结果分2栏进行展示。

由代码5-1的运行结果可知，最大最小标准化可以将数据缩放到[0,1]的区间内，使得不同维度的数据具有可比性。

2. 标准差标准化

最常用的标准化方法是标准差标准化，也称为Z-score标准化，是一种将原始数据转换为均值为0，标准差为1的标准正态分布的方法。

标准差标准化的公式如下：

$$X' = \frac{x - \mu}{\sigma} \tag{5-2}$$

其中，μ为均值，σ为标准差。

使用sklearn库中的StandardScaler()函数实现标准差标准化。其基本使用格式如下：

```
class sklearn.preprocessing.StandardScaler(copy=True,with_mean=True,
with_std=True)
```

StandardScaler()函数的参数及说明见表5-4。

表5-4 StandardScaler() 函数的参数及说明

参数	说明
copy	接收bool，表示是否复制输入数据，默认为True
with_mean	接收bool，表示是否进行中心化处理，默认为True
with_std	接收bool，表示是否对每个特征的标准差进行归一化处理，默认为True

标准差标准化可以在分类、回归等机器学习任务中提高模型的性能和稳定性。使用StandardScaler()函数对表5-3中数据进行标准差标准化,如代码5-2所示。

【代码5-2】词频矩阵的标准差标准化。

```
from sklearn.preprocessing import StandardScaler
#对词频矩阵进行标准差标准化
scaler=StandardScaler()
scaled_matrix=scaler.fit_transform(word_matrix)
#输出标准差标准化后的结果
print("标准化前的词频矩阵: \n",word_matrix)
print("标准化后的词频矩阵: \n",scaled_matrix)
```

代码运行结果:

```
标准化前的词频矩阵:
[[  5  100   10]
 [  4   25   80]
 [  6   70   12]
 [ 10   25  100]]

标准化后的词频矩阵:
[[-0.5488213   1.41421356 -1.00911568]
 [-0.98787834 -0.94280904  0.73503488]
 [-0.10976426  0.47140452 -0.9592828 ]
 [ 1.6464639  -0.94280904  1.23336361]]
```

注:此处结果分2栏进行展示。

由代码5-2的运行结果可知,标准差标准化后的值区间不局限于[0,1],并且存在负值。同时也不难发现,标准差标准化和最大最小标准化一样不会改变数据的分布情况。

3. 小数定标标准化

小数定标标准化,通过移动数据的小数点位置来进行标准化,将数据放缩到[0,1]之间。在具体标准化过程中,小数点移动多少位取决于数据系列中的最大绝对值大小。例如,[100,2,30]标准化为[0.1,0.002,0.03],可以明显地看出它的优点在于不改变原始数据的分布。小数定标标准化的公式如下:

$$x' = \frac{x}{10^r} \qquad (5\text{-}3)$$

其中,x'指小数定标标准化之后的值,x是原始数据;r表示数据缩放位数,即小数点移动位数。

某省市的旅游业人数存储在trip.csv中。表5-5中是关于旅游人数的数据集,包括日期及旅游人数两个特征。

表5-5 日期及旅游人数

日期	旅游人数
2022年10月1日	370 068
2022年10月2日	590 043
2022年10月3日	295 403
2022年10月4日	315 698

对表5-5中数据进行小数定标标准化,如代码5-3所示。

【代码5-3】 小数定标标准化。

```python
import pandas as pd
trip=pd.read_csv('../data/trip.csv',encoding='gbk')
def decimal_scaler(data):
    """小数定标标准化"""
    data=data / 10 ** np.ceil(np.log10(data.abs().max()))
    return data
print('标准化前的旅游人数数据：\n',trip.iloc[:,1])
print('标准化后的旅游人数数据.\n',decimal_scaler(trip.iloc[:,1]))
```

代码运行结果：

标准化前的旅游人数数据：		标准化后的旅游人数数据：	
0	370068	0	0.037007
1	590043	1	0.059004
2	295403	2	0.029540
3	315698	3	0.031570
4	980034	4	0.098003
5	1004586	5	0.100459
6	125690	6	0.012569
7	35099	7	0.003510
Name:旅游人数,dtype: int64		Name:旅游人数,dtype: float64	

注：此处结果分2栏进行展示。

由代码5-3的运行结果可知，通过小数定标标准化，将数据放缩到了[0,1]之间，并且不改变原始数据的分布。

最大最小标准化、标准差标准化、小数定标标准化3种标准化方法各有其优势。其中，最大最小标准化方法简单，便于理解，标准化后的数据限定在[0,1]区间内；标准差标准化受数据分布的影响较小；小数定标标准化方法的适用范围广，并且受数据分布的影响较小，与前两种方法相比，该方法适用程度适中。

二、数据降维

数据降维是一种数据预处理技术，它通过减少数据中的冗余信息，来降低数据的维度，同时尽量保留原始数据的重要特征。数据降维的意义如下：

（1）减少计算成本。在大规模数据集上进行计算是一项非常耗时的任务，通过降低数据维度，可以减少计算成本，并且加快算法的执行速度。

（2）去除冗余信息。数据通常包含很多冗余信息，这些信息可能对分析和建模没有任何帮助。通过降维，可以去除这些冗余信息，提高数据的效率和准确性。

（3）易于可视化。高维数据通常难以可视化，因为人类无法感知高于三维的空间。通过将数据降低到较低的维度，可以更容易地可视化和理解数据。

常用的数据降维方法及说明见表5-6。

表 5-6 常用数据降维方法及说明

数据降维方法	说　明
线性判别分析（LDA）	将数据投影到一个新的低维空间，同时最大化类间距离，最小化类内距离
主成分分析（PCA）	将高维数据映射到低维空间，并尽可能保留原始数据的信息

1. 线性判别分析

线性判别分析是一种经典的线性降维技术，也是一种常用的分类方法。用于在多类分类问题中寻找一个线性判别函数，能够最大限度地区分不同类别之间的差异。

线性判别分析的基本思想是，将数据投影到一条直线或一个超平面上，使得同一类别的数据点尽量靠近，不同类别的数据点尽量远离。投影后，根据每个数据点在这条直线上的位置进行分类。

对于给定的数据集，LDA（linear discriminant analysi，线性判别分析）的目标是找到一个线性判别函数$y=f(x)$，通过将数据点投影到一维或多维的超平面，使得同一类内的数据点尽可能地接近，不同类之间的数据点尽可能地分开。该线性判别函数可以表示如下：

$$y=w^\mathrm{T}b \tag{5-4}$$

其中，w为投影向量，b为偏置。LDA的目标是最大化类间方差，最小化类内方差，如式（5-5）所示。

$$\max_{w} = \frac{w^\mathrm{T}S_Bw}{w^\mathrm{T}S_Bdw} \tag{5-5}$$

其中，S_B为类间散度矩阵，Sw为类内散度矩阵，可以通过计算各类的均值向量和协方差矩阵得到。

通过求解上述优化问题，可以得到最优的投影向量w，并将数据点投影到该向量上进行分类，如图5-2所示。

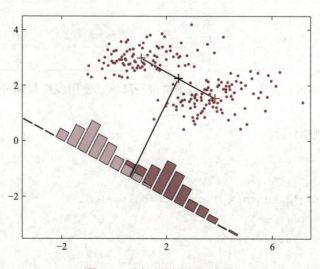

图 5-2　线性判别分析示意图

使用sklearn库中的LinearDiscriminantAnalysis类实现线性判别分析。其语法格式如下：

```
class sklearn.discriminant_analysis.LinearDiscriminantAnalysis(solver='svd',
shrinkage=None,priors=None,n_components=None,store_covariance=False,
tol=0.0001)
```

LinearDiscriminantAnalysis类的函数常用的参数及说明见表5-7。

表5-7　LinearDiscriminantAnalysis 类的函数常用的参数及说明

参　　数	说　　明
solver	接收str，表示指定求解的算法。取值svd时，表示奇异值分解；取值lsqr时，表示最小平方差算法；取值eigen时，表示特征值分解算法。默认为svd
shrinkage	接收"auto"或者float，该参数通常在训练样本数量小于特征数量的场合下使用。该参数只有在solver="lsqr"或"eigen"下才有意义。接收auto时，表示自动决定该参数大小；接收float时，表示指定该参数大小；接收None时，表示不使用该参数。默认为None
priors	接收array，表示数组中的元素依次指定了每个类别的先验概率。如果为None，则认为每个类的先验概率相等。默认为None
n_components	接收int，表示指定数据降维后的维度。默认为None
store_covariance	接收boolean，表示是否计算每个类别的协方差矩阵。默认为False

某销售公司想要对不同的客户进行分析，客户的信息存储在客户信心数据集（客户.csv）中。数据集包括客户的能力、品格、担保、资源、教育5个输入特征，以及客户类型1个类别标签，见表5-8。客户类型分为0、1、2三种，分别代表重要客户、优质客户和普通客户。

表5-8　客户信息数据集

能　力	品　格	担　保	资　源	教　育	客户类型
69	72	60	71	84	0
59	94	66	77	98	1
48	60	60	87	91	1
61	83	69	95	81	2
69	70	69	77	87	2

为了对客户的类型进行判定，需要对数据集进行降维。使用线性判别分析对数据集进行降维，如代码5-4所示。

【代码5-4】线性判别分析。

```
import pandas as pd
#读取数据集
cus=pd.read_csv('../data/客户.csv',encoding='gbk')
cus_data=cus.iloc[:,:-1]
cus_target=cus.iloc[:,-1]
#标准差标准化
from sklearn.preprocessing import StandardScaler
```

```
scale=StandardScaler()
cus_data_scale=scale.fit_transform(cus_data)
#线性判别分析
from sklearn.discriminant_analysis import LinearDiscriminantAnalysis
scale1=LinearDiscriminantAnalysis()
cus_train_lda=scale1.fit_transform(cus_data_scale,cus_target)
print("LDA降维前的前五行数据为: \n",cus_data[0:5])
print("LDA降维后的前五行数据为: \n",cus_train_lda[0:5])
```

代码运行结果:

LDA降维前的前五行数据为:

	能力	品格	担保	资源	教育
0	69	72	60	71	84
1	59	94	66	77	98
2	48	60	60	87	91
3	61	83	69	95	81
4	69	70	69	77	87

LDA降维后的前五行数据为:

```
[[-0.63348803 -1.75173873]
 [ 2.44217809 -0.28475889]
 [ 1.19545359  1.46549041]
 [-2.78347994  0.51356368]
 [-2.73009591 -1.14601232]]
```

注:此处结果分2栏进行展示。

由运行结果可知,经过线性判别分析,数据变成了二维,降低了计算复杂度。

2. 主成分分析

PCA降维可以提高计算效率,同时提高模型效果和泛化能力,从而在实际应用中具有重要的意义和应用价值。

PCA降维的基本思想是找到一个新的坐标系,使得数据在新的坐标系下具有最大的方差。换句话说,PCA降维通过线性变换将原始数据映射到新的坐标系中,使得数据在新的坐标系下的方差最大化,从而找到数据中最重要的方向(即主成分)。

在主成分分析中,先对原始数据进行标准化,再计算协方差矩阵。协方差矩阵反映了数据中各个变量之间的相关性。主成分分析公式如下:

$$\mathbf{cov} \sum = \frac{1}{n+1} \sum_{i=1}^{n} (x_i - u)(x_i - u)^{\mathrm{T}} \tag{5-6}$$

其中,**cov**表示协方差矩阵,x_i表示第i个样本的特征向量,u为均值向量。

通过对协方差矩阵进行特征值分解,可以得到一组新的坐标系和相应的特征向量。这些特征向量代表了原始数据在新的坐标系中的方向。主成分是按照特征值大小排序的特征向量,也就是说,第一主成分是方差最大的方向,第二主成分是在第一主成分方向上与其不相关的方向,如图5-3所示。依此类推,则第i个主成分可以表示为(5-7)。

$$Z_i = V_i^{\mathrm{T}} x \tag{5-7}$$

其中,Z_i为第i个主成分,V_i为第i个特征向量。

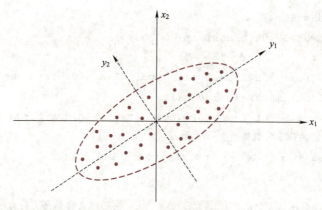

图 5-3　主成分分析示意图

使用sklearn库中的PCA类实现PCA降维。其基本使用格式如下：

```
class sklearn.decomposition.PCA(n_components=None,copy=True,whiten=False,
svd_solver='auto',tol=0.0,iterated_power='auto',random_state=None)
```

PCA类的参数及说明见表5-9。

表 5-9　PCA 类的参数及说明

参　　数	说　　明
n_components	接收int或str，表示所要保留的主成分个数n，即保留下来的特征个数n，赋值为int时，表示降维的维度，如n_components=1，将把原始数据降到一个维度。赋值为str时，表示降维的模式，如取值为'mle'时，将自动选取特征个数n，使得满足所要求的方差百分比。默认为None
copy	接收bool，表示是否在运行算法时，将原始训练数据复制一份。若为True，则运行后，原始训练数据的值不会有任何改变，因为是在原始数据的副本上进行运算；若为False，则运行后，原始训练数据的值会发生改变。默认为True
whiten	接收bool，表示是否白化，使得每个特征具有相同的方差。默认为False

使用PCA降维对表5-8中数据进行降维，如代码5-5所示。

【代码5-5】PCA降维。

```
# PCA降维
from sklearn.decomposition import PCA
pca=PCA(n_components=0.9)
cus_trainPca=pca.fit_transform(cus_data_scale,cus_target)
print("PCA降维前的前五行数据为：\n",cus_data[0:5])
print("PCA降维后的前五行数据为：\n",cus_trainPca[0:5])
```

代码运行结果：

```
PCA降维前的前五行数据为：        PCA降维后的前五行数据为：
    能力  品格  担保  资源  教育
0   69   72   60   71   84    [[-2.11758194  -0.04737237  -0.79125644   0.92085299]
1   59   94   66   77   98    [ 1.3576686   -0.14318335  -0.51214324  -1.36023616]
2   48   60   60   87   91    [-1.63637151  -1.48275971   1.84279688  -0.09504009]
3   61   83   69   95   81    [-0.47358046   2.52603125   0.19408654   0.0667745 ]
4   69   70   69   77   87    [-0.76476312   1.17019927  -1.36760631   0.37584406]]
```

由运行结果可知，经过PCA降维，数据在保留90%方差的前提下降维为4维，在保证精度的前提下，提高了运算效率。

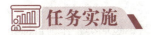
任务实施

一、读取玻璃类别数据

1. 查看玻璃类别数据

某加工厂采购了一批玻璃，玻璃的特性及元素成分存储于玻璃类别数据集（glass.csv）中。数据集包括折射率、钠含量、镁含量、铝含量等9个输入特征和1个类别标签，类别标签包括（1、2、3、4）4种玻璃，共192条数据。玻璃类别数据集的部分数据见表5-10。

表5-10　玻璃类别数据集

折射率/%	钠含量/%	镁含量/%	铝含量/%	硅含量/%	钾含量/%	钙含量/%	钡含量/%	铁含量/%	类别
1.52101	13.64	4.49	1.1	71.78	0.06	8.75	0	0	1
1.51761	13.89	3.6	1.36	72.73	0.48	7.83	0	0	1
1.51618	13.53	3.55	1.54	72.99	0.39	7.78	0	0	1
1.51766	13.21	3.69	1.29	72.61	0.57	8.22	0	0	1
1.51742	13.27	3.62	1.24	73.08	0.55	8.07	0	0	1

2. 导入开发库

使用import和from导入pandas、NumPy、StandardScaler、PCA等开发类库，如代码5-6所示。

【代码5-6】导入开发库。

```
import pandas as pd
import numpy as np
from sklearn.preprocessing import StandardScaler
from sklearn.decomposition import PCA
```

在代码5-6中，StandardScaler函数可用于实现标准差标准化，PCA类可用于实现使用PCA进行数据降维。

3. 读取数据

使用pandas库中read_csv()函数读取玻璃类别数据集，并设置编码格式为GBK，如代码5-7所示。

【代码5-7】读取数据。

```
#读取数据集
glass=pd.read_csv('../data/glass.csv',encoding='gbk')
print('数据的形状为:\n',glass.shape)
```

代码运行结果：

```
数据的形状为:
 (175,10)
```

由运行结果可知，数据共有175行、10列。

4. 提取特征变量和目标变量

在本任务中将折射率、钠含量、镁含量、铝含量等9个特征作为特征变量，玻璃类别作为目标变量。使用iloc[]函数提取自变量和因变量，如代码5-8所示。

【代码5-8】特征变量和目标变量。

```
#提取自变量和因变量
glass_data=glass.iloc[1:,:-1]
print('查看特征变量的前五行: \n',glass_data.head())
glass_target=glass.iloc[1:,-1]
print('查看目标变量的前五行:\n',glass_target.head())
```

代码运行结果：

查看特征变量的前五行:

	折射率/%	钠含量/%	镁含量/%	铝含量/%	硅含量/%	钾含量/%	钙含量/%	钡含量/%	铁含量/%
1	1.51761	13.89	3.60	1.36	72.73	0.48	7.83	0.0	0.00
2	1.51618	13.53	3.55	1.54	72.99	0.39	7.78	0.0	0.00
3	1.51766	13.21	3.69	1.29	72.61	0.57	8.22	0.0	0.00
4	1.51742	13.27	3.62	1.24	73.08	0.55	8.07	0.0	0.00
5	1.51596	12.79	3.61	1.62	72.97	0.64	8.07	0.0	0.26

查看目标变量的前五行:

1	1
2	1
3	1
4	1
5	1

由运行结果可知，自变量包括折射率和各种元素含量，因变量包括玻璃的类别。

二、使用标准差标准化数据

通过观察数据集可以发现，原始数据的尺度差异较大。钠含量多数在13%上下，钾含量却不到1%。如果直接建模可能导致钠含量对模型的影响更大，而钾含量对模型的影响微弱。因此，使用

StandardScaler()函数对模型进行标准差标准化，如代码5-9所示。

【代码5-9】标准差标准化。

```
#标准差标准化
stdScale=StandardScaler()
glass_Scaler=stdScale.fit_transform(glass_data)
print('标准差标准化后数据的标准差为：',np.std(glass_Scaler))
print('标准差标准化后数据的均值（保留两位小数）为：',round(np.mean(glass_Scaler),2))
```

代码运行结果：

```
标准差标准化后数据的标准差为：1.0
标准差标准化后数据的均值（保留两位小数）为：-0.0
```

由运行结果可知，经过标准化方差为1，均值在保留两位小数的前提下为0。均值不等于零的原因是使用的计算机浮点数运算存在精度误差，因此在实际操作中无法保证均值一定等于0。一般来说，如果输出的均值比较接近0，可以认为标准化操作是有效的。

三、使用 PCA 进行数据降维

从表5-10中可以看到，数据共有9个自变量，数据之间关系复杂。为了提高模型的计算速度与可视化，使用sklearn库的PCA模块对模型进行PCA降维，并保留99.9%的方差，如代码5-10所示。

【代码5-10】PCA降维。

```
# PCA降维
pca=PCA(n_components=0.999)    #保留99.9%的方差
glass_train_Pca=pca.fit_transform(glass_Scaler)
print("PCA降维前的前五行数据为：\n",glass_data[0:5])
print("PCA降维后的前五行数据为：\n",glass_train_Pca[0:5])
```

代码运行结果：

```
PCA降维前的前五行数据为：
   折射率/%   钠含量/%   镁含量/%   铝含量/%   硅含量/%   钾含量/%   钙含量/%   钡含量/%   铁含量/%
1  1.51761  13.89    3.60    1.36    72.73   0.48    7.83    0.0     0.00
2  1.51618  13.53    3.55    1.54    72.99   0.39    7.78    0.0     0.00
3  1.51766  13.21    3.69    1.29    72.61   0.57    8.22    0.0     0.00
4  1.51742  13.27    3.62    1.24    73.08   0.55    8.07    0.0     0.00
5  1.51596  12.79    3.61    1.62    72.97   0.64    8.07    0.0     0.26
PCA降维后的前五行数据为：
 [[-6.19254987e-01  -4.92689927e-01  -1.11668147e+00  -1.45173989e-01
    1.00031112e-03   1.21805625e-02   1.79331814e-01  -2.31395449e-01]
  [-1.04077736e+00  -5.89033417e-01  -7.03077929e-01  -4.69708052e-01
   -1.86649858e-01  -1.93891307e-01  -2.93073262e-01  -7.35425266e-02]
```

```
    [-1.75149665e-01  -8.99596651e-01  -6.36719074e-01  -1.66897616e-01
      4.24735688e-01  -5.95414329e-02  -1.60203091e-01   5.68252136e-02]
    [-4.86764204e-01  -9.93295277e-01  -4.78532852e-01  -5.59330333e-01
      2.53331139e-01   2.55596289e-01  -6.11965408e-02  -1.49904386e-01]
    [-4.32712037e-01  -1.45079771e+00   1.42036250e+00   1.09251231e+00
     -1.30473742e+00  -1.60069811e-01  -1.37703809e-01  -3.04155852e-02]]
```

由运行结果可知,经过PCA降维,在保留数据中99.9%的方差的前提下,数据降维为8维。在保证准确率的前提下,降低了计算复杂度。

任务实训

实训一 处理印刷品圆筒成分数据

一、训练要点

掌握pandas库进行数据标准化和降维的基本操作。

二、需求说明

工业自动化是现代工业发展的方向,通过分类预测使得机器能够自动添加所需原料,能够大幅提升生产的效率并节约生产成本。某企业采集了用于生产印刷品的圆筒表面的多个传感器的数据,包括圆筒温度、压力、流量等多个特征,见表5-11。某企业希望实现印刷品数据集进行溶剂类型的类别识别,实现自动化添加溶剂类型。在类别识别前,需要先对采集的数据进行处理。

表5-11 印刷品数据集

溶剂类型	墨水温度/℃	湿度	刀片压力/N	印刷速度/(dm/min)	墨水百分比/%	溶剂百分比/%	蜡/%	硬化剂/%	硬度/D	阳极电流密度/(mA/in^2)
815	80	0.55	6.5	1 850	53.8	39.8	2.8	0.9	40	103.87
816	75	0.312 5	5.6	1 467	55.6	38.8	2.5	1.3	40	108.06
816	80	0.75	0	2 100	57.5	42.5	2.3	0.6	35	106.67
816	76	0.437 5	8.6	1 467	53.8	37.6	2.5	0.8	40	103.87
815	75	1	22.7	1 750	45.5	31.8	3	1	38	106.66

三、实现思路及步骤

(1)使用pandas库读取印刷品圆筒数据。

(2)划分数据和标签。

(3)使用sklearn库进行标准差标准化。

(4)使用sklearn库进行PCA降维。

任务二　构建加工厂玻璃类别识别模型

任务描述

对于玻璃加工厂来说，对生产出来的玻璃进行分类识别，有助于提高生产效率、降低生产成本和提高产品质量。随着人工智能技术的不断发展，自动化生产已成为工业发展的趋势。为了响应科技强国政策，某玻璃加工厂需要对不同玻璃的类别进行自动识别。任务要求：使用sklearn库构建决策树模型，实现玻璃类别识别。

相关知识

决策树是一种常见的分类和回归模型，其基本思想是通过一系列的问答，将数据逐步分类或回归至最终结果。要坚持问题导向，问题是时代的声音，回答并指导解决问题是理论的根本任务。

在决策树模型中，每个节点表示一个特征或属性，分支表示这个特征或属性的取值，叶子节点表示最终的分类或回归结果。通过不断地对数据进行分类或回归，决策树可以逐步划分出不同的类别或预测结果，如图5-4所示。通过节点的判别，将数据分为了不同的类别。

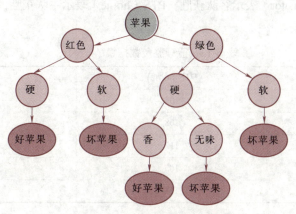

图5-4　决策树分类模型示例

决策树的生成过程一般包括以下几个步骤：

（1）特征选择：选择最优的特征或属性作为当前节点，以使得每个子节点的纯度或信息熵最大化。信息中排除了冗余后的平均信息量称为"信息熵"。如图5-4所示，将颜色作为节点（如"红色""绿色"节点），可以将苹果分为红苹果和绿苹果。

（2）树的生成：根据选择的特征或属性，将数据集划分为不同的子集，生成子节点。

（3）递归生成子树：对每个子节点重复特征选择和树的生成，直到满足停止条件，如到达预定的树的深度、叶子节点数量达到预定值等。在图5-4中，继续选择苹果的软硬、是否有香味作为新的特征，最终在将苹果分为好苹果和坏苹果后停止。

使用sklearn库中的DecisionTreeClassifier类建立决策树模型。其基本使用格式如下：

```
class sklearn.tree.DecisionTreeClassifier(*,criterion='gini',splitter='best',
max_depth=None,min_samples_split=2,min_samples_leaf=1)
```

DecisionTreeClassifier类常用的参数及说明见表5-12。

表 5-12 DecisionTreeClassifier 类常用的参数及说明

参 数	说 明
criterion	接收str，表示决策树的衡量标准。可以是"gini"或"entropy"，默认值为"gini"
splitter	接收str，表示决策树节点的拆分策略，默认为"best"
max_depth	接收int，表示树的最大深度，默认为"None"
min_samples_split	接收int或float，表示进行划分的最小样本数，默认值为2
min_samples_leaf	接收int或float，表示叶子节点最少样本数，默认值为1

篮球世界杯是备受全球篮球迷关注的体育的盛宴，但由于决赛阶段的参赛队伍数量有限，许多球队最终只能在预选赛中结束征程，对于这些国家或地区的球迷而言预选赛的比赛结果尤为重要。但是，篮球比赛的结果常常难以预测，往往需要在比赛的最后几分钟才能决定胜负。因此，在篮球运动中，对于胜负的预测比较困难。

通过运用决策树算法，可以对各支队伍的胜负进行预测和分析。表5-13所示为关于篮球各队得分与胜负的数据集，PTS（visitor）表示客队获胜，PTS（home）表示主队获胜，win/lose表示客队获胜与否，获胜为1，失败为0。

表 5-13 篮球胜负数据集

PTS(visitor)	PTS(home)	win/lose
87	105	0
100	108	0
113	112	1
100	103	0
83	111	0

使用DecisionTreeClassifier()函数构建决策树模型，对篮球胜负进行预测，如代码5-11所示。

【代码5-11】决策树进行篮球胜负预测。

```
import pandas as pd
basketball=pd.read_csv('../data/ basketball.csv')
basketball_data=basketball.iloc[1:,: -1]
basketball_target=basketball.iloc[1:,-1]
#划分训练集和测试集
from sklearn.model_selection import train_test_split
b_data_train,b_data_test,\
b_target_train,b_target_test=\
    train_test_split(basketball_data,basketball_target,test_size=0.2,
```

```
random_state=6)
#训练决策树模型
from sklearn.tree import DecisionTreeClassifier
dt_model=DecisionTreeClassifier(criterion='entropy')
dt_model.fit(b_data_train,b_target_train)
#预测测试集结果
test_pre=dt_model.predict(b_data_test)
from sklearn.metrics import accuracy_score,confusion_matrix
print("预测结果准确率为: \n ",accuracy_score(b_target_test,test_pre))
print("预测结果混淆矩阵为: \n",confusion_matrix(b_target_test,test_pre))
```

代码运行结果：

预测结果准确率为：
0.9771863117870723
预测结果混淆矩阵为：
[[157   6]
 [0 100]]

由运行结果可知，预测准确率达到了97%，说明决策树模型性能良好。

决策树模型的优点是易于理解和解释，同时可以处理非线性关系。它还可以处理多分类问题和连续性特征的数据。此外，决策树还可以在训练集上进行有效的特征选择，剔除掉冗余的特征，提高模型的泛化能力。

然而，决策树模型也存在一些缺点：容易过拟合，特别是当树的深度很大或训练样本数量不足时；决策树模型对数据中的噪声和异常值比较敏感；决策树模型生成的树可能很复杂，难以解释和可视化。

在实际应用中，为了克服决策树模型的缺点，通常会采用剪枝策略、集成学习、随机森林等技术进行改进和优化，从而提高决策树模型的性能和鲁棒性。

任务实施

构建决策树模型：

一、导入开发库

使用import和from导入train_test_split、DecisionTreeClassifier、accuracy_score、recall_score、confusion_matrix等开发类库，如代码5-12所示。

【代码5-12】导入开发库。

```
from sklearn.model_selection import train_test_split
from sklearn.tree import DecisionTreeClassifier
from sklearn.metrics import accuracy_score,recall_score,confusion_matrix
```

在代码5-12中，train_test_split类可用于数据集拆分，DecisionTreeClassifier类可用于构建决策树模型，accuracy_score类可用于计算准确率，recall_score可用于计算召回率，confusion_matrix可用于计算混淆矩阵。

二、拆分训练集和测试集

对任务三处理后的玻璃成分数据构建决策树模型进行类别识别，将数据集拆分为训练集和测试集，使用训练集对模型进行训练，使用测试集对构建的模型进行测试，其中测试集占整个数据集的20%。使用train_test_split类拆分为训练集和测试集，如代码5-13所示。

【代码5-13】拆分训练集和测试集。

```
#划分训练集和测试集
glass_data_train,glass_data_test,\
glass_target_train,glass_target_test=\
train_test_split(glass_train_Pca,glass_target,test_size=0.2,random_state=6)
```

在代码5-13中，使用train_test_split类进行数据集拆分，test_size参数用于设置测试集占整个数据集的比例，此处设置占比为20%。glass_data_train和glass_target_train为训练集，glass_data_test和glass_target_test为测试集。

三、构建决策树模型

使用sklearn库的DecisionTreeClassifier类构建决策树模型，设置决策树衡量标准为gini，随机数种子为6，并使用训练集对模型进行训练，如代码5-14所示。

【代码5-14】构建决策树模型。

```
#训练决策树模型
dt_model=DecisionTreeClassifier(criterion='gini',random_state=6)
dt_model.fit(glass_data_train,glass_target_train)
```

四、评估决策树模型

对模型优度进行检测，使用predict()函数对训练集进行预测，并利用accuracy_score、recall_score、confusion_matrix函数计算模型的准确率、召回率、混淆矩阵，如代码5-15所示。

【代码5-15】计算模型的准确率、召回率、混淆矩阵。

```
#预测测试集结果
test_pre=dt_model.predict(glass_data_test)
#模型评估
print("预测结果准确率为:\n",accuracy_score(glass_target_test,test_pre))
print("预测结果召回率为:\n",recall_score(glass_target_test,test_pre,
average='macro'))
print("预测结果混淆矩阵为: \n",confusion_matrix(glass_target_test,test_pre))
```

代码运行结果：

```
预测结果准确率为：
 0.5714285714285714
预测结果召回率为：
 0.6180555555555555
预测结果混淆矩阵为：
[[ 3   0   1]
 [ 0  10   5]
 [ 0   9   7]]
```

由运行结果可知，模型的预测准确率约为57%，召回率约为62%，模型效果较差需要进行改进。通过混淆矩阵可以发现，主要是在二类玻璃与三类玻璃之间存在误分类。

任务实训

实训二　构建印刷品圆筒成分识别模型

一、训练要点

掌握构建决策树模型的方法。

二、需求说明

工业自动化是现代工业发展的方向，通过分类预测使得机器能够自动添加所需原料，能够大幅提升生产的效率并节约生产成本。本实训将基于实训一处理后的数据，构建决策树模型，实现溶剂类型的类别识别。

三、实现思路及步骤

（1）划分训练集和测试集。
（2）使用sklearn库构建决策树模型。
（3）使用sklearn库进行模型评估。

任务三　评估与优化加工厂玻璃类别识别模型

任务描述

玻璃类别识别模型建立起来之后，我们还需要发扬精益求精的工匠精神，对模型进行评估，如果模型的性能较差，可以考虑对模型进行调优。任务要求：（1）了解常见的评估方法；（2）了解随机森林的基本概念；（3）利用sklearn库对模型进行评估；（4）利用sklearn库构造随机森林模型。

相关知识

一、K 折交叉验证与 GridSearch 网络搜索

1. K 折交叉验证

K折交叉验证（K-fold cross-validation）是一种常用的机器学习模型评估方法。在K折交叉验证中，将数据集划分为K个互不重叠的子集，每次用其中一个子集作为验证集，剩下的K-1个子集作为训练集。通过训练模型，计算模型在验证集上的性能指标。这个过程重复K次，每个子集都会作为一次验证集，最终将K次验证的结果取平均值作为最终的性能指标。通过K折交叉验证取平均值作为最终性能指标，体现数据的平等性，正如平等是人的最基本权利，是人类社会的理想价值追求，数据也是需要平等对待的，数据无大小，每一个都有其地位和作用。

K折交叉验证的优点在于可以更好地评估模型的泛化性能，因为每个子集都会被用作一次验证集，这样可以使得模型在不同数据集上的性能表现更加稳定。同时，K折交叉验证也可以更充分地利用数据集，因为每个样本都可以用作一次验证集。

以10折交叉验证为例，基本步骤如图5-5所示。

（1）将数据集D划分为K个大小相似的互斥子集，记为D_1，D_2，…，D_{10}。

（2）进行10次模型训练和测试。对于第i次训练，将D_i作为验证集，其他9个子集作为训练集，得到测试结果P_i（i=1，2，…，10）。

（3）重复10次训练和测试，得到10个测试结果P_1，P_2，…，P_{10}。

（4）计算平均测试结果，如准确率、召回率等。

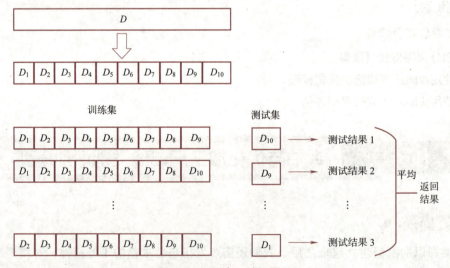

图5-5 K折交叉验证图示

使用sklearn库中的cross_val_score()函数执行交叉验证并计算模型评分。其基本使用格式如下：

```
sklearn.model_selection.cross_val_score(estimator,X,y=None,*,groups=None,
scoring=None,cv=None,n_jobs=None,verbose=0,fit_params=None,pre_dispatch=
```

```
'2*n_jobs',error_score=nan)
```

cross_val_score()函数的参数及说明见表5-14。

表5-14 cross_val_score() 函数的参数及说明

参 数	说 明
estimator	接收任何可调用的Python对象，表示需要评估的模型对象，无默认值
X	接收(n_samples,n_features)样式的数组，表示特征矩阵，无默认值
y	接收(n_samples,)或(n_samples,n_outputs)样式的数组，表示目标变量，默认为None
scoring	接收str或任何可调用的Python对象，表示模型评估指标。默认为None，使用模型的默认评估指标
cv	接收int、交叉验证生成器或可迭代器，表示交叉验证的次数或者指定使用交叉验证生成器或可迭代器，控制数据如何分割。默认为None，使用5折交叉验证

使用cross_val_score()函数对表5-13中的数据进行K折交叉验证，并求ROC曲线下的面积，如代码5-16所示。

【代码5-16】K折交叉验证。

```
import pandas as pd
basketball=pd.read_csv('../data/ basketball.csv')
basketball_data=basketball.iloc[1:,: -1]
basketball_target=basketball.iloc[1:,-1]
#划分训练集和测试集
from sklearn.model_selection import train_test_split
b_data_train,b_data_test,\
b_target_train,b_target_test=\
    train_test_split(basketball_data,basketball_target,test_size=0.2,
                     random_state=6)
#训练决策树模型
from sklearn.tree import DecisionTreeClassifier
from sklearn.model_selection import cross_val_score
from sklearn.metrics import roc_curve
#拟合决策树模型
dt=DecisionTreeClassifier(random_state=4).fit(b_data_train,b_target_train)
test_target_pre=dt.predict(b_data_test)
#输出模型的平均ROC曲线下的面积
scores=cross_val_score(dt,basketball_data,basketball_target,cv=10,
                       scoring='roc_auc')
print('ROC曲线下面积：\n',scores)
print('ROC曲线下面积的平均值.\n',scores.mean())
```

代码运行结果：

```
ROC曲线下面积：
```

```
[0.99074074    0.98415578 0.99358974 1.           1.           0.99350649
 1.            0.95923521 0.99350649 1.           ]
ROC曲线下面积的平均值：
0.9914734461904274
```

由运行结果可知，模型ROC曲线下面积为0.99，接近于1。说明模型分类效果优异。

2. GridSearch 网络搜索

GridSearch网络搜索是一种参数调优的手段，使用sklearn库中的GridSearchCV类可以进行网络搜索。其基本使用格式如下：

```
class sklearn.model_selection.GridSearchCV(estimator,param_grid,*,scoring=
None,n_jobs=None,iid='deprecated',refit=True,cv=None,verbose=0,pre_dispatch
='2*n_jobs',error_score=nan,return_train_score=False)
```

GridSearchCV类常用的参数及说明见表5-15。

表5-15 GridSearchCV 类常用的参数及说明

参数	说明
estimator	接收sklearn模型对象，表示需要调优的模型对象，无默认值
param_grid	接收字典，表示待调优的超参数组合，字典的键是超参数的名称，字典的值是待搜索的超参数列表，无默认值
scoring	接收str或一个Python可调用对象。如果是字符串，则表示使用预定义的评估指标，例如accuracy、precision、recall等；如果是可调用对象，则表示自定义的评估指标，默认值为None
cv	接收整数、交叉验证生成器或可迭代器，表示交叉验证的次数或者指定使用交叉验证生成器或可迭代器，控制数据如何分割。默认为None，使用5折交叉验证
refit	接收bool，表示是否在搜索结束后用最佳的参数重新拟合整个数据集，默认值为True

使用GridSearchCV类对表5-13中的数据进行网络搜索，如代码5-17所示。

【代码5-17】模型参数调优。

```
#网络搜索参数调优
from sklearn.model_selection import GridSearchCV
param_grid={'criterion': ['gini','entropy'],'max_depth':
            [10,20,30,50],'min_samples_leaf': [1,2,3,5]}
#使用10折交叉验证，对param_grid中的参数进行调优
grid_search=GridSearchCV(dt,param_grid,refit=True,cv=10).
            fit(basketball_data,basketball_target)
print("模型的最佳参数为：\n",grid_search.best_params_)
```

代码运行结果：

```
模型的最佳参数为：
 {'criterion': 'entropy','max_depth': 20,'min_samples_leaf': 1}
```

由运行结果可知，模型树最大深度的最优参数为20，节点最小样本数的最优参数为1。使用得到

的最优参数，建立新的决策树模型，如代码5-18所示。

【代码5-18】参数调优后的决策树。

```
dt_new=DecisionTreeClassifier(criterion=' entropy',max_depth=20,
                              min_samples_leaf=1,random_state=8)\
    .fit(b_data_train,b_target_train)
test_new=dt_new.predict(b_data_test)
#输出模型的平均ROC曲线下的面积
scores=cross_val_score(dt_new,basketball_data,basketball_target,cv=10,
                       scoring='roc_auc')
print('ROC曲线下面积: \n',scores)
print('ROC曲线下面积的平均值.\n',scores.mean())
```

代码运行结果：

```
ROC曲线下面积:
 [0.99358974    1.          0.99358974    0.99056604    1.          1.
  0.99350649    0.97222222  0.98051948    1.                      ]
ROC曲线下面积的平均值:
0.9923993721163533
```

由运行结果可知，因为原决策树模型的准确率已经很高，模型调优的效果并不明显。但仍然可以看出，使用得到的最优参数调优之后的模型ROC曲线下面积有所提升，模型效果更好。

二、随机森林

单棵决策树虽然也能学习复杂的函数，但容易出现过拟合的问题。研究人员自然就想到是否能创建多棵决策树，让每棵树都参与模型的预测，最后按照"少数服从多数"的原则，选出总体的预测结果。这就是随机森林算法的雏形。

随机森林（random forest）是一种基于决策树的集成学习算法。它将多个决策树进行集成，通过多数投票的方式对样本进行分类或回归预测，如图5-6所示。

具体来说，随机森林的分类模型包含以下两个步骤：

（1）模型训练：对于给定的数据集，运用Bootstrap自主抽样法，有放回地抽取样本和特征，构建多个新的数据集。对新的数据集进行决策树的生成，如选择最优的特征或属性、分裂节点、生成子节点等。Bootstrap自主抽样法是一种用于估计统计量抽样分布的统计方法。它的基本思想是通过对样本数据的有放回地抽取来模拟总体分布，并利用这些样本数据的统计量来估计总体分布中的统计量。

（2）决策分类：通过多次随机抽取样本集和构建决策树，随机森林可以产生多个不同的决策树。随机森林采用多数投票的方式，将每棵决策树的分类结果进行统计和汇总，最终确定样本的分类结果。

视频

随机森林

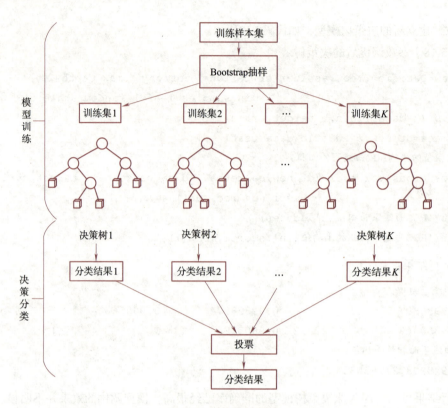

图 5-6 随机森林算法

使用sklearn库中的RandomForestClassifier类可以建立随机森林模型。其基本使用格式如下：

```
class sklearn.ensemble.RandomForestClassifier(n_estimators=10,criterion=
'gini',max_depth=None,min_samples_split=2,min_samples_leaf=1,max_features=
'auto',n_jobs=1,random_state=None,class_weight=None)
```

RandomForestClassifier类常用的参数及说明见表5-16。

表 5-16 RandomForestClassifier 类常用的参数及说明

参 数	说 明
n_estimators	接收int，表示决策树的数量，默认为10
criterion	接收str，表示衡量拆分质量的度量标准，默认为gini
max_depth	接收int，表示树的最大深度。默认为None，表示不限制树的深度
min_samples_split	接收int或float，表示拆分一个内部节点所需的最小样本数，默认为2
min_samples_leaf	接收int或float，表示叶节点上所需的最小样本数，默认为1
max_features	接收int或str，表示每个决策树分裂时使用的最大特征数，默认为auto，表示所有特征
n_jobs	接收int，并行运算时使用的CPU核心数量。默认为1，表示使用所有核心
random_state	接收int，表示随机数生成器的种子，控制伪随机数的生成。默认为None
class_weight	接收字典或str，表示样本权重的设置，默认为None，表示所有样本权重相等

使用RandomForestClassifier类构建决策树模型，对表5-13中的数据进行预测，如代码5-19所示。

【代码5-19】随机森林进行篮球胜负预测。

```python
from sklearn.ensemble import RandomForestClassifier
model_rf=RandomForestClassifier(oob_score=True)   #确定随机森林参数
model_rf.fit(b_data_train,b_target_train)   #拟合数据
#预测测试集结果
testtarget_pre=model_rf.predict(b_data_test)
#求出预测结果的准确率和混淆矩阵
from sklearn.metrics import accuracy_score,confusion_matrix
print("预测结果准确率为：\n",accuracy_score(b_target_test,testtarget_pre))
print("预测结果混淆矩阵为：\n",confusion_matrix(b_target_test,testtarget_pre))
```

代码运行结果：

```
预测结果准确率为：
 0.9923954372623575
预测结果混淆矩阵为：
 [[161    2]
 [  0  100]]
```

由运行结果可知，随机森林的预测准确率达到了99%，性能优于决策树模型。

随机森林的优点如在决策树中所述，可以防止过拟合问题，提高模型的泛化能力。

随机森林的缺点在于解释性不如单棵决策树，对于某些特定问题可能表现不佳。同时，由于随机森林需要构建多棵决策树，因此，其模型的训练时间和内存开销较大。

在实际应用中，随机森林通常用于分类和回归问题，如金融信用评分、医学诊断、自然语言处理等领域。

任务实施

一、使用 GridSearch 网络搜索进行模型调优

1. 导入开发库

使用import和from导入GridSearchCV、DecisionTreeClassifier、RandomForestClassifier、accuracy_score、recall_score、confusion_matrix等开发类库，如代码5-20所示。

【代码5-20】导入开发类库。

```python
from sklearn.model_selection import GridSearchCV
from sklearn.metrics import accuracy_score,recall_score,confusion_matrix
from sklearn.tree import DecisionTreeClassifier
from sklearn.ensemble import RandomForestClassifier
```

在代码5-20中，GridSearchCV类可用于实现GridSearch网络搜索，DecisionTreeClassifier

视 频

评估与优化
加工厂玻璃
类别识别
模型

类可用于构建决策树模型，RandomForestClassifier类可用于构建随机森林模型，accuracy_score类可用于计算准确率，recall_score可用于计算召回率，confusion_matrix可用于计算混淆矩阵。

2. GridSearch 网络搜索求最佳参数

由于模型的效果一般，需要进行模型调优。模型调优的目的在于，选取一组最佳的模型参数。使用GridSearch网络搜索进行模型调优，使用10折交叉验证，如代码5-21所示。

【代码5-21】GridSearch网络搜索。

```
#参数调优
param_grid={'max_depth':[4,5,6,7],'min_samples_leaf':[12,13,14,15]}
#使用10折交叉验证，对param_grid中的参数进行调优
# refit=true表示使用交叉验证，cv=10表示使用10折交叉验证
grid_search=GridSearchCV(dt_model,param_grid,refit=True,cv=10).
                        fit(glass_data,glass_target)
print("模型的最佳参数为：\n",grid_search.best_params_)
```

代码运行结果：

```
模型的最佳参数为：
  {'max_depth': 5,'min_samples_leaf': 14}
```

由运行结果可知，通过GridSearch网络搜索，决策树最大深度为5，叶子节点最小样本数为14，是模型的最佳参数。

3. 构建决策树模型

使用得到的最佳参数，重新使用DecisionTreeClassifier类建立决策树模型，设置决策树的衡量标准为entropy，决策树最大深度为5，叶子节点最小样本数为14，随机数种子为6，并用predict()函数对训练集进行预测，如代码5-22所示。

【代码5-22】重新建立决策树模型。

```
dt1=DecisionTreeClassifier(criterion='entropy',max_depth=5,
                    min_samples_leaf=14,random_state=6)
dt1.fit(glass_data_train,glass_target_train)
test_pre1=dt1.predict(glass_data_test)
```

4. 评估优化后的决策树模型

对模型优度进行检测，利用accuracy_score()、recall_score()、confusion_matrix()函数计算模型的准确率、召回率、混淆矩阵，如代码5-23所示。

【代码5-23】评估模型。

```
#模型评估
print("预测结果准确率为:\n",accuracy_score(glass_target_test,test_pre1))
print("预测结果召回率为:\n",recall_score(glass_target_test,
      test_pre1,average='macro'))
```

```
print("预测结果混淆矩阵为:\n",confusion_matrix(glass_target_test,test_pre1))
```

代码运行结果:

```
预测结果准确率为:
 0.7142857142857143
预测结果召回率为:
 0.7236111111111111
预测结果混淆矩阵为:
 [[ 3  1  0]
  [ 0 11  4]
  [ 0  5 11]]
```

由运行结果可知,与任务二中任务实施的第四步。评价指标进行比较,可以发现使用经过模型调优得到的最佳参数建立的决策树模型,在准确率、召回率和混淆矩阵方面,都优于原先的模型。

二、构建随机森林模型

1. 构建随机森林模型

随机森林模型能够降低过拟合的风险,模型效果一般优于未调优的决策树模型。使用RandomForestClassifier类构建随机森林模型,设置拆分的决策标准为entropy,随机数种子为6,并用predict()函数对训练集进行预测,如代码5-24所示。

【代码5-24】构建随机森林模型。

```
model_rf=RandomForestClassifier(criterion='entropy',random_state=6)
        #确定随机森林参数
model_rf.fit(glass_data_train,glass_target_train)   #拟合数据
        #预测测试集结果
test_pre=model_rf.predict(glass_data_test)
```

2. 评估随机森林模型

对模型优度进行评估,利用accuracy_score()、recall_score()、confusion_matrix()函数计算模型的准确率、召回率、混淆矩阵,如代码5-25所示。

【代码5-25】随机森林模型评估。

```
#求出预测结果的准确率和混淆矩阵
print("预测结果准确率为:\n",accuracy_score(glass_target_test,test_pre))
print("预测结果召回率为:\n",recall_score(glass_target_test,
test_pre,average='macro'))
print("预测结果混淆矩阵为:\n",confusion_matrix(glass_target_test,test_pre))
```

代码运行结果:

预测结果准确率为:

```
    0.7428571428571429
预测结果召回率为:
    0.7458333333333332
预测结果混淆矩阵为:
    [[ 3    1    0]
     [ 0   12    3]
     [ 0    5   11]]
```

由运行结果可知,随机森林模型的准确率、召回率都约为74%,优于经过调优的决策树模型。

3. 求随机森林模型的最佳参数

使用GridSearch网络搜索求随机森林模型最佳参数,使用5折交叉验证,如代码5-26所示。

【代码5-26】模型调优求最佳参数。

```
#定义参数字典列表
param_grid_list=[
    {'n_estimators': range(220,226,2)},
    {'min_samples_split': [4,5,6,7,8,9]},
    {'max_depth': range(9,19)},
    {'random_state': range(8,20,2)}
]
#遍历每个参数字典并调优
for param_grid in param_grid_list:
    #使用5折交叉验证,对param_grid中的参数进行调优
    grid_search=GridSearchCV(model_rf,param_grid,refit=True,cv=5).\
                fit(glass_data,glass_target)
    print("模型的最佳参数为: \n",grid_search.best_params_)
```

代码运行结果:

```
模型的最佳参数为:
  {'n_estimators': 220}
模型的最佳参数为:
  {'min_samples_split': 6}
模型的最佳参数为:
  {'max_depth': 10}
模型的最佳参数为:
  {'random_state': 8}
```

由代码5-26的运行结果可知,决策树数量的最优参数为220,拆分一个内部节点所需的最小样本数的最优参数为6,树的最大深度的最优参数为10,随机数种子的最优参数为8。

4. 训练优化后的随机森林模型

基于代码5-27得到的最佳参数，重新使用RandomForestClassifier类建立随机森立模型，设置拆分的决策标准为gini，决策树数量为220，树的最大深度为10，拆分一个内部节点所需的最小样本数为6，并用predict()函数对训练集进行预测。

【代码5-27】随机森林模型评估。

```
dt1=RandomForestClassifier(criterion='gini',n_estimators=220,
    max_depth=10,min_samples_split=6,random_state=8)
dt1.fit(glass_data_train,glass_target_train)
test_pre_new=dt1.predict(glass_data_test)
```

5. 评估优化后的随机森林模型

对模型优度进行评估，利用accuracy_score()、recall_score()、confusion_matrix()函数计算模型的准确率、召回率、混淆矩阵，如代码5-28所示。

【代码5-28】评估优化后的随机森林模型。

```
print("预测结果准确率为：\n",accuracy_score(glass_target_test,test_pre_new))
print("预测结果召回率为:\n",recall_score(glass_target_test,
    test_pre_new,average='macro'))
print("预测结果混淆矩阵为：\n",confusion_matrix(glass_target_test,
    test_pre_new))
```

代码运行结果：

预测结果准确率为：
 0.7714285714285715
预测结果召回率为：
 0.7666666666666666
预测结果混淆矩阵为：
 [[3   0   1]
 [0   12   3]
 [0   4   12]]

由运行结果可知，随机森林模型相较于原先的决策树模型在准确率、召回率和混淆矩阵方面都有了较大提升。而经过模型调优之后，预测结果更加优异，效果要好于模型调优之后的决策树模型。

任务实训

实训三　优化印刷品圆筒成分识别模型

一、训练要点

（1）掌握GridSearch网格搜索的方法。
（2）掌握构建随机森林模型的方法。

二、需求说明

现代工业中对分类的准确性要求很高,通过提高分类模型的效果,可以减少生成的误差,提高生成、产品的质量。本实训将通过参数调优、模型优化等方法,对构建的印刷品圆筒成分识别模型进一步优化,从而进一步提高溶剂类型的类别识别效果。

三、实现思路及步骤

(1) 使用sklearn库中的GridSearchCV类进行GridSearch网络搜索。
(2) 使用最优参数,重新构建决策树模型,从而实现模型优化。
(3) 对优化后的决策树模型进行评估。
(4) 使用sklearn库中的RandomForestClassifier类构建森林树模型。
(5) 使用sklearn库进行模型评估。

项目总结

针对加工厂玻璃类别识别应用项目,引入分类模型解决项目问题,介绍了用于分类的决策树模型和随机森林模型。在建模过程中,数据预处理是提高模型性能的重要组成部分,包括数据标准化、数据降维等步骤。本项目从数据标准化和数据降维入手,介绍了多种标准化和降维的方法。为了把项目做得更好,我们在项目建模过程中充分考虑参数调优,学习K折交叉验证、GridSearch等模型参数调优方法。通过完成玻璃类型识别项目,培养读者将数据标准化、数据降维、建立决策树和随机森林模型等知识和技术在实际项目的应用能力。

课后作业

一、选择题

1. 在数据分析中,需要进行数据标准化的原因是(   )。

   A. 使数据分布更加均匀,方便分析

   B. 可以减少数据的噪声和异常值

   C. 将所有特征的取值范围统一,消除尺度影响

   D. 可以减小数据量,提高计算效率

2. PCA可以用来进行数据降维,它的基本思想是(   )。

   A. 将原始数据投影到一组新的正交特征向量上

   B. 将原始数据转化为多项式表达式

   C. 将原始数据随机打乱顺序

   D. 将原始数据进行归一化处理

3. LDA主要用于解决(   )问题。

   A. 降低数据的维度   B. 分类

C. 聚类　　　　　　　　　　　　　　D. 数据可视化

4. 决策树算法的主要优点是（　　）。

　　A. 可以处理非线性关系　　　　　　　B. 可以处理大量特征

　　C. 不容易过拟合　　　　　　　　　　D. 可以处理非数值型特征

5. 以下不是决策树生成过程的是（　　）。

　　A. 特征选择　　　　　　　　　　　　B. 递归生成子树

　　C. 生成树　　　　　　　　　　　　　D. Bootstrap自主抽样

6. K折交叉验证可以用来（　　）。

　　A. 评估模型的性能　　　　　　　　　B. 选择特征

　　C. 进行数据清洗　　　　　　　　　　D. 模型训练的加速

7. 随机森林算法中，以下（　　）不属于模型训练过程。

　　A. 运用Bootstrap自主抽样法抽取样本　B. 运用Bootstrap自主抽样法抽取特征

　　C. 计算特征重要性　　　　　　　　　D. 使用决策树分类器

二、操作题

农产品自动化在现代农业中具有重要的现实意义，可以通过使用自动化设备和技术，减少人力投入和劳动强度，提高农业生产的效率。某农业公司想要机器智能地挑选好的西瓜和坏的西瓜，需要根据西瓜的色泽、根蒂、敲击、纹理、脐部和触感来判断西瓜是否为好瓜。部分西瓜的数据见表5-17。

表5-17　西瓜数据集

序号	色泽	根蒂	敲击	纹理	脐部	触感	是否
0	1	1	1	1	1	1	1
1	2	1	2	1	1	1	1
2	2	1	1	1	1	1	1
3	1	1	2	1	1	1	1
4	3	1	1	1	1	1	1

根据西瓜的不同特征，预测西瓜的好坏。具体步骤如下：

（1）读取西瓜数据集melon.csv。

（2）对数据进行标准化处理和降维。

（3）划分训练集和测试集。

（4）构建决策树模型，并评估模型。

（5）构建随机森林模型，并评估模型。

（6）使用GridSearch网络搜索查找随机森林模型最优参数。

（7）使用最优参数重新训练随机森林模型，并评估模型。

项目六 运输车辆安全驾驶行为分析——朴素贝叶斯、K 近邻

中华人民共和国成立以来,我国交通运输取得了历史性的成就,随着交通强国建设的持续推进,车联网、自动驾驶和智慧交通等新技术层出不穷,融合发展,越来越多的新技术融入交通运输行业。车联网在车载导航、车路协同的技术系统基础上发展起来,把车和车、车和行人、骑车人以及车和交通指挥中心连接在一起,在运输行业中可以借助车联网采集驾驶行为、车辆状态等海量有价值的车辆交通数据,实现对运输车辆进行安全、效率等多维度的监管。

在运输车辆安全驾驶行为分析项目中,利用机器学习技术,可以准确、高效地对驾驶员的安全驾驶行为进行评价,实现对车辆的实时监管,对提高道路运输过程的安全管理水平和运输效率有着重要意义。本项目技术开发思维导图如图6-1所示。

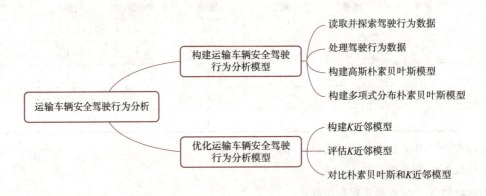

图 6-1 运输车辆安全驾驶行为分析网项目技术开发思维导图

学习目标

1. 知识目标

(1)了解朴素贝叶斯模型的原理。

(2)了解K近邻模型的原理。

2. 技能目标

（1）能够使用Python的pandas库读取和预处理数据。
（2）能够使用sklearn库构建多项式分布朴素贝叶斯模型。
（3）能够使用sklearn库构建高斯朴素贝叶斯模型。
（4）能够使用sklearn库构建K近邻模型。

3. 素质目标

（1）培养学生对驾驶行为的安全意识和责任感。
（2）提高学生对驾驶行为的科学分析和评价能力。
（3）培养学生的创新思维和探索精神。

任务一　构建运输车辆安全驾驶行为分析模型

任务描述

对于运输企业来说，安全意识和责任感的重要性不言而喻。首先，安全意识和责任感可以帮助企业更好地管理和监控运输车辆的安全性能。通过提高员工对于安全意识和责任感的认识，企业可以更好地预防和避免事故的发生，从而保障员工的生命财产安全，提高公共安全治理水平。其次，安全意识和责任感也是企业长期发展和稳定运营的必要因素。只有在员工具备了足够的安全意识和责任感的情况下，企业才能够更好地应对各种风险和挑战，从而实现长期稳定的发展。

为了帮助企业更好地管理和监控运输车辆的安全性能，并且提高员工对于安全意识和责任感的认识，完善公共安全体系，推动公共安全治理模式向事前预防转型，本任务将通过构建运输车辆安全驾驶行为分析模型，探索、分析各车辆的驾驶行为。

任务要求：（1）读取并探索驾驶行为数据；（2）处理驾驶行为数据；（3）使用sklearn库构建朴素贝叶斯模型；（4）利用Matplotlib库对预测结果进行可视化展示；（5）使用准确率、精确率、召回率、F1得分评估朴素贝叶斯模型。

相关知识

朴素贝叶斯是分类器中最常用的一种生成式模型，其基于贝叶斯定理将联合概率转化为条件概率，利用特征条件及独立假设简化条件的概率进行计算。朴素贝叶斯的目标是通过训练集学习联合概率分布，由贝叶斯定理可以将联合概率转化为先验概率分布和条件概率分布之积。其中，类别的先验概率分布可以通过统计每个类别下的样本多少（极大似然）来估计。此外，该条件概率分布的参数数量是呈指数级的。当数量达到十万量级时，参数估计实际上是不可行的。为此，朴素贝叶斯法"朴素"地假设所有特征是条件独立的。

朴素贝叶斯算法的流程如下：

（1）计算先验概率，如果已经给出先验概率，则利用给出的先验概率。

（2）分别计算第 k 个类别的第维特征的第 i 个取值的条件概率。

（3）按照分类维度计算：分类概率×每个特征概率。

（4）确定待分类项所属的类别。

在Python中，朴素贝叶斯分类可以利用高斯朴素贝叶斯和多项式分布朴素贝叶斯模型实现。

一、高斯朴素贝叶斯

高斯朴素贝叶斯主要处理连续型变量的数据，它的模型是假设每一个维度都符合高斯分布。使用sklearn库中naive_bayes模块的GaussianNB类可以构建高斯朴素贝叶斯模型。其语法格式如下：

```
sklearn.naive_bayes.GaussianNB(priors=None)
```

GaussianNB类常用的参数及说明见表6-1。

表 6-1　GaussianNB 类常用的参数及说明

参　　数	说　　明
priors	接收array。表示先验概率大小，若没有给定，则模型根据样本数据计算（利用极大似然法）。默认为None

为了响应共同富裕的主题，以帮助当地居民提高收入水平，某地基层组织决定进行人口普查，以便更好地了解当地居民的收入情况。现有某地的人口普查收入数据，数据描述见表6-2。

表 6-2　数据描述

特　　征	说　　明
性别	当地居民性别，取值为0、1。其中，0代表女性，1代表男性
年龄	当地居民年龄，取值为其自身年龄
婚姻情况	当地居民婚姻情况，取值为0~3。其中，0代表已婚，1代表离异，2代表未婚，3代表丧偶
家庭角色	当地居民在家庭中所扮演的角色，取值为0~5。其中，0代表妻子，1代表丈夫，2代表未婚，3代表离家，4代表孩子，5代表其他关系
受教育程度	当地居民所接受的教育程度，取值为0~8。其中，0代表初中，1代表中专，2代表高中，3代表职业学校，4代表大专，5代表大学未毕业，6代表学士，7代表硕士，8代表博士
工作类型	当地居民的工作类型，取值为0~5。其中，0代表私人，1代表自由职业非公司，2代表自由职业公司，3代表政府，4代表无薪，5代表无工作经验
职业	当地居民的职业，取值为0~13。其中，0代表技术支持，1代表手工艺维修，2代表销售，3代表执行主管，4代表专业技术，5代表劳工保洁，6代表机械操作，7代表管理文书，8代表农业捕捞，9代表运输，10代表家政服务，11代表保安，12代表军人，13代表其他职业
每周工作时长/h	当地居民的每周工作时长，取值为其每周工作的小时数
收入等级	当地居民所属收入等级类别，取值为0、1。其中，0代表每年收入小于等于5万元，1代表每年收入大于5万元

使用GaussianNB类构建高斯朴素贝叶斯模型,对某地的人口普查收入数据进行预测,如代码6-1所示。

【代码6-1】对人口普查收入数据集使用高斯朴素贝叶斯模型。

```
#导入库
import pandas as pd
import numpy as np
from sklearn.model_selection import train_test_split
from sklearn.naive_bayes import GaussianNB
 #读取csv文件
data=pd.read_csv('../data/人口普查收入.csv',encoding='gbk')
#把特征集和标签集分开
X=data[["性别","年龄","婚姻状况","家庭角色","受教育程度","工作类型","
        职业","每周工作时长/h"]]
y=data["收入等级"]
#划分训练集和测试集
X_train,X_test,y_train,y_test=train_test_split(X,y,test_size=0.2,
        random_state=42)
#创建高斯朴素贝叶斯分类器
gnb=GaussianNB()
#训练模型
gnb.fit(X_train,y_train)
#预测测试集的标签
y_pred=gnb.predict(X_test)
#输出真实数据和预测数据的前十条记录
print("真实数据: ",y_test[:10])
print("预测数据: ",y_pred[:10])
```

代码运行结果:

```
真实数据: [1 0 1 0 0 1 0 0 0 0]
预测数据: [0 1 0 1 0 0 0 0 0 0]
```

二、多项式分布朴素贝叶斯

多项式分布朴素贝叶斯主要用于离散特征分类。使用sklearn库中naive_bayes模块的MultinomialNB类可以实现多项式分布朴素贝叶斯分类。其语法格式如下:

```
sklearn.naive_bayes.MultinomialNB(alpha=1.0,fit_prior=True,class_prior=None)
```

MultinomialNB类常用的参数及说明见表6-3。

表6-3 MultinomialNB类常用的参数及说明

参数	说明
alpha	接收float。表示添加拉普拉斯平滑参数，可选项，默认为1.0
fit_prior	接收bool。表示是否学习先验概率，可选项，默认为True
class_prior	接收float array。表示类先验概率，默认为None

使用MultinomialNB类构建多项式分布朴素贝叶斯模型，对某地的人口普查收入数据进行分类，如代码6-2所示。

【代码6-2】对人口普查收入数据集使用多项式分布朴素贝叶斯模型。

```
#导入库
from sklearn.naive_bayes import MultinomialNB
#创建多项式分布朴素贝叶斯分类器
clf=MultinomialNB()
#训练模型
clf.fit(X_train,y_train)
#预测测试集
y_pred=clf.predict(X_test)
#输出真实数据的前十条记录和预测数据的前十条记录
print("真实数据: ",y_test[:10])
print("预测数据: ",y_pred[:10])
```

代码运行结果：

真实数据: [0 0 1 1 0 1 0 0 0 0]
预测数据: [0 0 1 1 1 1 0 0 1 0]

任务实施

视频

构建运输车辆安全驾驶行为分析模型（读取与处理数据）

一、读取并探索驾驶行为数据

根据已知数据集，在尽量少的先验假定下进行数据探索，通过查看数据分布规律、数据之间相关性等有助于确定如何有效地处理数据，以便更轻松地找出异常值、数据间的关系等。

1. 查看驾驶行为数据

某运输企业采集到的448辆运输车驾驶行为数据存储于"车辆驾驶行为指标数据.csv"文件中，数据说明见表6-4。

表6-4 车辆驾驶行为指标数据说明

特征名称	说明
车辆编码	车牌的唯一编码，已脱敏
行驶里程/km	根据车辆设备编号的变化计算行驶里程，若设备号无变化，则当前阶段里程数=当前样本里程值－当前阶段里程起始值；若设备号变化，则将当前阶段里程数累加至总里程数中

续表

特征名称	说明
平均速度/km/h	根据传感器记录的速度计算平均速度，即求速度不为0时的速度均值
速度标准差	基于平均速度，计算每辆车的速度标准差
速度差值标准差	基于加速度，计算每辆车的速度差值标准差
急加速/次	按照行业经验预设，若车辆加速度大于急加速阈值（10.8 km/h），且前后间隔时间不超过2 s，则将其判定为急加速行为
急减速/次	按照行业经验预设，若车辆加速度小于急减速阈值（10.8 km/h），且前后间隔时间不超过2 s，则将其判定为急减速行为
疲劳驾驶/次	根据道路运输行业相关法规和规范，驾驶人在24 h内累计驾驶时间超过8 h；连续驾驶时间超过4 h，且每次停车休息时间少于20 min；夜间连续驾驶2 h的行为判定为疲劳驾驶行为
熄火滑行/次	假定车辆发动机的点火状态为关，且车辆经纬度发生了位移的情况称为熄火滑行状态
超长怠速/次	若车辆的发动机转速不为零且车速为零时，当持续的时间超过设置的阈值（60 s）后，可将其视为超长怠速行为
急加速频率	将急加速次数除以该车的行驶里程数，得到相应的次数率
急减速频率	将急减速次数除以该车的行驶里程数，得到相应的次数率
疲劳驾驶频率	将疲劳驾驶次数除以该车的行驶里程数，得到相应的次数率
熄火滑行频率	将熄火滑行次数除以该车的行驶里程数，得到相应的次数率
超长怠速频率	将超长怠速次数除以该车的行驶里程数，得到相应的次数率
驾驶行为	驾驶行为类型。其中0表示疲惫型，1表示激进型，2表示稳健型

2. 读取数据

使用pandas库中read_csv()函数读取车辆驾驶行为数据，并设置编码格式为GBK，如代码6-3所示。

【代码6-3】读取数据。

```
import pandas as pd
#读取数据
data=pd.read_csv('../data/车辆驾驶行为指标数据.csv',encoding='gbk')
```

3. 查看数据类型

使用info()方法查看驾驶行为指标数据的各特征的数据类型，如代码6-4所示。

【代码6-4】查看数据类型

```
print(data.info())    #查看数据类型
```

代码运行结果见表6-5。

表6-5　各特征的数据类型

特征名称	数据类型	特征名称	数据类型
车辆编码	object	熄火滑行/次	int64

续表

特征名称	数据类型	特征名称	数据类型
行驶里程/km	int64	超长怠速/次	int64
平均速度/km/h	float64	急加速频率	float64
速度标准差	float64	急减速频率	float64
速度差值标准差	float64	疲劳驾驶频率	float64
急加速/次	int64	熄火滑行频率	float64
急减速/次	int64	超长怠速频率	float64
疲劳驾驶/次	int64		

由表6-5可知,在驾驶行为数据中共有8个浮点类型的特征、6个整型类型的特征、1个字符类型的特征。

4. 描述性统计分析

使用describe()方法对驾驶行为指标数据进行描述性统计分析,如代码6-5所示。可以得到各个特征的基本情况,如总数、平均值、标准差、最小值、25%分位数、中位数、75%分位数、最大值等。

【代码6-5】查看相关统计量。

```
print(data.describe())    #查看数据的相关统计量,包括数量、平均值、最大值、最小值等
```

代码运行结果见表6-6(注:描述性统计结果保留一位小数)。

表6-6 描述性统计表

特征名称	样本总量	平均值	标准差	最小值	25%分位数	中位数	75%分位数	最大值
行驶里程/km	448	2 503.9	4 230.6	-1 408	851.5	1 571.0	2 736.8	65 282.0
平均速度/(km/h)	448	48.9	12.2	15.2	40.3	47.4	56.8	86.1
速度标准差	448	19.0	5.3	6.4	15.1	17.4	23.7	29.9
速度差值标准差	448	2.2	1.0	0.4	1.85	2.1	2.3	19.9
急加速/次	448	31.0	507.6	0.0	1.0	3.0	6.0	10 683.0
急减速/次	448	35.8	508.3	0.0	3.0	6.5	12.0	10 700.0
疲劳驾驶/次	448	5.5	3.4	0.0	3.0	5.0	7.0	20.0
熄火滑行/次	448	17.4	20.0	0.0	5.0	13.0	25.0	277.0
超长怠速/次	448	134.7	76.5	3.0	81.5	124.5	175.0	479.0
急加速频率	448	0.0	0.5	-0.0	0.0	0.0	0.0	11.0
急减速频率	448	0.0	0.5	-0.0	0.0	0.0	0.0	11.0
疲劳驾驶频率	448	0.0	0.0	-0.0	0.0	0.0	0.0	1.0
熄火滑行频率	448	0.0	0.1	-0.0	0.0	0.0	0.0	2.0
超长怠速频率	448	0.1	0.4	-0.0	0.0	0.0	0.0	7.2

根据表6-6可以对数据集进行以下分析：

（1）各特征的样本总量数均为448，说明数据中不存在缺少值。

（2）行驶里程（km）的平均值为2 503.9，中位数为1 571.0，标准差为4 230.6，最小值为-1 408，最大值为65 282.0。这说明行驶里程的数据分布非常不均匀，存在很大的波动和离散，以及异常值和离群点。可能的原因是有些驾驶员行驶的距离很长，有些驾驶员行驶的距离很短，或有些驾驶员的数据记录有误。

（3）平均速度（km/h）的平均值为48.9，中位数为47.4，标准差为12.2，最小值为15.2，最大值为86.1。这说明平均速度的数据分布比较均匀，波动和离散较小，没有明显的异常值和离群点。可能的原因是驾驶员都遵守了交通规则，没有超速或者低速行驶。

（4）速度标准差、速度差值标准差、急加速频率、急减速频率、疲劳驾驶频率、熄火滑行频率、超长怠速频率等指标都反映了驾驶员的驾驶习惯和安全性。这些指标的平均值和中位数都比较低，标准差也比较小，说明大部分驾驶员都有良好的驾驶习惯和安全意识。但是，也有少数驾驶员的这些指标比较高，说明他们可能存在一些不良的驾驶习惯或者安全隐患。

（5）急加速（次）、急减速（次）等指标都反映了驾驶员在行驶过程中遇到的突发情况或者紧急制动。这些指标的平均值和中位数都比较低，但是标准差和最大值都非常高，说明大部分驾驶员在行驶过程中很少遇到这些情况，但是也有少数驾驶员遇到了非常多的这些情况。可能的原因是有些驾驶员所处的路况比较复杂或拥堵，或者有些驾驶员对路况不熟悉或反应不及时。

综上所述，可以看出数据集中存在一些特征和规律，也存在一些异常和问题。根据这些信息，可以对驾驶员的驾驶行为进行分类。

5. 分布分析

使用hist()方法绘制每一个特征以及标签集的直方图，更直观地看到数据集的分布情况，如代码6-6所示。

【代码6-6】绘制直方图。

```python
import matplotlib.pyplot as plt
plt.rcParams['font.sans-serif']=['SimHei']   #设置字体为SimHei
plt.rcParams['axes.unicode_minus']=False
#绘制直方图
data.hist()
#调整子图间距
plt.tight_layout()
#显示图形
plt.show()
```

代码运行结果如图6-2所示。

由图6-2可知，可以看到每一个特征以及标签的分布情况。结合表6-6可知，数据中不存在缺失值，并且驾驶行为的量纲指标不统一，而为了后续分析方便，需要进行标准化处理。此外，疲劳驾驶、熄火滑行、超长怠速特征的分布极度不均衡，且行驶里程处于75%的分位数值与最大值的差距过大，数据可能存在异常值。

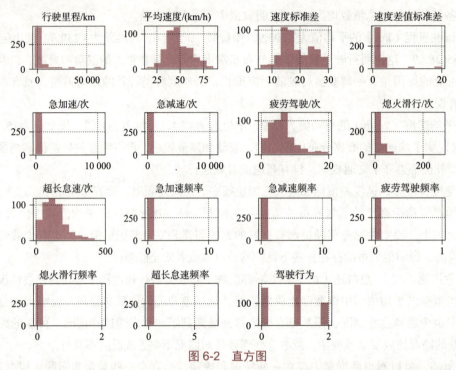

图 6-2　直方图

二、处理驾驶行为数据

1. 异常值检测

通过描述性统计分析结果，发现疲劳驾驶、熄火滑行、超长怠速的分布极度不平衡，而且行驶里程的标准差很大，处于75%分位数和最大值的差距较为明显，说明该特征存在一定数据倾斜，即数据可能存在异常情况。接下来，将通过绘制疲劳驾驶、熄火滑行、超长怠速箱线图的方式，检测这3个指标的异常值。

1）疲劳驾驶异常值检测

为了显示一组数据的分散情况，如上下四分位数、中位数、异常值等，使用Matplotlib库的boxplot()函数绘制疲劳驾驶箱线图，如代码6-7所示。

【代码6-7】疲劳驾驶异常值检测。

```
data['疲劳驾驶/次'].value_counts()    #查看"疲劳驾驶/次"分布
#绘制箱线图
plt.boxplot(data['疲劳驾驶/次'],medianprops={'color': 'green'},
            whiskerprops={'color': 'blue'}
            ,boxprops={'color': 'blue'},labels=['疲劳驾驶/次'])
plt.show()
```

代码运行结果如图6-3所示。

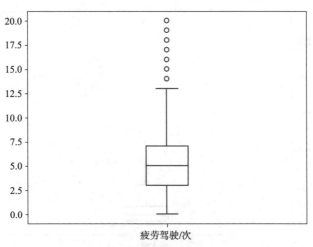

图6-3 疲劳驾驶箱线图

由图6-3可知,箱线图的上边缘表示疲劳驾驶次数的最大值,下边缘表示疲劳驾驶次数的最小值,箱子的上边缘表示疲劳驾驶次数的第三四分位数,箱子的下边缘表示疲劳驾驶次数的第一四分位数,箱子中间的线表示疲劳驾驶次数的中位数。上边缘上面有7个空心圆圈,表示异常值,也就是超过正常范围的疲劳驾驶次数。下边缘下面没有圆圈,表示没有低于正常范围的疲劳驾驶次数。除此之外,上边缘到箱子的距离大概是下边缘到箱子的距离的两倍,表示数据呈现右偏态,也就是大部分人的疲劳驾驶次数比较少,而少部分人的疲劳驾驶次数比较多。

2)熄火滑行异常值检测

使用Matplotlib库的boxplot()函数绘制熄火滑行箱线图,如代码6-8所示。

【代码6-8】熄火滑行异常值检测

```
data['熄火滑行/次'].value_counts()                    #查看"熄火滑行/次"分布
#绘制箱线图
plt.boxplot(data['熄火滑行/次'],medianprops={'color': 'green'},
        whiskerprops={'color': 'blue'}
        ,boxprops={'color': 'blue'},labels=['熄火滑行/次'])
plt.show()
```

代码运行结果如图6-4所示。

由图6-4可知,箱线图的上边缘表示熄火滑行次数的上限值,下边缘表示熄火滑行次数的下限值,箱子的上边缘表示熄火滑行次数的第三四分位数,箱子的下边缘表示熄火滑行次数的第一四分位数,箱子中间的线表示熄火滑行次数的中位数。上边缘上面有很多空心圆圈,表示异常值,也就是超过正常范围的熄火滑行次数。下边缘下面没有圆圈,表示没有低于正常范围的熄火滑行次数。除此之外,上边缘到箱子的距离比下边缘到箱子的距离多得多,表示数据呈现右偏态,也就是大部分人的熄火滑行次数比较少,而少部分人的熄火滑行次数比较多。

3)超长怠速异常值检测

使用Matplotlib库的boxplot()函数绘制超长怠速箱线图,如代码6-9所示。

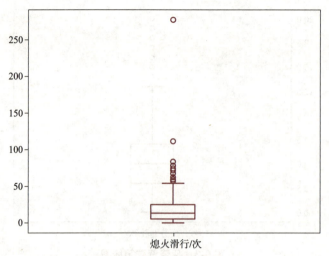

图 6-4 熄火滑行箱线图

【代码6-9】超长怠速异常值检测

```
data['超长怠速/次'].value_counts()                    #查看"超长怠速/次"分布
#绘制箱线图
plt.boxplot(data['超长怠速/次'],medianprops={'color': 'green'},
            whiskerprops={'color': 'blue'}
            ,boxprops={'color': 'blue'},labels=['超长怠速/次'])
plt.show()
```

代码运行结果如图6-5所示。

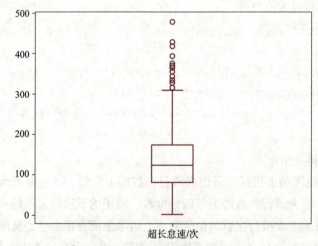

图 6-5 超长怠速箱线图

由图6-5可知,箱线图的上边缘表示超长怠速次数的上限值,下边缘表示超长怠速次数的下限值,箱子的上边缘表示超长怠速次数的第三四分位数,箱子的下边缘表示超长怠速次数的第一四分位数,箱子中间的线表示超长怠速次数的中位数。上边缘上面有很多空心圆圈,表示异常值,也就是超过正常范围的超长怠速次数。下边缘下面没有圆圈，表示没有低于正常范围的超长怠速次数。除此之外，上边缘到箱子的距离大概是下边缘到箱子的距离两倍，表示数据呈现右偏态，也就是大部分人的超长怠速次数比较少，而少部分人的超长怠速次数比较多。

2. 异常值处理

由异常值检测可知数据中存在部分异常值，为了提高分类模型的分类效果，需要对异常值进行处理。

使用箱线图识别异常值的方式剔除掉驾驶行为数据中的异常数据，如代码6-10所示。

【代码6-10】异常值处理。

```
print("处理前数据大小为:",data.shape[0],"行,",data.shape[1],"列")
Q1=data.quantile(0.25)          #计算数据的25%分位数
Q3=data.quantile(0.75)          #计算数据的75%分位数
IQR=Q3-Q1                       #计算数据的四分位距
#对数据进行异常值检测和去除
data=data[ ~((data<(Q1-1.5*IQR)) |(data>(Q3+1.5*IQR))).
            any(axis=1)]
print("处理后数据大小为:",data.shape[0],"行,",data.shape[1],"列")
```

在代码6-10中，quantile()方法的作用是计算给定数据的分位数，也就是将数据按照大小排序后，按照一定的比例划分为几个部分，每个部分的最大值或最小值就是分位数。例如，中位数就是50%分位数，也就是将数据划分为两个相等的部分，中间的值就是中位数。

Q1 = data.quantile(0.25)表示计算数据的25%分位数，也就是第一四分位数，它将数据划分为4个相等的部分，第一部分的最大值就是第一四分位数。

Q3 = data.quantile(0.75)表示计算数据的75%分位数，也就是第三四分位数，它将数据划分为4个相等的部分，第三部分的最小值就是第三四分位数。

IQR = Q3 - Q1表示计算数据的四分位距，也就是第三四分位数和第一四分位数之间的差值。它反映了数据的离散程度，越大表示数据越分散，越小表示数据越集中。

data = data[~((data < (Q1 - 1.5 * IQR)) |(data > (Q3 + 1.5 * IQR))).any(axis=1)]表示对数据进行异常值检测和去除。具体步骤如下：

（1）计算了每个数据点是否小于(Q1 - 1.5 * IQR)或大于(Q3+1.5*IQR)，这两个值是根据四分位距定义的异常值的上下界。

（2）使用了any(axis=1)方法，判断每一行是否有任何一个数据点满足上述条件。

（3）使用了"~"运算符，对上述结果取反，得到了没有异常值的行的布尔索引。

（4）使用了这个布尔索引来筛选出没有异常值的行，并赋值给data变量。

代码运行结果：

```
处理前数据大小为:   448行，16列
处理后数据大小为:   312行，16列
```

由代码6-10运行结果可知,处理前的数据有448行、16列,处理后的数据有312行、16列。

三、构建高斯朴素贝叶斯模型

1. 标准差标准化

使用StandardScaler()函数对数据进行标准差标准化处理,如代码6-11所示。

【代码6-11】数据标准化。

```
from sklearn.preprocessing import StandardScaler
yhat=data['驾驶行为']
X_no=data[['熄火滑行频率','超长怠速频率','疲劳驾驶频率','急加速频率',
           '急减速频率','速度标准差','速度差值标准差']].values
X2=StandardScaler().fit_transform(X_no)
```

2. 拆分训练集和测试集

使用train_test_split类将数据集拆分为训练集和测试集,用于训练模型以及检验模型,如代码6-12所示。

【代码6-12】拆分训练集和测试集。

```
from sklearn.model_selection import train_test_split
traindata,testdata,traintarget,testtarget=train_test_split(
    X2,yhat,test_size=0.2,random_state=1357)
```

3. 构建模型

根据车辆驾驶行为数据将驾驶行为分为3类:"疲惫型""激进型""稳健型",对应的标签集为"0""1""2"。使用GaussianNB类构建高斯朴素贝叶斯模型,如代码6-13所示。

【代码6-13】构建高斯朴素贝叶斯模型。

```
#导入高斯朴素贝叶斯
from sklearn.naive_bayes import GaussianNB
GN=GaussianNB().fit(traindata,traintarget)
testtarget_pre=GN.predict(testdata)
print('前10条记录的实际值为:\n',testtarget[:10])
print('前10条记录的预测值为:\n',testtarget_pre[:10])
```

代码运行结果:

前10条记录的实际值为:
[0 0 1 1 0 2 0 0 1 0]
前10条记录的预测值为:
[0 0 1 1 0 2 0 1 2 1]

4. 对数据进行 PCA 降维

在对高斯朴素贝叶斯的预测结果进行可视化之前,需要对数据进行PCA(printcipal component analysis,主成分分析)降维。此处,选择将数据降为二维数据,如代码6-14所示。

【代码6-14】PCA降维。

```
from sklearn.decomposition import PCA
#创建一个PCA对象,指定n_components为2
pca=PCA(n_components=2)
#对测试数据进行降维
testdata_pca=pca.fit_transform(testdata)
```

5. 对预测结果进行可视化

在对数据进行PCA降维后,使用scatter()函数对预测结果进行可视化,如代码6-15所示。

【代码6-15】高斯朴素贝叶斯模型分类结果可视化。

```
import matplotlib.pyplot as plt
#定义不同标签对应的颜色和形状
colors=['r','g','b']
markers=['o','s','*']
#创建一个空的图像对象
plt.figure()
#遍历三个类别,分别绘制对应的散点
for i in range(3):
    #筛选出属于第i类的数据
    data_i=testdata_pca[testtarget==i]
    #绘制散点,用colors[i]和markers[i]指定颜色和形状
    plt.scatter(data_i[:,0],data_i[:,1],c=colors[i],marker=markers[i],
                label='类别'+str(i))
#添加x轴和y轴的标签
plt.xlabel('第一主成分')
plt.ylabel('第二主成分')
plt.title('PCA降维后的测试数据散点图')
plt.legend()
#显示图像
plt.show()
```

代码运行结果如图6-6所示。

6. 评估高斯朴素贝叶斯模型

为了评估高斯朴素贝叶斯模型的分类效果,需要分别使用accuracy_score()、recall_score()、f1_score()、precision_score()函数计算准确率、精确率、召回率以及F1得分,如代码6-16所示。

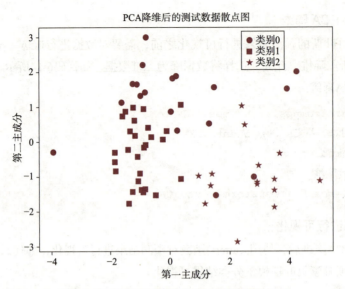

图 6-6　高斯朴素贝叶斯模型分类结果散点图

【代码6-16】高斯朴素贝叶斯模型的相关评估指标计算。

```python
from sklearn.metrics import accuracy_score,recall_score,f1_score,precision_score
#accuracy
acc=accuracy_score(testtarget,testtarget_pre )
print('高斯朴素贝叶斯模型的准确率为：\n',acc)
# macro-precision
macro_p=precision_score(testtarget,testtarget_pre,labels=[0,1,2],average='macro')
print('高斯朴素贝叶斯模型的精确率为：\n',macro_p)
# macro-recall
macro_r=recall_score(testtarget,testtarget_pre,labels=[0,1,2],average='macro')
print('高斯朴素贝叶斯模型的召回率为：\n',macro_r)
# macro f1-score
macro_f1=f1_score(testtarget,testtarget_pre,labels=[0,1,2],average='macro')
print('高斯朴素贝叶斯模型的F1得分为：\n',macro_f1)
```

代码运行结果：

高斯朴素贝叶斯模型的准确率为：
0.8412698412698413
高斯朴素贝叶斯模型的精确率为：
0.8360959870941721
高斯朴素贝叶斯模型的召回率为：
0.8700649675162418
高斯朴素贝叶斯模型的F1得分为：
0.843627636731085

由运行结果可知，准确率约为84.1%，表示有超过四分之三的样本被正确分类。精确率约为83.6%，表示在模型预测为正类的样本中，有83.6%是真正的正类。召回率约为87%，表示在所有真正的正类中，有87%被模型预测为正类。F1得分约为84.4%，表示模型对正类的识别能力很高。这些指标说明模型的分类效果较好，但是还有进一步优化的空间。

四、构建多项式分布朴素贝叶斯模型

1. 最大最小标准化

使用MinMaxScaler类对数据进行最大最小标准化处理，以保证输入多项式分布朴素贝叶斯的特征矩阵中不带有负数，如代码6-17所示。

【代码6-17】最大最小标准化。

```
from sklearn.preprocessing import MinMaxScaler
X3=MinMaxScaler(feature_range=(0,1)).fit_transform(X_no)
```

2. 拆分训练集和测试集

使用train_test_split类将数据集拆分为训练集和测试集，用于训练模型及检验模型，如代码6-18所示。

【代码6-18】拆分训练集和测试集。

```
from sklearn.model_selection import train_test_split
traindata1,testdata1,traintarget1,testtarget1=train_test_split(
    X3,yhat,test_size=0.2,random_state=1357)
```

3. 构建模型

使用MultinomialNB类构建多项式分布朴素贝叶斯模型，如代码6-19所示。

【代码6-19】构建多项式分布朴素贝叶斯模型。

```
#导入多项式分布朴素贝叶斯
from sklearn.naive_bayes import MultinomialNB
MNB=MultinomialNB().fit(traindata1,traintarget1)
#重要属性：调用根据数据获取的，每个标签类的对数先验概率log(P(Y))
#由于概率永远是在[0,1]之间，因此对数先验概率返回的永远是负值
MNB.class_log_prior_
testtarget_pre1=MNB.predict(testdata1)
print('前10条记录的预测值为：\n',testtarget_pre1[:10])
print('前10条记录的实际值为：\n',testtarget1[:10])
```

代码运行结果：

```
前10条记录的实际值为：
[0 0 1 1 0 2 0 0 1 0]
前10条记录的预测值为：
```

```
[1 1 1 1 1 1 1 1 1 1]
```

4. 对数据进行 PCA 降维

为了更好地分析朴素贝叶斯分类器的分类效果,需要对数据可视化,但在可视化之前,需要先对数据使用PCA类进行降维处理。此处,选择将数据降维成二维数据,如代码6-20所示。

【代码6-20】PCA降维。

```python
#创建一个PCA对象,指定n_components为2
pca=PCA(n_components=2)
#对测试数据进行降维
testdata1_pca=pca.fit_transform(testdata1)
```

5. 对预测结果进行可视化

在对数据进行PCA降维后,使用scatter()函数对预测结果进行可视化,如代码6-21所示。

【代码6-21】多项式分布朴素贝叶斯模型分类结果可视化。

```python
import matplotlib.pyplot as plt
#定义不同标签对应的颜色和形状
colors=['r','g','b']
markers=['o','s','*']
#创建一个空的图像对象
plt.figure()
#遍历三个类别,分别绘制对应的散点
for i in range(3):
    #筛选出属于第i类的数据
    data_i=testdata1_pca[testtarget_pre1==i]
    #绘制散点,用colors[i]和markers[i]指定颜色和形状
    plt.scatter(data_i[:,0],data_i[:,1],c=colors[i],marker=markers[i],
                label='类别'+str(i))
#添加x轴和y轴的标签
plt.xlabel('第一主成分')
plt.ylabel('第二主成分')
plt.title('PCA降维后的测试数据散点图')
plt.legend()
#显示图像
plt.show()
```

代码运行结果如图6-7所示。

6. 评估多项式分布朴素贝叶斯模型

为了评估多项式分布朴素贝叶斯模型的分类效果,需要分别使用accuracy_score()、recall_score()、f1_score()、precision_score()函数计算准确率、精确率、召回率以及F1得分,如代码6-22所示。

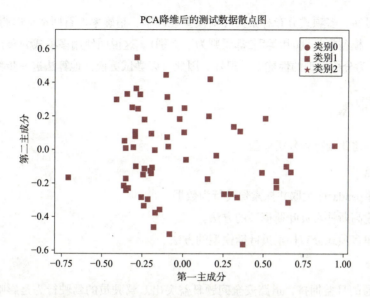

图6-7 多项式分布朴素贝叶斯模型分类结果散点图

【代码6-22】 多项式分布朴素贝叶斯模型的相关评估指标计算。

```
from sklearn.metrics import accuracy_score,recall_score,f1_score,precision_score
acc=accuracy_score(testtarget1,testtarget_pre1)
print('多项式分布朴素贝叶斯模型的准确率为: \n',acc)
# macro-precision
macro_p=precision_score(testtarget1,testtarget_pre1,labels=[0,1,2],average='macro')
print('多项式分布朴素贝叶斯模型的精确率为: \n',macro_p)
# macro-recall
macro_r=recall_score(testtarget1,testtarget_pre1,labels=[0,1,2],average='macro')
print('多项式分布朴素贝叶斯模型的召回率为: \n',macro_r)
# macro f1-score
macro_f1=f1_score(testtarget1,testtarget_pre1,labels=[0,1,2],average='macro')
print('多项式分布朴素贝叶斯模型的F1得分为: \n',macro_f1)
```

代码运行结果:

多项式分布朴素贝叶斯模型的准确率为:
0.4603174603174603
多项式分布朴素贝叶斯模型的精确率为:
0.15343915343915343
多项式分布朴素贝叶斯模型的召回率为:
0.3333333333333333
多项式分布朴素贝叶斯模型的F1得分为:
0.2101449275362319

由运行结果可知，多项式分布朴素贝叶斯模型准确率、精确率、召回率、F1得分都小于0.5，并且结合图6-7可知，模型将类别0和类别2都误判为了类别1。这说明使用多项式分布朴素贝叶斯构建运输车辆安全驾驶行为分析模型的性能不是很好，因此可以尝试更换其他算法进一步优化模型效果。

任务实训

实训一 构建驾驶行为分析模型

一、训练要点

（1）熟练运用pandas库读取并探索驾驶行为数据。
（2）掌握构建高斯朴素贝叶斯模型的方法。
（3）掌握构建多项式分布朴素贝叶斯模型的方法。

二、需求说明

随着道路交通的日益拥挤，道路安全问题日益突出。驾驶员的驾驶行为是影响道路安全的重要因素之一。因此，对驾驶员的驾驶行为进行分类和分析，对于提高道路安全具有重要意义。目前，许多运输公司都在努力了解自己的员工的驾驶行为。某运输公司收集了大量关于驾驶员驾驶行为的数据，并希望通过分析这些数据了解驾驶员的驾驶习惯。

驾驶行为数据集的数据说明见表6-7。

表6-7 驾驶行为数据集的数据说明

特征	说明
AccMeanX/Y/Z	加速度计数据在X/Y/Z轴上的平均值
AccCovX/Y/Z	加速度计数据在X/Y/Z轴上的协方差
AccSkewX/Y/Z	加速度计数据在X/Y/Z轴上的偏度
AccKurtX/Y/Z	加速度计数据在X/Y/Z轴上的峰度
AccSumX/Y/Z	加速度计数据在X/Y/Z轴上的总和
AccMinX/Y/Z	加速度计数据在X/Y/Z轴上的最小值
AccMaxX/Y/Z	加速度计数据在X/Y/Z轴上的最大值
AccVarX/Y/Z	加速度计数据在X/Y/Z轴上的方差
AccMedianX/Y/Z	加速度计数据在X/Y/Z轴上的中位数
AccStdX/Y/Z	加速度计数据在X/Y/Z轴上的标准差
GyroMeanX/Y/Z	陀螺仪数据在X/Y/Z轴上的平均值
GyroCovX/Y/Z	陀螺仪数据在X/Y/Z轴上的协方差
GyroSkewX/Y/Z	陀螺仪数据在X/Y/Z轴上的偏度
GyroSumX/Y/Z	陀螺仪数据在X/Y/Z轴上的总和
GyroKurtX/Y/Z	陀螺仪数据在X/Y/Z轴上的峰度
GyroMinX/Y/Z	陀螺仪数据在X/Y/Z轴上的最小值

项目六 运输车辆安全驾驶行为分析——朴素贝叶斯、K近邻

续表

特 征	说 明
GyroMaxX/Y/Z	陀螺仪数据在X/Y/Z轴上的最大值
GyroVarX/Y/Z	陀螺仪数据在X/Y/Z轴上的方差
GyroMedianX/Y/Z	陀螺仪数据在X/Y/Z轴上的中位数
GyroStdX/Y/Z	陀螺仪数据在X/Y/Z轴上的标准差
Class	驾驶行为类别，取值为1、2、3、4

三、实现思路及步骤

（1）读取驾驶行为数据，并选取特征。

（2）查看数据类型，并进行描述性统计分析。

（3）使用hist()方法绘制每一个特征以及标签集的直方图。

（4）参考"任务实施"的第三步，构建高斯朴素贝叶斯模型。

（5）参考"任务实施"的第四步，构建多项式分布朴素贝叶斯模型。

任务二　优化运输车辆安全驾驶行为分析模型

任务描述

创新思维和探索精神可以帮助个人更好地适应和应对不断变化的环境和挑战，创新才能把握时代、引领时代。通过不断地探索和尝试，个人可以更好地发现自己的优势和潜力，从而实现自我价值的最大化。

在任务一中，使用了朴素贝叶斯构建运输车辆安全驾驶模型，高斯朴素贝叶斯虽然效果较好，但是仍然有一定的优化空间；多项式分布朴素贝叶斯的效果较差。因此，尝试通过使用K近邻模型构建运输车辆安全驾驶模型，并与朴素贝叶斯分类进行对比分析。

任务要求：（1）使用sklearn库建立K近邻分类模型；（2）利用Matplotlib库实现结果的可视化；（3）使用准确率、精确率、召回率、F1得分评估K近邻分类模型；（4）对比分析朴素贝叶斯分类模型和K近邻分类模型。

K近邻

相关知识

一、K近邻

K近邻（K-Nearest Neighbor，KNN）算法是一种常用的监督学习方法。其原理非常简单：对于给定测试样本，基于指定的距离度量找出训练集中与其最近的K个样本，然后基于这K个"邻居"的信息来进行预测。通常，在分类任务中用的是"投票法"，即选择K个"邻居"中出现最多的类别标

记作为预测结果；在回归任务中使用"平均法"，即取K个邻居的实值，输出标记的平均值作为预测结果；还可根据距离远近进行加权投票或加权平均，距离越近的样本权重越大。

距离度量一般采用欧式距离，对于n维欧式空间的两点$x_1(x_{11}, x_{12}, \cdots, x_{1n})$与$x_2(x_{21}, x_{22}, \cdots, x_{2n})$，欧式距离计算如式(6-1)所示。

$$\text{dist}(x_1, x_2) = \sqrt{\sum_{i=1}^{n}(x_{1i} - x_{2i})^2} \tag{6-1}$$

其中，$\text{dist}(x_1, x_2)$为点x_1与点x_2之间的欧式距离，其中，i是从1取到n，表示第i个点的坐标。

与其他学习算法相比，K近邻分类有一个明显的不同之处：接收训练集之后没有显式的训练过程。实际上，它是"懒惰学习"（lazy learning）的著名代表，此类学习算法在训练阶段只是将样本保存起来，训练时间为零，待接收到测试样本后再进行处理。

K近邻分类模型的示意图如图6-8所示，其中虚线表示等距线，"+"与"-"表示样本的类别为正或负。

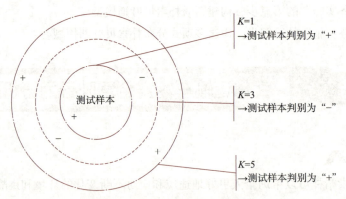

图6-8 K近邻分类模型示意图

对于在不同K取值的情况下，对应的测试样本被判定的类别如下：

当$K=1$时，根据最近邻算法中的"投票法"规则，在指定的K所代表的等距线的范围中，"+"样本的个数为1，"-"样本的个数为0。"+"样本在范围内的样本中占比高于"-"样本，因此会将测试样本判给占比最高的"+"类别。

当$K=3$时，在对应的等距线的范围中，"+"样本在范围中的样本所占的比例为1/3，"-"样本所占的比例为2/3。此时，"-"样本的占比高于"+"样本比例，因此会将测试样本判给占比最大的"-"类别。

当$K=5$时，同理，在对应的等距线的范围中，"+"样本在范围中的样本所占的比例为3/5，"-"样本所占的比例为2/5。此时，"+"样本占比高于"-"样本，因此会将测试样本判给占比最高的"+"类别。

综上所述，当$K=1$或$K=5$时测试样本被判别为正例，$K=3$时被判别为反例。显然K是一个重要参数，当K取不同值时，分类结果会显著不同。在实际的学习环境中要取不同的K值进行多次测试，选择误差最小的K值。

使用sklearn库中neighbors模块的KNeighborsClassifier类可以实现K近邻算法对数据进行分类。

KNeighborsClassifier类的基本使用格式如下：

```
class sklearn.neighbors.KNeighborsClassifier(n_neighbors=5,*,weights='uniform',
algorithm='auto',leaf_size=30,p=2,metric='minkowski',metric_params=None,
n_jobs=None,**kwargs)
```

KNeighborsClassifier类常用的参数及说明见表6-8。

表6-8 KNeighborsClassifier 类常用的参数及其说明

参数	说明
n_neighbors	接收int。表示"邻居"数，默认为5
weights	接收str。表示分类判断时最近邻的权重，可选参数为uniform和distance。uniform表示权重相等，distance表示按距离的倒数赋予权重，默认为uniform
algorithm	接收str。表示分类时采取的算法，可选参数为auto、ball_tree、kd_tree和brute，一般选择auto自动选择最优的算法，默认为auto
p	接收int。表示Minkowski指标的功率参数，p=1表示曼哈顿距离，p=2表示欧式距离，默认为2
metric	接收str。表示距离度量，默认为minkowski
n_jobs	接收int。表示计算时使用的核数，默认为None

使用KNeighborsClassifier类对某地的人口普查收入数据集构建K近邻分类模型，如代码6-23所示。

【代码6-23】构建K近邻分类模型。

```
#导入库
import pandas as pd
from sklearn.model_selection import train_test_split
from sklearn.preprocessing import StandardScaler
from sklearn.neighbors import KNeighborsClassifier
#读取文件
data=pd.read_csv('../data/人口普查收入.csv',encoding='gbk')
#选择特征集和标签集
X=data[["性别","年龄","婚姻状况","家庭角色","受教育程度","工作类型",
        "职业","每周工作时长/h"]]
y=data["收入等级"]
#划分训练集和测试集，比例为80%和20%
X_train,X_test,y_train,y_test=train_test_split(X,y,test_size=0.2,
        random_state=42)
#对特征集进行标准化处理
scaler=StandardScaler()
X_train=scaler.fit_transform(X_train)
X_test=scaler.transform(X_test)
```

```
#创建K近邻分类模型,使用5个邻居
knn=KNeighborsClassifier(n_neighbors=5)
#训练模型
knn.fit(X_train,y_train)
#预测测试集的标签
y_pred=knn.predict(X_test)
#输出真实数据的前十条记录和预测数据的前十条记录
print("真实数据: ",y_test[:10])
print("预测数据: ",y_pred[:10])
```

代码运行结果:

真实数据: [1 0 1 0 0 1 0 0 0 0]
预测数据: [0 1 0 0 0 0 0 0 0 1]

二、对比分析法

对比分析法是指将两个或两个以上的数据进行比较,分析它们的差异,从而揭示这些数据所代表的事物发展变化的情况和规律性。对比分析法的特点就是可以非常直观地看出事物某方面的变化或差距,并且可以准确、量化地表示出这种变化或差距是多少,这就是对比分析法的定义。

对比分析法可以分为静态比较和动态比较两类,其中静态比较就是指在同一时间条件下不同总体指标的比较,如不同算法、不同数据集、不同参数的比较,也称为横向比较,简称横比。而动态比较就是指在同一总体条件下对不同时期指标数值的比较,也称为纵向比较,简称纵比。

动态比较和静态比较这两种办法既可单独使用,也可结合使用。进行对比分析时,可以单独使用准确率、精确率、召回率、F1得分等评价指标,也可将它们结合起来进行对比。对比分析法的实践运用主要体现在以下五方面:

(1) 与目标对比,具体就是实际分类效果与预期目标进行对比,属于横比。

(2) 与不同时期对比,具体就是选择不同时期的模型训练结果作为对比标准,属于纵比。

(3) 对同类算法对比,例如本项目中,朴素贝叶斯分类效果与K近邻分类效果之间的对比,属于横比。

(4) 对机器学习领域内对比,具体就是与机器学习中的经典算法、最新算法或平均水平进行对比,属于横比。

(5) 与数据处理效果进行对比,具体就是对数据预处理、特征提取、特征选择等步骤前后进行对比,属于纵比。同时,还可以对数据集的划分方式进行分组对比,属于横比。

在使用对比分析法时需要注意的是指标的口径范围、计算方法、计量单位必须一致,即要用同一种单位或标准去衡量。同时,还需要重视对比的对象要有可比性,对比的指标类型必须一致。无论绝对数指标、相对数指标、平均数指标,还是其他不同类型的指标,在进行对比时,双方必须统一。

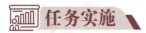

一、构建K近邻模型

1. 构建模型

使用KNeighborsClassifier类构建K近邻模型判定车辆驾驶行为，如代码6-24所示。

【代码6-24】K近邻模型实现代码。

```
from sklearn.neighbors import KNeighborsClassifier
knn=KNeighborsClassifier()                    #建立模型
knn.fit(traindata,traintarget)                #训练模型
testtarget_pre=knn.predict(testdata)
print('前10条记录的预测值为: \n',testtarget_pre[:10])
print('前10条记录的实际值为: \n',testtarget[:10])
```

在代码中默认设置模型的"邻居"数为5，数据经过K近邻模型分类后，运行结果如下：

前10条记录的预测值为：
[0 0 1 1 0 2 0 0 2 1]
前10条记录的实际值为：
[0 0 1 1 0 2 0 0 1 0]

2. 对预测结果进行可视化

在对数据进行PCA降维后，使用scatter()函数对预测结果进行可视化，如代码6-24所示。（注：PCA降维的代码详见代码6-20）

【代码6-25】K近邻模型分类结果可视化。

```
import matplotlib.pyplot as plt
#定义不同标签对应的颜色和形状
colors=['r','g','b']
markers=['o','s','*']
#创建一个空的图像对象
plt.figure()
#遍历三个类别，分别绘制对应的散点
for i in range(3):
    #筛选出属于第i类的数据
    data_i=testdata_pca[testtarget_pre==i]
    #绘制散点，用colors[i]和markers[i]指定颜色和形状
    plt.scatter(data_i[:,0],data_i[:,1],c=colors[i],marker=markers[i],
                label='类别'+str(i))
#添加x轴和y轴的标签
plt.xlabel('第一主成分')
```

```
plt.ylabel('第二主成分')
plt.title('PCA降维后的测试数据散点图')
plt.legend()
#显示图像
plt.show()
```

代码运行结果如图6-9所示。

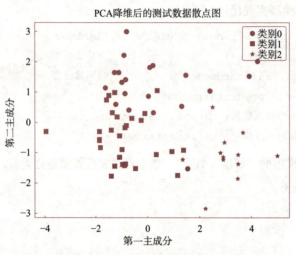

图6-9 K近邻模型分类结果散点图

二、评估K近邻模型

为了评估K近邻模型的分类效果，需要分别使用accuracy_score()、recall_score()、f1_score()、precision_score()函数计算准确率、精确率、召回率以及F1得分，如代码6-25所示。

【代码6-26】K近邻分类模型的相关指标计算。

```
from sklearn.metrics import accuracy_score,recall_score,f1_score,precision_score
acc=accuracy_score(testtarget,testtarget_pre)
print('K近邻分类模型的准确率为：\n',acc)
# macro-precision
macro_p=precision_score(testtarget,testtarget_pre,labels=[0,1,2],average='macro')
print('K近邻分类模型的精确率为：\n',macro_p)
# macro-recall
macro_r=recall_score(testtarget,testtarget_pre,labels=[0,1,2],average='macro')
print('K近邻分类模型的召回率为：\n',macro_r)
# macro f1-score
macro_f1=f1_score(testtarget,testtarget_pre,labels=[0,1,2],average='macro')
print('K近邻分类模型的F1得分为：\n',macro_f1)
```

代码运行结果：

K近邻分类模型的准确率为：
0.9206349206349206
K近邻分类模型的精确率为：
0.9063492063492063
K近邻分类模型的召回率为：
0.9147244559538413
K近邻分类模型的F1得分为：
0.9092695562850316

由运行结果可知，准确率约为92.1%，表示有超过四分之三的样本被正确分类。精确率约为90.6%，表示在模型预测为正类的样本中，有90.6%是真正的正类。召回率约为91.5%，表示在所有真正的正类中，有91.5%被模型预测为正类。F1得分约为90.9%，表示模型对正类的识别能力很高。

三、对比朴素贝叶斯和 K 近邻模型

精益求精的精神是创新思维和探索精神的重要组成部分。通过对比分析已构建的多项式分布朴素贝叶斯、高斯朴素贝叶斯、K近邻模型的准确率、精确率、召回率、F1得分，能够更好地践行精益求精的精神。朴素贝叶斯模型和K近邻模型相应的评估指标见表6-9。

表6-9　朴素贝叶斯模型和 K 近邻模型相应评估指标

指　标	高斯朴素贝叶斯	多项式分布朴素贝叶斯	K 近 邻
准确率	0.841 269 841 269 841 3	0.460 317 460 317 460 3	0.920 634 920 634 920 6
精确率	0.836 095 987 094 172 1	0.153 439 153 439 153 4	0.906 349 206 349 206 3
召回率	0.87 006 496 751 624 18	0.333 333 333 333 333 3	0.914 724 455 953 841 3
F1得分	0.84 362 763 673 108 5	0.210 144 927 536 231 9	0.909 269 556 285 031 6

对比分析表6-9可知，多项式分布朴素贝叶斯分类方法在四个评价指标上都表现得较差，其次是高斯朴素贝叶斯分类方法，较好的是K近邻分类方法。这说明多项式分布朴素贝叶斯分类方法可能不适合处理这种类型的数据集，因为它假设特征之间是条件独立的，而实际上可能存在一定的相关性。高斯朴素贝叶斯分类方法虽然也有同样的假设，但是它能够更好地适应数据集中特征的分布情况，因为它假设特征服从正态分布，而多项式分布朴素贝叶斯分类方法假设特征服从多项式分布。

K近邻分类方法是一种基于实例的学习方法，它不需要对数据集进行任何假设或者建立任何模型，而是根据给定的距离度量，找出与待分类样本最近的K个邻居，然后根据这些邻居的类别进行投票或者加权，从而确定待分类样本的类别。这种方法能够更好地捕捉数据集中的特征和类别之间的关系，是因为它能够灵活地适应数据集中的局部结构和复杂性，而不受全局分布的影响。也就是说，K近邻分类方法能够根据每个样本周围的情况进行分类，而不是根据整个数据集的统计特征进行分类。因此，在选择分类方法时，需要根据数据集的特点和目标进行合理的选择和调整。

任务实训

实训二 优化驾驶行为分析模型

一、训练要点

掌握构建K近邻模型的方法。

二、需求说明

实训一中使用了高斯朴素贝叶斯模型和多项式分布朴素贝叶斯模型对驾驶员的驾驶行为数据进行分类和分析。然而,这些模型在这个数据集上的分类效果不够理想。因此,本实训将基于实训一的数据尝试使用K近邻模型对数据进行分类,以提升模型的分类效果。

通过优化模型,可以更准确地对驾驶员的驾驶行为进行分类和分析,从而更好地了解驾驶员的驾驶习惯。这对于提高道路安全具有重要意义。

三、实现思路及步骤

(1)使用KNeighborsClassifier类构建K近邻模型。

(2)使用accuracy_score()、recall_score()、f1_score()、precision_score()函数计算准确率、精确率、召回率以及F1得分,评估K近邻模型的分类效果。

(3)对比分析朴素贝叶斯和K近邻模型。

项目总结

朴素贝叶斯分类是一种基于贝叶斯定理和特征条件独立假设的分类方法。本项目在任务一中使用了多项式分布和高斯分布两种朴素贝叶斯分类器,对运输车辆安全驾驶行为进行了识别,并对分类结果进行可视化和评价,发现高斯朴素贝叶斯的效果较好,但是还有优化的空间。而K近邻模型是一种基于距离度量和K值选择的分类方法。本项目在任务二中使用了K近邻模型对运输车辆安全驾驶模型进行了优化,并与朴素贝叶斯进行了对比分析,得出K近邻模型的分类效果更好。

通过本项目的学习,可以让读者掌握朴素贝叶斯模型和K近邻模型的相关知识,并且学会使用对比分析法来评估模型。除此之外,还学习了如何预处理数据,如异常值处理等,保证数据的完整性和准确性。科技是第一生产力,通过关注交通行业的技术问题,帮助学生了解、学习行业内的现有技术和方法,推进科技自立自强,并培养安全意识和责任感。通过分析朴素贝叶斯模型的分类效果,能够找到模型的不足,并加以优化,培养精益求精的精神。

项目六 运输车辆安全驾驶行为分析——朴素贝叶斯、K 近邻

课后作业

一、选择题

1. 朴素贝叶斯分类的基本假设是（　　）。
   A. 特征之间相互独立　　　　　　　　B. 特征之间相互依赖
   C. 特征之间有线性关系　　　　　　　D. 特征之间有非线性关系

2. 在 sklearn 库中，多项式分布朴素贝叶斯有一个重要的参数（　　），它决定了先验概率如何计算。
   A. alpha　　　　B. fit_prior　　　　C. class_prior　　　　D. binarize

3. K 近邻分类的核心思想是（　　）。
   A. 根据样本的最近邻居的类别来判断样本的类别
   B. 根据样本的最远邻居的类别来判断样本的类别
   C. 根据样本的平均邻居的类别来判断样本的类别
   D. 根据样本的随机邻居的类别来判断样本的类别

4. 在 sklearn 库中，K 近邻分类器有一个重要的参数（　　），它决定了样本之间的距离如何加权。
   A. n_neighbors　　　B. algorithm　　　C. weights　　　D. metric

二、操作题

汽车制造业已经成为我国国民经济的重要支柱，我国已经连续多年位居全球汽车产量第一位，拥有众多的汽车品牌和消费者。某汽车制造商为了了解消费者对不同类型的汽车的可接受性，想要开发一款新的汽车，需要根据市场需求来设计汽车的各种特征，如价格、维修费用、人数容量、行李箱尺寸和安全性等。该制造商对一些潜在的客户进行了问卷调查，收集了对不同组合的汽车特征进行评分数据，相关的特征说明见表6-10。

表6-10　特征说明

特　　征	说　　明
价格等级	取值为0~3。其中，0代表低，1代表中等，2代表高，3代表非常高
维修价格等级	取值为0~3。其中，0代表低，1代表中等，2代表高，3代表非常高
人数容量	取值为2、4、5。其中，2和4代表着汽车为2座和4座，5代表5座及以上
行李箱尺寸等级	取值为0~3。其中，0代表低，1代表中等，2代表高，3代表非常高
安全性等级	取值为0~3。其中，0代表低，1代表中等，2代表高，3代表非常高
汽车的可接受性	取值为0~3。其中，0代表低，1代表中等，2代表高，3代表非常高

根据汽车评分数据预测不同组合汽车的可接受性，具体步骤如下：

（1）读取汽车评分数据集car_acceptability.csv。

（2）使用info()方法查看数据类型。

（3）使用describe()方法进行描述性统计分析。

(4)使用hist()方法绘制每一个特征以及标签集的直方图。

(5)使用boxplot()函数绘制箱线图。

(6)将数据集拆分为特征集和标签集,并拆分训练集和测试集。

(7)对数据进行标准差标准化处理。

(8)使用sklearn库构建高斯朴素贝叶斯模型和K近邻模型。

(9)使用sklearn库对高斯朴素贝叶斯模型和K近邻模型进行评估,并对比分析两个模型的效果。

项目七 新闻文本分析——聚类

新闻是信息传播的载体，它从根本上推动了人类社会与自然生态的不断循环和发展。新闻文本分析是指对大量新闻文本进行处理、分析和挖掘，以发现其中的有价值信息，如关键主题、情感倾向、热点事件等。应用聚类模型构建新闻文本分析项目，实现将大量的新闻文本数据自动分类并归纳到不同的主题和类别中，帮助人们更高效地了解新闻热点及发展趋势，实现通过技术创新提升新闻传播能力。此外，文本聚类分析技术还可以应用于企业数据分析与商业决策、学术文献分析研究等多种用途，应用行业非常广泛。本项目技术开发思维导图如图7-1所示。

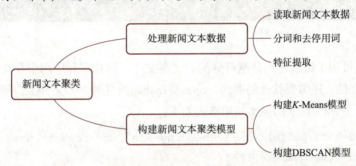

图 7-1 新闻文本分析项目技术开发思维导图

学习目标

1. 知识目标
（1）掌握文本数据处理的方法。
（2）掌握特征提取的方法。
（3）了解 K-Means 聚类的基本概念。
（4）了解 DBSCAN 的基本概念。

2. 技能目标
（1）能够使用 Python 进行文本数据的处理。
（2）能够使用 sklearn 库进行特征提取。
（3）能够使用 sklearn 库构建 K-Means 聚类模型。

(4)能够使用sklearn库构建DBSCAN模型。

3. 素质目标

(1)关注新闻文本分析,学习新闻文本分析的相关技术,贯彻网络强国理念。
(2)培养道德法律素养。
(3)培养从实践中来到实践中去的实践精神。

任务一　处理新闻文本数据

任务描述

文本数据清洗是指对文本数据进行处理,以去除其中的噪声、错误和无用信息,使得数据更加准确、可靠和适合分析,在文本分析和挖掘领域中具有非常重要的意义。经过清洗的数据有着更好的数据质量,能够使得后续的数据挖掘更加精准有效,贯彻高质量发展精神。

本任务的要求是对新闻文本数据进行清洗,包括文本读取、分词、去停用词和特征提取。

相关知识

一、文本数据处理

1. 读取文件

read_csv()函数可用于读取使用分割符分割的文本文件,这在实际应用中存在很多限制。因此想要自由地处理文本文件,还需要其他的办法。open是Python内置的一个关键字,用于打开文件,并创建一个上下文环境。open关键字的基本使用格式如下:

```
open(file,mode='r',buffering=-1,encoding=None,errors=None,newline=None,
    closefd=True,opener=None)
```

Open()函数的参数及说明见表7-1。

表7-1　open() 函数的参数及说明

参数	说明
file	接收str,表示要打开的文件的路径和名称,无默认值
mode	接收str,表示文件的读/写模式,默认为r
buffering	接收int,表示文件的缓冲区大小,默认为-1
encoding	接收str,表示文件的编码格式,默认为None
errors	接收str,表示编码错误的处理方式,默认为None
newline	接收str,表示文本模式下的换行符,默认为None
closefd	接收bool,表示是否关闭文件描述符,默认为True
opener	接收函数,表示自定义的文件打开器,默认为None

with open()是open()的优化用法或高级用法，相比open()更加简洁、安全。open()必须搭配close()方法使用，先用open()打开文件，然后进行读/写操作，最后用close()释放文件。with open()则无须close()语句，比较简洁。json是一种轻量级、基于文本的、可读的文件格式。文件中的部分关键字及其出现频率，存储在词频.json中。下面分别用with open()函数和open()函数读取文件，如代码7-1所示。

【代码7-1】读取文件。

```
import json
with open('../data/词频.json','r',encoding='utf-8') as file1:
    load1=json.load(file1)
    print('with open()函数读取的内容为：/n',load1)
file2=open('../data/词频.json','r',encoding='utf-8')
load2=json.load(file2)
file2.close()
print('open()函数读取的内容为./n',load2)
```

代码运行结果：

```
with open()函数读取的内容为：{'努力': 45,'奋斗': 12,'百年未有': 20,'发展': 17,
                    '中华民族': 10}
Open()函数读取的内容为：{'努力': 45,'奋斗': 12,'百年未有': 20,'发展': 17,
                    '中华民族': 10}
```

由运行结果可知，通过with open()函数和open()函数读取文件的结果一致。用open()函数读取文件后，需要使用close()语句关闭文件，而with open函数则不需要。在输出的内容中，"努力"占了最多的篇幅，词频达到了45次。

2. jieba 分词

汉字是文化自信的基石，学习汉字，推进文化自信自强。汉语以汉字为基本书写单位，词语之间没有明显的区分标记，完整的句子很难进行信息提取。因此，在中文自然语言处理中通常是将汉语文本中的字符串切分成合理的词语序列。

jieba是一个常用的中文分词库，它能够将一段中文文本按照词语进行划分，并且去除停用词等无意义的符号，输出分好的词语列表。jieba库在Python中广泛应用于自然语言处理领域，如文本挖掘、搜索引擎、信息检索等。jieba库的主要作用如下：

（1）中文分词：将一段中文文本进行分词，得到分好的词语列表，方便后续处理和分析。

（2）关键词提取：jieba库支持基于TF-IDF算法和TextRank算法的关键词提取，可以提取出一段中文文本中的关键词，用于文本摘要、信息检索等。

（3）词性标注：jieba库支持中文词性标注，可以标注出每个词语的词性，如名词、动词、形容词等，方便进一步进行文本分析和处理。

（4）去除停用词：jieba库内置了一些常用的停用词表，可以去除一些无意义的词语，如"的""了""是"等，避免影响文本处理的结果。

（5）添加自定义词语：用户可以通过添加自定义的词语来弥补jieba库分词时出现的漏词问题，

提高分词效果。

从中文文本中提取词语时需要分词，这里将采用Python中jieba库的cut()函数对中文文本进行分词，如代码7-2所示。

【代码7-2】jieba分词。

```python
import jieba
jieba.setLogLevel(jieba.logging.INFO)

file=['工匠精神包括高超的技艺和精湛的技能，严谨细致、专注负责的工作态度，精雕细琢、'
      '精益求精的工作理念，以及对职业的认同感、责任感。',
      '工匠精神的传承和发展契合了时代发展的需要，具有重要的时代价值与广泛的社会意义。']
# 连接成一个字符串
result_file=''.join(str(f) for f in file)
# jieba分词
file_word=jieba.cut(result_file)
words=[w for w in file_word]
print(words)
```

代码运行结果：
['工匠', '精神', '包括', '高超', '的', '技艺', '和', '精湛', '的', '技能', '，', '严谨', '细致', '、', '专注', '负责', '的', '工作', '态度', '，', '精雕细琢', '、', '精益求精', '的', '工作', '理念', '，', '以及', '对', '职业', '的', '认同感', '、', '责任感', '。', '工匠', '精神', '的', '传承', '和', '发展', '契合', '了', '时代', '发展', '的', '需要', '，', '具有', '重要', '的', '时代', '价值', '与', '广泛', '的', '社会', '意义', '。']

由运行结果可知，jieba分词得到了包含一系列词语的列表，但是列表中还包含标点符号和"的"之类的语气词，为了聚类的效果，应该对得到的分词结果进行去停用词。

3. 去停用词

在文本处理中，停用词是指一些功能极其普遍，与其他词相比没有什么实际含义的词，通常是一些单字、单字母以及高频的单词。例如，中文中的"我、的、了、地、吗"等，英文中的the、this、an、a、of等。对于停用词一般在预处理阶段就将其删除，避免对文本，特别是短文本，造成负面影响。

使用stopword停用词表对代码7-2的运行结果进行去停用词，如代码7-3所示。

【代码7-3】去停用词。

```python
import pandas as pd
# 读取停用词表
stop_words=pd.read_csv('../data/stopwords.txt',
                sep='bucunzai', encoding='utf-8', header=None, engine='python')
# 去停用词
file_words=[w for w in words if w not in stop_words and len(w)>1]
```

```
print(file_words)
```

运行代码结果：

```
['工匠', '精神', '包括', '高超', '技艺', '精湛', '技能', '严谨', '细致', '专注',
'负责', '工作', '态度', '精雕细琢', '精益求精', '工作', '理念', '以及', '职业',
'认同感', '责任感', '工匠', '精神', '传承', '发展', '契合', '时代', '发展', '需要',
'具有', '重要', '时代', '价值', '广泛', '社会', '意义']
```

由代码7-3的运行结果可知，去除了标点符号和一些单词，得到的词语列表更为整洁。

二、特征提取

特征提取是指根据某个特征评估函数计算各个特征的评分值，再按评分值对这些特征进行排序，选取若干个评分值最高的作为特征。

特征提取的主要功能是在不损伤文本核心信息的情况下尽量减少要处理的单词数，以此来降低向量空间维数，从而简化计算，提高文本处理的速度和效率。常见的文本特征提取方式见表7-2。

表 7-2 常见的文本特征提取方式

特征提取方式	特 点
词频模型	考虑单词出现频率，不考虑上下文信息，简单高效。通过词频模型进行特征提取就是将词频小于某一值或大于某一值的词删除，从而降低特征空间的维数，词频是一个词在文档中出现的次数。该模型是基于这样一个假设，即出现频率小的词对文章的影响也较小，出现频率大的词可能是无意义的普通词。但是，在信息检索的研究中认为，有时频率小的词含有更多的信息。因此，在特征选择过程中不宜简单地根据词频大幅度删词。 词频（TF）=某个词在文章中的出现次数/文章的总词数
N-gram模型	考虑相邻单词组合的特征，可以捕捉到一定的上下文信息。N-gram模型是在词频模型的基础上，考虑相邻的N个单词作为一个特征，N一般取2或3。该模型基于这样一种假设，第N个词的出现只与前面N-1个词相关，而与其他任何词都不相关，整句的概率就是各个词出现概率的乘积。这些概率可以直接通过从语料中统计N个词同时出现的次数得到
TF-IDF模型	既考虑单词出现频率，也考虑在文本集合中单词的普遍重要性。TF-IDF模型即逆文本频率指数。其中某一特定词语的逆文件频率（IDF），可以由总文件数目除以包含该词语的文件的数目，再将得到的商取对数得到。将词频与逆文档频率相乘即可得到逆文本频率指数。该模型基于这样一个假设，字词的重要性随着它在文件中出现的次数成正比增加，但同时会随着它在语料库中出现的频率成反比下降。TF-IDF可以有效评估一字词对于一个文件集或一个语料库中的其中一份文件的重要程度。 逆文档频率（IDF）=log（语料库的文档总数/（包含该词的文档数+1）） TF-IDF=TF*IDF

针对代码7-3的语料基于TF-IDF模型，使用TfidfTransformer类进行特征提取，并使用CountVectorizer类将提取的特征转换为词频矩阵，如代码7-4所示。

【代码7-4】TF-IDF模型特征提取。

```
from sklearn.feature_extraction.text import TfidfTransformer
from sklearn.feature_extraction.text import CountVectorizer
#将文本中的词语转换为词频矩阵，矩阵元素a[i][j]表示j词在i类文本下的词频
vector=CountVectorizer()
#统计每个词语的tf-idf权值
transformer=TfidfTransformer()
```

```
words_tfidf=transformer.fit_transform(vector.fit_transform(file_words)).toarray()
print(words_tfidf)
```

代码运行结果：

```
[[0. 0. 0. 0. 0. 0. 0. 0. 0. 0. 0. 0. 0. 1. 0. 0. 0. 0. 0. 0.]
 [0. 0. 0. 0. 0. 0. 1. 0. 0. 0. 0. 0. 0. 0. 0. 0. 0. 0. 0. 0.]
 [0. 0. 0. 1. 0. 0. 0. 0. 0. 0. 0. 0. 0. 0. 0. 0. 0. 0. 0. 0.]
 [0. 0. 0. 0. 0. 0. 0. 0. 1. 0. 0. 0. 0. 0. 0. 0. 0. 0. 0. 0.]
 [0. 0. 0. 0. 1. 0. 0. 0. 0. 0. 0. 0. 0. 0. 0. 0. 0. 0. 0. 0.]
 [0. 0. 1. 0. 0. 0. 0. 0. 0. 0. 0. 0. 0. 0. 0. 0. 0. 0. 0. 0.]
 [0. 0. 0. 0. 0. 0. 0. 0. 0. 0. 0. 1. 0. 0. 0. 0. 0. 0. 0. 0.]
 [0. 0. 0. 0. 0. 0. 0. 0. 0. 0. 0. 0. 0. 0. 1. 0. 0. 0. 0. 0.]
 [0. 0. 0. 0. 0. 0. 1. 0. 0. 0. 0. 0. 0. 0. 0. 0. 0. 0. 0. 0.]
 [1. 0. 0. 0. 0. 0. 0. 0. 0. 0. 0. 0. 0. 0. 0. 0. 0. 0. 0. 0.]
 [0. 0. 0. 0. 0. 0. 1. 0. 0. 0. 0. 0. 0. 0. 0. 0. 0. 0. 0. 0.]
 [0. 0. 0. 0. 0. 1. 0. 0. 0. 0. 0. 0. 0. 0. 0. 0. 0. 0. 0. 0.]
 [0. 0. 0. 0. 0. 0. 0. 0. 0. 0. 0. 0. 0. 0. 0. 0. 1. 0. 0. 0.]
 [0. 0. 0. 0. 0. 0. 0. 1. 0. 0. 0. 0. 0. 0. 0. 0. 0. 0. 0. 0.]
 [0. 0. 0. 0. 0. 0. 0. 0. 0. 0. 0. 0. 0. 0. 0. 1. 0. 0. 0. 0.]
 [0. 0. 0. 0. 0. 0. 0. 0. 0. 0. 0. 0. 1. 0. 0. 0. 0. 0. 0. 0.]
 [0. 0. 0. 0. 0. 0. 0. 0. 0. 1. 0. 0. 0. 0. 0. 0. 0. 0. 0. 0.]
 [0. 0. 0. 0. 0. 1. 0. 0. 0. 0. 0. 0. 0. 0. 0. 0. 0. 0. 0. 0.]
 [0. 1. 0. 0. 0. 0. 0. 0. 0. 0. 0. 0. 0. 0. 0. 0. 0. 0. 0. 0.]
 [0. 0. 0. 0. 0. 0. 0. 0. 0. 0. 0. 0. 0. 0. 0. 0. 0. 0. 0. 1.]
 [0. 0. 0. 0. 0. 0. 0. 0. 0. 0. 0. 0. 0. 0. 0. 0. 0. 0. 1. 0.]
 [0. 0. 0. 0. 0. 0. 0. 0. 0. 0. 0. 0. 0. 0. 0. 0. 0. 1. 0. 0.]
 [0. 0. 0. 0. 0. 0. 0. 0. 0. 1. 0. 0. 0. 0. 0. 0. 0. 0. 0. 0.]]
```

由运行结果可知，通过模型特征提取得到了对应文档的特征矩阵。

任务实施

一、读取新闻文本数据

1. 导入开发库

使用import和from导入re、os、json、pandas、TfidfTransformer、CountVectorizer等开发类库，如代码7-5所示。

【代码7-5】导入开发库。

```
import re
import os
```

```
import json
import jieba
import pandas as pd
from sklearn.feature_extraction.text import TfidfTransformer
from sklearn.feature_extraction.text import CountVectorizer
```

在代码7-5中，re库用于在字符串中匹配、搜索和替换特定的文本，os库用于处理文件、目录、进程等操作系统，json库用于处理json格式的数据文件，jieba库用于进行文本分词等，pandas库用于文件的读取和数据处理，TfidfTransformer类用于计算词频矩阵中每个词语的TF-IDF权值，CountVectorizer类用于将文本中的词语转换为词频矩阵。

2. 指定路径

使用os.listdir()方法指定文件的读取路径，如代码7-6所示。

【代码7-6】指定读取目录。

```
#指定文件读取路径
# os.listdir(path='.')：返回指定目录下的所有文件和目录的名称列表。
files=os.listdir('../data/json/')
train_data=pd.DataFrame()
```

3. 查看数据

新闻网站是信息时代人们获取信息的重要途径。新闻文本聚类采用来自新闻网站的数据合集，该数据共有4个类别标签，分别为经济、国际、体育、教育。每个标签下分别有500条新闻数据，例如体育标签的数据格式如图7-2所示。

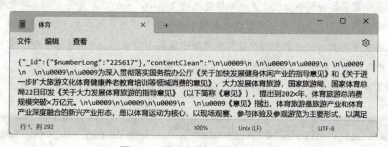

图 7-2 体育标签下数据展示

4. 读取数据

使用with open()方法读取新闻文本数据集，去除制表符、换行符、回车符，如代码7-7所示。

【代码7-7】读取数据。

```
#遍历目录下所有文件
for file in files:
    """遍历文件夹读取文件数据"""
    with open('../data/json/'+file,'r',encoding='utf-8') as load_f:
        content=[]
```

```
        while True:
            load_f1=load_f.readline()              #readline读出行信息
            if load_f1:
                #若非空
                load_dict=json.loads(load_f1)      #将str类型的数据转换为dict类型
                #把制表换行回车替换为空
                content.append(re.sub('[\t\r\n]','',
                load_dict['contentClean']))
            else:
                break
        contents=pd.DataFrame(content)             #变成dataframe格式
    #划分训练集与测试集
    train_data=train_data.append(contents[:500])
    print(train_data[0:5])
```

在代码中,利用for循环遍历路径下的所有文件,并使用with open()读取文件。其中,readline()用于读取文件的一行;if load_f1表示若load_f1非空时,使用json.loads()将str数据转换成dict数据,并使用re.sub()替换字符串中的匹配项,代码中将制表符(\t)、换行符(\n)、回车符(\r)替换为空;while True()用于构造一个无限循环,只有在循环内出现break才停止。整个while循环表示,若readline()读取的行非空则将\t\r\n替换为空并保存到列表content中,若readline()读取的数据为空,则停止while循环。

代码运行结果:

```
0  为深入贯彻落实国务院办公厅《关于加快发展健身休闲产业的指导意见》和《关于进一步扩大旅...
1  北京时间11月30日消息,近日中国反兴奋剂中心公布了最新的兴奋剂违规处理结果,其中田...
2  很多人喜欢跑马拉松的一个原因就是长跑有助于提高心肺功能,改善身体素质。有不少人在保持...
3  12月1日,国际足联在官方网站上宣布,由FIFA(国际足联)和FIFPro(国际职业...
4  即使对于专业运动员来说,马拉松也考验着他们的身体极限,更不要说业余爱好者了。广州马拉...
```

二、分词和去停用词

1. 构建自定义函数

编写函数去除数据中的停用词及分词,如代码7-8所示。

【代码7-8】去停用词和分词。

```
def seg_word(data):
    corpus=[]    #语料库
    stop=pd.read_csv('../data/stopwords.txt',sep='bucunzai',
                    encoding='utf-8',header=None)
    stopwords=[' ']+list(stop[0])              #加上空格符号
    for i in range(len(data)):
```

```
        string=data.iloc[i,0].strip()   #删除字符串前后（左右两侧）的空格或特殊字符
        seg_list=jieba.cut(string,cut_all=False)   # jieba分词
        corpu=[]
        #去除停用词
        for word in seg_list:
            if word not in stopwords:
                corpu.append(word)
        corpus.append(' '.join(corpu))
    return corpus
```

在代码中，首先使用read_csv()函数读取停用词表后，对于输入参数data的每一行进行for循环，并使用strip()方法删除字符串左右两侧的空格或特殊字符，然后使用jieba库的cut()函数对剩余的文本进行分词，使用for循环和停用词表对分词之后的文本进行去停用词，最终将所有得到的文本存储到列表corpus列表中。

2. 调用函数进行分词和去停用词

调用代码7-8中编写的seg_word()函数，进行分词和去停用词，如代码7-9所示。

【代码7-9】分词和去停用词。

```
train_corpus=seg_word(train_data)
print(train_corpus[0:1])
```

代码运行结果：

['贯彻落实 国务院办公厅 加快 发展 健身 休闲 产业 指导 意见 进一步 旅游 文化 体育 健康 养老 教育 培训 领域 消费 意见 大力发展 体育 旅游 国家旅游局 国家体育总局 2× 印发 大力发展 体育 旅游 指导 意见 简称 意见 提出 202× 年 体育 旅游 总 消费 规模 突破 万亿元 意见 指出 体育 旅游 旅游 产业 体育产业 深度 融合 新兴产业 形态 体育运动 核心 现场 观赛 参与 体验 参观 游览 形式 健康 娱乐……']

注意：部分结果已省略。

由运行结果可知，进行分词和去停用词后文本变成了一个个单独且有意义的词语。

三、特征提取

针对去停用词后的数据使用TfidfTransformer()进行特征提取，并使用CountVectorizer类将提取的特征转换为词频矩阵，如代码7-10所示。

【代码7-10】特征提取。

```
#将文本中的词语转换为词频矩阵，矩阵元素a[i][j]表示j词在i类文本下的词频
vectorizer=CountVectorizer()
#统计每个词语的tf-idf权值
transformer=TfidfTransformer()
#第一个fit_transform是计算tf-idf，第二个fit_transform是将文本转为词频矩阵
```

```
train_tfidf=transformer.fit_transform(vectorizer.fit_transform(train_corpus))
#将tf-idf矩阵抽取出来,元素w[i][j]表示j词在i类文本中的tf-idf权重
train_weight=train_tfidf.toarray()
print(train_weight[0:5,:])
```

代码运行结果:

```
[[0. 0. 0. ... 0. 0. 0.]
 [0. 0. 0. ... 0. 0. 0.]
 [0. 0. 0. ... 0. 0. 0.]
 [0. 0. 0. ... 0. 0. 0.]
 [0. 0. 0. ... 0. 0. 0.]]
```

由运行结果可知,通过模型特征提取得到了对应文档的特征矩阵。

任务实训

实训一 处理期刊论文文本数据

一、训练要点

(1)掌握文本数据读取的操作方法。
(2)掌握文本数据清洗的基本操作。

二、需求说明

期刊论文代表着学科前沿的知识,摘要是整篇论文的浓缩,通过对大量期刊论文摘要进行文本数据分析,可以快速了解某个领域的研究动态和趋势,发现研究的热点和前沿领域,以及潜在的新研究主题和问题。例如,可以识别出某个领域中被较少关注或者有待深入研究的方向。这有助于科研人员在选题和研究方向上有更全面的了解,从而推动科研领域的发展。期刊论文摘要部分数据见表7-3。本实训将对期刊论文摘要数据进行处理,包括文本读取、分词、去停用词和特征向量。

表7-3 论文摘要示例

标题	摘要	关键词	专业	门类
1	检查点能够保存和恢复程序的运行状态。它在进程迁移、容错、卷回调试等领域……	检查点……	计算机科学与技术	工学
2	轧辊是轧机的主要变形工具,由于自身材质及其所处的恶劣工作条件……	轧辊……	材料科学与工程	工学
3	目的:探讨活检钳3种不同预清洗方法的清洗质量……	活检钳……	公共卫生与预防医学	医学
4	使用紧束缚近似多体势和遗传算法,计算了$Rh_n(n=2\sim20)$团簇的基态结构……	铑团簇……	物理学	理学
5	针对电池电源管理中的开关变换器应用,采用NCP1200电流型PWM控制芯片设计了一种多路隔离输出的反激式DC-DC变换器……	反激式……	电气工程	工学

项目七 新闻文本分析——聚类

三、实现思路及步骤

（1）使用pandas库读取数据。
（2）读取停用词表。
（3）构建分词和去停用词函数。
（4）使用sklearn库将词语转换成特征向量。

任务二　构建新闻文本聚类模型

任务描述

聚类是针对给定的样本，依据它们特征的相似度或度量，将其归并到若干个"类"或"簇"的数据分析问题。一个类是样本的一个子集。直观上，相似的样本聚集在相同的类，不相似的样本分散在不同的类。新闻文本聚类是将大量新闻文本根据其相似性划到不同的类别中，以便更好地理解和分析这些文本。

本任务将使用K-Means聚类算法和DBSCAN算法，对任务一中处理好的文本进行聚类分析并进行可视化展示。任务要求：使用sklearn库构建K-Means聚类模型；使用sklearn库构建DBSCAN模型；使用Matplotlib库实现结果的可视化。

相关知识

一、K-Means

聚类的目的是在没有标签或类别信息的情况下，将数据样本归为几个不同的群组（见图7-3），以便更好地理解数据、识别数据的模式和规律，并进行更有效的数据分析。通过聚类，可以识别出数据中的不同类别或簇，这些簇可能具有相似的属性、特征或行为。

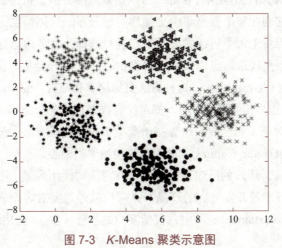

图7-3　K-Means 聚类示意图

视　频
K-Means
聚类

K-Means聚类是基于样本集合划分的聚类算法。它将样本集合划分为K个子集，每个子集为一类。将n个样本分到K个类中，使得每个样本到其所属类的中心的距离最短。在K-Means聚类中，每个样本只能属于一个类。在图73中，将样本分为了5类，可以从图中看到，每个样本只能属于一个类，一个类的样本都聚集在一起。

K-Means聚类算法是一个迭代的过程，首先选择K个类的中心，将样本分类到距离最近的类中；然后将每个类中样本的均值作为新的类中心；重复以上步骤，直到每个类中样本不再改变为止。

以上过程的目标是最小化每个数据点与其所属簇中心之间的距离的总和：

$$\min \sum_{i=1}^{n}(X_i - \mu_j)^2 \tag{7-1}$$

其中，X_i表示第i个样本，μ_j表示第j个类的中心。

使用sklearn库中的KMeans类可实现K-Means聚类。其基本使用格式如下：

```
class sklearn.cluster.KMeans(n_clusters=8,init='k-means++',n_init=10,
max_iter=300,tol=0.0001,precompute_distances='deprecated',verbose=0,
random_state=None,copy_x=True,n_jobs='deprecated',algorithm='auto')
```

KMeans类常用的参数及说明见表7-4。

表 7-4　KMeans 类常用的参数及说明

参　数	说　明
n_clusters	接收int。表示要形成的簇数以及生成的质心数，默认为8
init	接收方法名。表示所选择的初始化方法，可选'k-means++'、'random'、ndarray、callable，默认为'k-means++'
n_init	接收int。表示K均值算法将在不同质心种子下运行的次数，默认为10
max_iter	接收int。表示单次运行的K均值算法的最大迭代次数，默认为300
tol	接收float。表示两个连续迭代的聚类中心的差异，以声明收敛，默认为1e-4
random_state	接收int。表示所确定的质心初始化的随机数的生成，默认为None

在KMeans类可以选择的初始化方法中，k-means++是默认的方法，也是最常用的方法，它会智能地选择初始聚类中心，使它们在整个数据集中更加均匀地分布。具体而言，该方法会首先选择一个随机的初始聚类中心，然后对于每个后续的聚类中心进行选择，会考虑已选择的聚类中心与数据点之间的距离，倾向于选择距离较远的点作为新的聚类中心。random会从数据集中随机选择K个数据点作为初始聚类中心。相比于'k-means++'，这种方法更加简单和随机。ndarray可以传入一个形状为(择K,n_features)的NumPy数组作为初始聚类中心。择K代表数据点的个数，n_features代表数据的维度。callable可以传入一个可调用对象（如函数）作为初始聚类中心的选择方法。该可调用对象应接受数据集作为输入，并返回形状为(择K,n_features)的数组作为初始聚类中心。

对于应用程序开发者而言，用户的反馈至关重要。针对不同使用习惯、不同使用强度的顾客进行的问卷调查，有助于帮助开发者开发出好的产品。某应用软件想要对客户进行问卷调查，客户的使用信息存储在客户数据集（customer.csv）中，包括客户的年龄（岁）、应用使用时间（小时），部分数据见表7-5。

表 7-5　客户数据集

年龄/岁	使用时间/h
56	87
28	106
33	155
30	198

使用 K-Means 聚类对数据进行聚类，求出聚类的数量和每个类的中心，并可视化展示，如代码7-11所示。

【代码7-11】K-Means聚类。

```
import pandas as pd
from sklearn.cluster import KMeans
customer=pd.read_csv('../data/customer.csv',encoding='gbk')
#构建模型
kmeans=KMeans(n_clusters=3,random_state=8)
#训练模型
kmeans.fit(customer)
print('分类情况为: ',kmeans.labels_)
print('类中心为: \n',kmeans.cluster_centers_)
#绘制散点图
import matplotlib.pyplot as plt
plt.rcParams['font.sans-serif']='SimHei'
#设置样本点形状
markers=['^','*','x']
colors=['r','y','b']
x=customer.iloc[:,0].tolist()
y=customer.iloc[:,1].tolist()
#绘制每个数据点的散点图
for i in range(len(kmeans.labels_)):
    plt.scatter(x[i],y[i],c=colors[kmeans.labels_[i]],marker=markers
                [kmeans.labels_[i]])
plt.xlabel('年龄/岁')
plt.ylabel('使用时间/h')
plt.title('K-Means聚类结果')
plt.show()
```

代码运行结果:

分类情况为: [2 2 0 0 2 0 0 2 2 0 1 1 1 1 1 1 1 1 1 1]
类中心为:

```
[[ 33.  183.8]
 [ 38.8  26.7]
 [ 38.8 105.6]]
```

代码运行结果如图7-4所示。

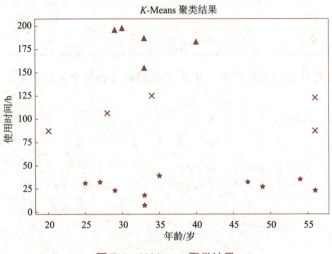

图 7-4　K-Means 聚类结果

由图7-4可知，K-Means聚类将数据分为了3类。从类中心可以看出，分类的主要依据为特征2——使用时间（见表7-5），在年龄上并没有体现出太多差异。在实践之后，还要懂得反思，在实践中检验猜想，并提出新的猜想。

二、DBSCAN

视频

DBSCAN聚类

DBSCAN是一种基于密度的聚类算法，与K-Means聚类算法不同，它不需要预先指定聚类的数量。相反，DBSCAN通过将数据点分为核心点、边界点和噪声点，从而发现任意形状的簇。

在DBSCAN中，每个数据点都有两个重要的参数：邻域半径（r）和最小点数（k）。如式（7-2）所示，$N(x_i)$为x_i的一个邻域，r为邻域半径，dist为距离函数。邻域半径决定了一个点周围的范围，而最小点数是确定一个点是核心点的最小邻居数。核心点是在其邻域内至少有k个数据点的数据点，而边界点是邻域内少于k个数据点但位于核心点邻域中的数据点。噪声点是不属于任何簇的点。

$$N(x_i) = \{x_j | \text{dist}(x_j, x_i) \leq r\} \tag{7-2}$$

DBSCAN的算法是一个遍历的过程，如图7-5所示。首先随机选择一个未被访问的数据点，并找到其邻域内的所有点。如果该点的邻域内至少有k个点，则将该点标记为核心点，并将其邻域内的所有点加入该簇中，并将邻域内所有点标记为已访问；如果该点的邻域内少于k个点，则将该点标记为噪声点。重复上述步骤，直到所有数据点都被访问。

使用sklearn库中的DBSCAN类可实现DBSCAN聚类。其基本使用格式如下：

```
class sklearn.cluster.DBSCAN(eps=0.5,min_samples=5,metric='euclidean',
```

```
metric_params=None,algorithm='auto',leaf_size=30,p=None,n_jobs=None)
```

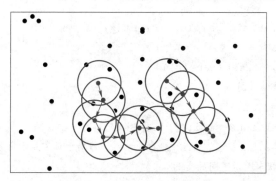

图 7-5　DBSCAN 过程示意图

DBSCAN类常用的参数及说明见表7-6。

表 7-6　DBSCAN 类常用的参数及说明

参　　数	说　　明
eps	接收float。表示同一个簇中两个样本之间的最大距离，而该距离还被视为另一个样本的邻域，默认为0.5
min_samples	接收int。表示一个点附近的样品数量（或总重量）被视为核心点，默认为5
metric	接收str、callable。表示计算要素阵列中实例之间的距离时使用的度量，默认为'euclidean'
metric_params	接收dict。表示度量功能的其他关键字参数，默认为None
algorithm	接收算法名称。表示NearestNeighbors模块将使用该算法来计算逐点距离并查找最近的邻居，默认为'auto'
n_jobs	接收int。表示要运行的并行作业数，默认为None

为了体现DBSCAN在非凸数据的聚类优点，应用sklearn开发包的datasets对象生成用于测试聚类模型的数据集。其中，调用datasets.make_blobs方法生成一组样本数为500，特征数为2的两簇封闭结构的非凸数据集，同时调用datasets.make_circles()函数生成一簇样本数为1000的圆形数据集作为对比数据。在数据分析中，非凸的数据通常是指数据集中存在复杂的非线性关系或存在多个局部最优解的情况，这会使得寻找全局最优解变得更加困难。使用DBSCAN算法对生成的随机数据进行聚类，如代码7-12所示。

【代码7-12】使用DBSCAN算法对生成的随机数据进行聚类。

```
from sklearn.cluster import DBSCAN
import sklearn.datasets as datasets
import matplotlib.pyplot as plt
import numpy as np
#生成两簇非凸数据
x1,y2=datasets.make_blobs(n_samples=500,n_features=2,centers=[[1.3,1.3]],
                          cluster_std=[[.1]],random_state=9)
#一簇对比数据
x2,y1=datasets.make_circles(n_samples=1000,factor=.6,noise=.02)
```

```
x=np.concatenate((x1,x2))
#生成DBSCAN模型
dbs=DBSCAN(eps=0.08,min_samples=10).fit(x)
labels=dbs.labels_
print('聚类的标签为: ',set(labels))
#绘制DBSCAN模型聚类结果图
ds_pre=dbs.fit_predict(x)
plt.rcParams['font.sans-serif']='SimHei'
plt.rcParams['axes.unicode_minus']=False   #用于正常显示负号
#选择不同的颜色和形状来表示不同的类别
colors=['y','g','b','r']
markers=['o','s','D','*']
#绘制每个数据点的散点图
for i in range(len(set(labels))):
    plt.scatter(x[labels==i-1][:,0],x[labels==i-1][:,1],color=colors[i],
                marker=markers[i])
plt.xlabel('特征1')
plt.ylabel('特征2')
plt.title('DBSCAN结果')
plt.show()
```

代码运行结果:

聚类的标签为: {0,1,2,-1}

运行代码得到的BDSCAN聚类结果如图7-6所示。

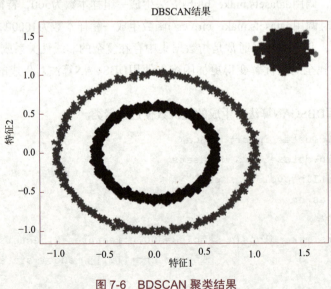

图7-6　BDSCAN 聚类结果

由代码7-12运行结果可知，经过DBSCAN算法，数据被聚成了4类。DBSCAN算法成功地将两簇非凸数据分别聚为一类,而将一簇对比数据聚为了两类。通过聚类结果可以清晰地观察到数据的聚集结构和分布情况。与K-Means算法相比较,DBSCAN算法更适合处理非凸的数据,而K-Means算法更适合处理密度均匀的数据。

任务实施

一、构建 K-Means 模型

1. 导入开发库

使用import和from导入KMeans、matplotlib.pyplot、PCA、DBSCAN等开发类库,如代码7-13所示。

【代码7-13】导入开发库。

```
from sklearn.cluster import KMeans
import matplotlib.pyplot as plt
from sklearn.decomposition import PCA
from sklearn.cluster import DBSCAN
```

在代码7-13中,KMeans类可用于构建K-Means模型,matplotlib.pyplot类可用于实现数据可视化,PCA类可用于实现使用PCA进行数据降维,DBSCAN类可用于构建DBSCAN模型。

2. K-Means 模型建立

使用sklearn库中的KMeans类构建K-Means模型,并使用数据集进行训练,如代码7-14所示。

【代码7-14】构建K-Means模型。

```
# K-Means聚类
clf=KMeans(n_clusters=3,random_state=4)    #选择3个中心点
# clf.fit(X)可以将数据输入到分类器里
clf.fit(train_weight)
```

在代码7-14中,n_clusters参数用于设置簇的数量,random_state参数用于设置随机种子。此处,将构建一个簇数为3、随机数种子为4的K-Means模型。

3. 查看模型类中心

使用cluster_centers_属性获取簇中心点,如代码7-15所示。

【代码7-15】输出模型类中心

```
#输出3个中心点
print('类中心为:\n',clf.cluster_centers_)
```

代码运行结果:

```
类中心为:
 [[-7.58941521e-19    1.21972744e-19    -6.77626358e-20 ...    3.72694497e-20
```

```
            1.42301535e-19   -1.01643954e-20]
 [ 7.79819296e-04   -8.13151629e-20   -5.75982404e-20 ...  -1.01643954e-20
            1.42301535e-19   -4.06575815e-20]
 [ 5.67990632e-04    1.57961624e-04    3.66598438e-05 ...   3.79041796e-05
            6.92327936e-05    2.53528157e-05]]
```

由运行结果可知3簇数据的中心点。

4. 每类数据的数目

使用value_counts()方法输出每类中所包含的数据个数,如代码7-16所示。

【代码7-16】输出每个类包含的数据个数。

```
#输出数据的个数
train_res=pd.Series(clf.labels_).value_counts()
print('各类的个数为:\n',train_res)
```

代码运行结果:

```
各类的个数为:
 2    1399
 1     337
 0     264
```

由运行结果可知,第"2"类有1399个元素,第"1"类有337个元素,第"0"类有264个元素。

5. PCA 降维

为了对聚类结果进行可视化,需要先对原始数据进行降维。使用PCA类进行数据降维,并使用shape[]函数输出降维前的维度和降维后的维度进行比较,如代码7-17所示。

【代码7-17】PCA降维。

```
#输出数据的维度
print('数据的维度为:\n',train_weight.shape[1])
# PCA降维
pca=PCA(n_components=2)
X=pca.fit_transform(train_weight)
print('降维后数据的维度:\n',X.shape[1])
```

代码运行结果:

```
数据的维度为:
 68376
降维后数据的维度:
 2
```

由运行结果可知,数据在降维前的维度为68376维,降维后的维度为2维。降维后的数据适用于进行可视化。

6. K-Means 模型可视化

使用matplotlib库的scatter()函数绘制散点图,如代码7-18所示。

【代码7-18】K-Means模型可视化。

```
#用于正常显示负号
plt.rcParams['axes.unicode_minus']=False
plt.rcParams['font.sans-serif']='SimHei'
#散点图各类形状与颜色
markers=['^','x','s']
colors=['r','b','y']
x=[]
y=[]
for i in X:
    x.append([i[0]])
    y.append([i[1]])
labels=clf.labels_

#画出散点图
for i in range(len(labels)):
    plt.scatter(x[i],y[i],c=colors[labels[i]],marker=markers[labels[i]])
plt.xlabel('特征1')
plt.ylabel('特征2')
plt.title('K-Means聚类结果')
plt.show()
```

代码运行结果如图7-7所示。

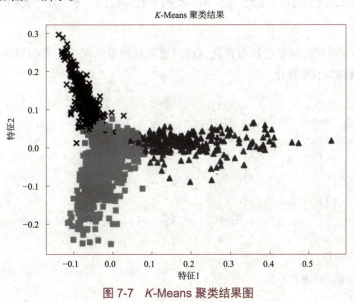

图 7-7　K-Means 聚类结果图

由图7-6可知，K-means聚类将数据聚为3类，类与类之间的具有一定的差异性，聚类效果不错。

二、构建 DBSCAN 模型

1. DBSCAN 模型建立

使用sklearn库中的DBSCAN类构建DBSCAN模型，如代码7-19所示。

【代码7-19】构建DBSCAN模型。

```
# DBSCAN模型
dbs=DBSCAN(eps=1,min_samples=10).fit(train_weight)
```

其中，eps参数用于设置同一个簇中两个样本之间的最大距离，min_samples参数用于设置一个点被确认为核心点后其附近需要的最小样本数。此处，将构建一个同一个簇中两个样本之间的最大距离为1、一个点被确认为核心点附近需要的最小样本数为10的DBSCAN模型。

2. 模型类的个数

使用value_counts()方法输出每个类中所包含的数据个数，如代码7-20所示。

【代码7-20】输出类的个数。

```
#类型
labels=dbs.labels_
print('各类的个数为:\n',pd.Series(labels).value_counts())
```

代码运行结果：

```
各类的个数为:
 0    1321
-1     679
```

由运行结果可知，模型被聚为2类，第"0"类的个数为1321，第"-1"类的个数为679。

3. 模型可视化

利用Matplotlib库对聚类结果进行可视化，可以更直观地看出聚类结果的好坏，如代码7-21所示。

【代码7-21】DBSCAN可视化。

```
#绘制散点图
plt.rcParams['axes.unicode_minus']=False
plt.rcParams['font.sans-serif']='SimHei'
markers=['^','*']
colors=['r','y']
for i in range(len(labels)):
    plt.scatter(x[i],y[i],c=colors[labels[i]+1],marker=markers[labels[i]+1])
plt.xlabel('特征1')
plt.ylabel('特征2')
plt.title('DBSCAN结果')
```

```
plt.show()
```

代码运行结果如图7-8所示。

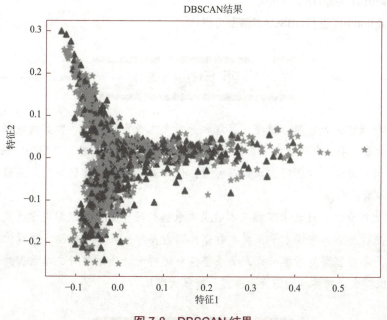

图 7-8　DBSCAN 结果

由图7-7可知，在DBSCAN聚类中，数据虽然被聚为2类，但是类与类之间的差异很难体现出来。K-Means算法将数据聚类为彼此之间有差异的3类，而DBSCAN算法只将数据聚类为彼此差异不显著的两类。因此，在本项目中使用K-Means算法进行新闻文本聚类将会更加合理。

任务实训

实训二　构建期刊论文文本聚类模型

一、训练要点

（1）掌握构建K-Means聚类模型的方法。
（2）掌握构建DBSCAN聚类模型的方法。

二、需求说明

期刊论文聚类是为了将大量的信息根据其相似性划分到不同的类别中，形成层次性的类、主题、领域、学科等，帮助研究者更好地查找各类型的期刊论文，掌握文本中包含的重点信息，把握研究的热点方向。本实训基于实训一处理后的数据，使用K-Means模型、DBSCAN模型进行文本聚类分析。

三、实现思路及步骤

（1）使用sklearn库构建K-Means模型。
（2）输出模型的类中心和各族的个数。

（3）使用sklearn库对特征矩阵进行PCA降维。

（4）使用Matplotlib库进行K-Means模型可视化。

（5）使用sklearn库构建DBSCAN模型。

（6）使用Matplotlib库进行DBSCAN模型可视化。

项目总结

文本数据分析通常涉及收集、清理、处理和分析文本数据，是一种常见的数据分析方法。本项目从文本数据的读取入手，介绍对文本数据进行去分词、去停用词、特征提取的方法，以及K-Means和DBSCAN两种聚类方法。以新闻文本数据为例，让读者将学到的知识应用到实践之中，对新闻文本进行文本清洗和聚类操作。

通过这些知识的介绍，让读者掌握基本的文本数据处理能力，可以帮助学生更好地理解和处理数据，提高数据分析能力和决策水平。文本数据处理需要学生具备系统性、逻辑性、创造性和批判性思维，这些都是非常重要的思维模式，必须坚持系统观念。通过学习文本数据处理，可以帮助学生培养良好的思维模式，对学生的综合素质提升有很大帮助。

课后作业

一、选择题

1. 自然语言处理中去除停用词的目的是（　　）。

    A. 减小数据集的大小

    B. 去除对文本意义没有贡献的词语

    C. 减少处理数据所需的时间

    D. 使文本更易于阅读

2. 自然语言处理中特征提取的目的是（　　）。

    A. 在不损伤文本核心信息的情况下尽量减少要处理的单词数

    B. 从文本数据中去除停用词

    C. 创建文本数据的可视化图表

    D. 从文本数据中去除无关词语

3. （　　）Python函数可用于读取文本文件。

    A. load()　　　　　B. open()　　　　　C. read()　　　　　D. write()

4. K-Means聚类算法中，下列（　　）选项描述最能够准确地解释"K"的含义。

    A. 数据点之间的距离　　　　　　　　B. 聚类中心点的个数

    C. 迭代的次数　　　　　　　　　　　D. 聚类的准确度

5. 在DBSCAN聚类算法中，下列（　　）选项描述最能够准确地解释“核心点”的含义。

A. 聚类中心点的个数

B. 数据点之间的距离

C. 位于邻域内的数据点数量达到最小点数（k）的数据点

D. 位于邻域内的数据点数量不足最小点数（k）的数据点

二、操作题

论文摘要是一篇论文的简介，包含着论文的创新点、论文所做的工作、论文的框架等重要的内容。对论文摘要进行文本聚类分析，有助于把握研究的热点，提高自己的科学品味。论文摘要示例如图7-9所示。

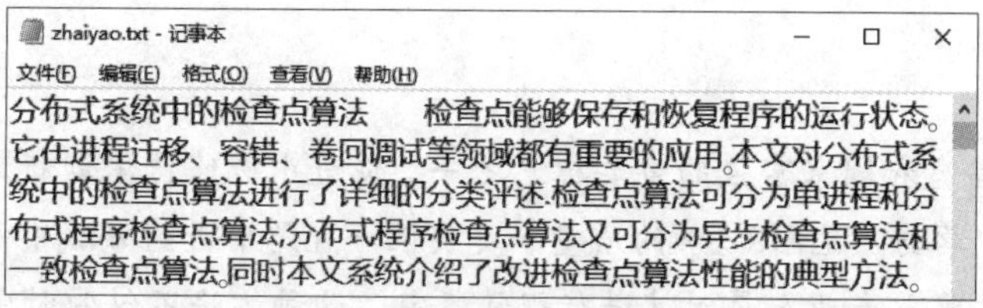
zhaiyao.txt - 记事本

文件(F) 编辑(E) 格式(O) 查看(V) 帮助(H)

分布式系统中的检查点算法　　检查点能够保存和恢复程序的运行状态。它在进程迁移、容错、卷回调试等领域都有重要的应用.本文对分布式系统中的检查点算法进行了详细的分类评述.检查点算法可分为单进程和分布式程序检查点算法,分布式程序检查点算法又可分为异步检查点算法和一致检查点算法.同时本文系统介绍了改进检查点算法性能的典型方法。

图7-9　论文摘要示例

根据100篇论文的摘要文本进行文本数据清洗，并进行文本聚类分析。具体步骤如下：

（1）读取数据集zhaiyao.txt。

（2）使用jieba库进行分词，并使用stopword停用词表进行去停用词。

（3）使用TfidfTransformer类进行特征提取，并使用CountVectorizer类将提取的特征转换为词频矩阵，得到词频矩阵的tf-idf权重。

（4）使用Kmeans类进行K-Means聚类并可视化展示。

（5）使用DBSCAN类进行DBSCAN聚类并可视化展示。

项目八 中草药识别——神经网络

人民健康是民族昌盛和国家富强的重要标志之一。促进中医药传承创新发展,健全公共卫生体系,是现实的要求。中草药(见图8-1)的质量和真实性一直是中医药领域中一个重要的问题。传统的中草药质量检测方法需要专业人员对其进行视觉鉴定,这种方法不仅费时费力,而且易受主观因素影响。基于图像处理技术的中草药识别系统可以减轻这个问题。该系统能够将中草药图像与数据库中已知的中草药图像进行比较,并计算相似性。通过该系统,可以准确、快速地识别出中草药的品种和真实性。这项技术在中草药市场贸易、中药保健品行业以及生态环境保护等领域都有着广泛的应用前景,能够大幅提高中草药质量监管的效率和准确性。

本项目技术开发思维导图如图8-1所示。

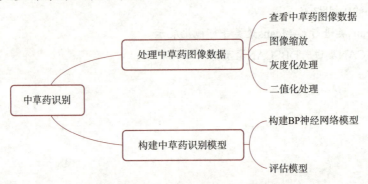

图8-1 中草药识别项目技术开发思维导图

学习目标

1. 知识目标

(1)掌握图像读取、放缩、灰度化处理和二值化处理的方法。
(2)了解BP神经网络的基本概念。
(3)掌握构建BP神经网络的方法。

2. 技能目标

(1)能够使用Python的OpenCV库读取和处理图像。

（2）能够使用Python的sklearn库构建BP神经网络模型。

3. 素质目标

（1）引导学生关注中草药领域的数据，促进中医药传承创新发展。

（2）培养学生环境保护意识，树立和践行绿水青山就是金山银山的理念。

任务一　处理中草药图像数据

任务描述

中药主要由植物药、动物药和矿物药组成，因植物药占中药的大多数，所以中药也称中草药。中国是中草药的发源地，中草药是中国宝贵的传统文化，目前中国大约有12 000种药用植物。古代先贤对中草药和中医药学的深入探索、研究和总结，使得中草药得到了广泛的认同与应用。中草药是中国传统文化的重要组成部分，通过中草药图像识别技术的应用，可以促进对中草药知识和传统医药文化的传承和保护，有助于维护国家的文化多样性和传统价值观念，增强文化自信。任务要求：（1）使用OpenCV库读取图像数据；（2）使用OpenCV库预处理图像数据。

相关知识

一、读取、显示、保存图像数据

在Python中，有很多第三方图像处理库可用于读取、显示和保存图像数据，OpenCV是一个流行的计算机视觉库，它提供了很多用于图像处理和计算机视觉的函数和工具。其中包括读取、显示和保存图像的方法。读者可以在anaconda powershell prompt中使用conda install opencv来安装OpenCV库。

在Python中，使用OpenCV库中的imread()函数读取图像数据。该方法可以读取指定路径下的图像文件，并将其作为一个NumPy数组对象存储在内存中。读取时需要指定颜色模式和通道数。Imread()函数的基本使用格式如下：

```
cv2.imread(filename[,flags])
```

Imread()函数的主要参数见表8-1。

表8-1　imread()函数的参数及说明

参　数	说　明
filename	接收字符串，用于指定图像文件的路径和文件名，默认值为空字符串'
flags	接收int或者枚举类型，用于读取图像的模式，默认值为0

如果需要显示图像数据，可以使用OpenCV库中的imshow()函数。该函数用于将图像显示在新建的窗口中，可以接收NumPy数组或者Python Imaging Library（PIL）Image对象作为输入。同时，还可以对图像进行缩放、平移、旋转等操作，方便观察和调试。

如果需要保存图像数据，可以使用OpenCV库中的imwrite()函数。该函数用于将图像写入指定路径下的文件中，可以接收NumPy数组或者PIL Image对象作为输入。在保存图像时，需要指定图像的格式、保存路径以及保存质量等参数。

使用OpenCV库读取、显示和保存图像，如代码8-1所示。

【代码8-1】图像的读取、显示与保存。

```
import cv2
img=cv2.imread("../data/image.jpg",cv2.IMREAD_COLOR)    #读取图像数据
#显示图像
cv2.imshow("Image",img)
cv2.waitKey(0)
cv2.destroyAllWindows()
cv2.imwrite('../tmp/image1.jpg',img)    #保存图像
```

代码运行结果如图8-2所示。

图 8-2　图像读取、显示与保存示例

在代码8-1中，首先使用cv2.Imread()函数读取指定路径下的彩色图像，并将其存储为NumPy数组对象；然后使用cv2.imshow()函数将图像显示在新建的窗口中，并使用cv2.waitKey()函数等待用户按下键盘上的任意键来关闭窗口；最后使用cv2.imwrite()函数将图像保存到指定路径下的文件中。

二、图像缩放

在Python中，常用的图像处理库有Pillow、OpenCV等。这些库提供了丰富的图像处理功能，包括图像缩放和裁剪。当需要将一个图像放大或缩小到一个新的大小时，可以使用双线性插值来获取新的像素值。双线性插值是一种常用的图像处理技术，可将低分辨率图像放大到更高的分辨率，同时保留尽可能多的细节和清晰度。

在双线性插值中，假设原始图像中每个像素的值都对应于一个连续的函数，该函数在离散像素网格上进行采样。当需要计算一个新位置的像素值时，首先在原始图像中找到最近的四个像素，并计算它们的加权平均值。这四个像素通常被称为"参考像素"。读者可以用cv2.resize()函数指定双线性插值，也可以用thumbnail()函数默认双线性插值。

1. cv2.resize() 函数

在Python中，使用OpenCV库中的resize()函数进行双线性插值压缩。其基本使用格式如下：

```
resized_image=cv2.resize(src,dsize[,dst[,fx[,fy[,interpolation]]]])
```

resize()函数常用参数及说明见表8-2。

表8-2 resize() 函数常用参数及说明

参　　数	说　　明
src	接收str，用于指定图像、音频或视频等，默认值为None
dsize	接收tuple[int,int]，用于输出图像的大小，默认值为None
interpolation	接收int或str，用于指定图像缩放时使用的插值算法，默认值为cv2.INTER_LINEAR

使用cv2.resize()函数进行双线性插值调整图像大小，如代码8-2所示。

【代码8-2】resize()函数压缩图像大小。

```
img=cv2.imread("../data/image.jpg")    #加载原始图像
target_size=(400,400)   #指定目标大小
#使用双线性插值将原始图像压缩为目标大小
resized_img=cv2.resize(img,target_size)
#展示图像
cv2.imshow("Combined Image",resized_img)
cv2.waitKey(0)
#保存图像
cv2.imwrite('../tmp/image2.jpg',resized_img)
```

运行代码8-2，得到的压缩图像前后对比如图8-3所示。

　　　　　　(a) 1 024×768像素　　　　　　　　　　(b) 400×400像素

图8-3 不按原图长宽比例压缩图像

2. thumbnail() 函数

在Python的图像处理库Pillow中，有一种可以缩放图像的方法称为thumbnail()。这个方法可以将原始图像按照指定的尺寸进行等比例缩放，并直接修改原始图像，而不需要生成一个新的缩放后的副本。这个方法非常适合对大量的图像进行批量处理，例如在网站上展示缩略图时，就可以使用

thumbnail()方法来快速生成。然而在图像处理中,thumbnail()函数获取的是原始图像的缩小版本,主要用于快速预览或显示。但清晰度不如原始图像。

为了解决这个问题,在生成thumbnail时,可以使用双线性插值技术来提高其视觉质量和清晰度,从而提供更好的预览效果。

用thumbnail()方法进行图像缩放如代码8-3所示。

【代码8-3】用thumbnail()方法进行图像缩放

```
from PIL import Image
img=Image.open("../data/image.jpg")   #打开原始图像
size=(400,400)   #缩放图像
img.thumbnail(size)
img.save('../tmp/image3.jpg')   #保存修改后的原始图像
```

运行代码8-3,得到的压缩图像前后对比如图8-4所示。

(a)1 024×768像素

(b)400×300像素

图8-4　按原图长度比例压缩图像

三、灰度化处理

在Python图像识别中,RGB是表示颜色的一种方法,它是由红色(R)、绿色(G)和蓝色(B)三种基本颜色组合而成。在RGB模式下,每个像素都有一个对应的颜色值,其中包括红、绿、蓝三种颜色的强度值,这些强度值会影响最终的颜色显示效果。RGB颜色值的取值范围为0~255,其中0表示最小亮度(黑色),255表示最大亮度(白色)。

在进行图像处理或图像识别时,经常需要对RGB颜色值进行处理和计算。因此,了解RGB颜色值的取值范围非常重要。具体地说,对于一个RGB三通道的像素点,其中每个通道的取值范围都是0~255,共有256个不同的值。例如,(0,0,0)表示黑色,(255,255,255)表示白色,(255,0,0)表示红色,(0,255,0)表示绿色,(0,0,255)表示蓝色,(255,255,0)表示黄色,等等。

当需要将一张彩色图像转换为灰度图像时,通常使用加权平均法来计算每个像素的灰度值。这种方法会将每个像素的红、绿、蓝三个通道的值进行加权平均,得到一个新的灰度值。

RGB灰度化系数是将RGB彩色图像转换为灰度图像时所使用的系数。将彩色图像转换为灰度图像的目的是减少图像数据的大小并提高计算效率。在转换过程中,需要用到三个系数来计算每个像素的灰度值。常见的计算公式如式(8-1)所示。

灰度值=R × 0.299+G × 0.587+B × 0.114 　　　　　　　　　　　（8-1）

其中，0.299、0.587和0.114就是RGB灰度化系数。这三个系数是经过实验得出的，其值可以根据具体需求进行调整。

在Python中，使用OpenCV库中的cvtColor()函数可以将图像转换为灰度图像。其基本使用格式如下：

```
cv2.cvtColor(src,code[,dst[,dstCn]])
```

cvtColor()函数的主要参数及说明见表8-3。

表8-3　cvtColor() 函数的主要参数及说明

参　　数	说　　明
src	接收array，用于指定图像、音频或视频等，默认值为空
code	接收int，用于颜色空间转换的类型，默认值为空

利用cvtColor()函数将RGB图像转换为灰度图像，如代码8-4所示。

【代码8-4】图像灰度化处理。

```
#将彩色图像转换为灰度图像
img_gray=cv2.cvtColor(resized_img,cv2.COLOR_RGB2GRAY)
#显示灰度图像
cv2.imshow('Gray Image',img_gray)
cv2.waitKey(0)
#保存图像
cv2.imwrite('../tmp/image4.jpg',img_gray)
```

代码运行结果如图8-5所示。

图8-5　图像灰度化

四、二值化处理

二值化在图像处理中是一种常见的操作，它将灰度图像转换为只有两种颜色的图像，通常是黑色和白色。二值化处理可以将图像转换为只包含黑白两种颜色的像素矩阵，从而简化了数据集的表示和处理，并提高了模型的效率和准确率。

在图像识别中，二值化的必要性如下：

（1）提高图像的对比度：二值化可以将图像中的灰度级别降到最低限度，从而提高图像的对比度。这使得图像中的特征更加明显，有助于提高图像识别的准确性。

（2）减少计算复杂度：二值化后的图像只有两种颜色，其中一种颜色通常是黑色。这使得计算机能够更快地处理图像数据，同时减少了存储所需的空间。

（3）便于特征提取：二值化可以将图像中的细节变得更加突出，从而使得特征提取更加容易。这有助于提高图像识别的准确性和效率。

因此，在进行图像识别之前，通常需要对图像进行二值化处理，以提高图像质量和识别准确性。

在读取灰度图像后，使用阈值法等方法对图像进行二值化处理。在Python中，使用OpenCV库的threshold()函数可以对图像进行二值化。其基本使用格式如下：

```
threshold(src,thresh,maxval,type[,dst])
```

threshold()函数的参数及说明见表8-4。

表8-4 threshold() 函数的参数及说明

参数	说明
src	接收array，表示输入的图像，无默认值
thresh	接收float或int，表示阈值，用于对像素进行分类，默认值为0
type	接收int，表示阈值化操作的类型，默认值为cv2.THRESH_BINARY
dst	接收array，表示存储输出的图像，无默认值

使用threshold()函数对图像进行二值化处理，如代码8-5所示。

【代码8-5】二值化处理。

```
#对图像进行二值化处理
ret,binary_img=cv2.threshold(img_gray,127,255,cv2.THRESH_BINARY)
#显示二值化图像
cv2.imshow('Binary Image',binary_img)
cv2.waitKey(0)
cv2.imwrite('../tmp/image5.jpg',binary_img)
```

代码运行结果如图8-6所示。

图8-6 图像二值化

一、查看中草药图像数据

1. 导入开发库

使用import导入cv2、os、NumPy等开发类库,如代码8-6所示。

【代码8-6】导入开发类库。

```
import cv2
import os
import numpy as np
```

视 频

处理中草药图像数据(图片读取与图片缩放)

在代码8-6中,cv2库用于图像的读取、缩放、灰度化与二值化,os库用于设置文件路径。

2. 查看文件夹中的文件名

设置图像文件夹的路径,并查看文件夹中的文件名,如代码8-7所示。

【代码8-7】查看文件夹中文件名。

```
#查看文件夹中的文件名
labels=os.listdir('../data')
print('查看文件夹中的文件名: \n',labels)
```

注:本项目中草药图像的原始文件存放在data文件夹中。

代码运行结果:

```
查看文件夹中的文件名:
['1_1.jpg','1_2.jpg','1_3.jpg','1_4.jpg','1_5.jpg','2_1.jpg','
2_2.jpg','2_3.jpg','2_4.jpg','2_5.jpg']
```

由运行结果可知,中草药类别共有2种,每类各5张图片,并且图像都为jpg格式。

3. 查看数据

中草药是国家重要的传统医药资源,其图像识别采用两种中草药的图像,如图8-7所示。

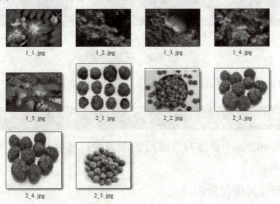

图 8-7　中草药图像展示

由图8-7可知，中草药图像的图像大小并不统一，因此需要对图像进行缩放。

二、图像缩放

使用os库中os.Listdir()函数设置类别标签，os.path.join()函数设置文件路径。cv2库的cv2.imread()函数读取图像，cv2.resize函数对图像进行缩放最后用cv2.imwrite()函数保存图像，如代码8-8所示。

【代码8-8】图像缩放。

```
#图像缩放
for i in os.listdir('../data'):
    #设置文件路径
    folder_path=os.path.join('../data',i)
    #读取图片
    img=cv2.imread(folder_path)
    #规定图片大小
    img=cv2.resize(img,(400,400))
    #保存图片
    cv2.imwrite('../tmp/scale_images/'+i,img)
```

注：在运行代码8-8前，需要确保tmp文件夹下存在scale_images文件夹。scale_images文件夹用于存储图像缩放后的中草药图像数据。

运行代码8-8，得到的压缩图像前后对比如图8-8所示。

（a）900×598像素　　　　　　　　　（b）400×400像素

图8-8　压缩图像

由图8-8可知，经过图像缩放将原图像转换为了400×400像素大小的压缩图像。

三、灰度化处理

使用cv2库的cvtColor()函数对放缩后的图像进行灰度化处理，并用cv2.imwrite()函数保存图像，如代码8-9所示。

【代码8-9】图像灰度化处理。

```
#灰度化处理
```

视频
处理中草药图像数据（图片灰度化与二值化）

```
for i in os.listdir('../tmp/scale_images/'):
    folder_path=os.path.join('../tmp/scale_images/',i)
    img=cv2.imread(folder_path)
    #灰度化
    gray_img=cv2.cvtColor(img,cv2.COLOR_RGB2GRAY)
    cv2.imwrite('../tmp/gray_images/'+i,gray_img)
```

注：在运行代码8-9前，需要确保tmp文件夹下存在gray_images文件夹。gray_images文件夹用于存储灰度化处理后的中草药图像数据。

运行代码8-9，得到的灰度图像如图8-9所示。

图8-9 灰度图像

由图8-9可知，经过灰度化处理将图像变为了灰度图像。

四、二值化处理

1. 二值化处理并将图像转换为特征向量

使用cv2库的cv2.Threshold()函数将灰度图像进行二值化处理，并用cv2.imwrite()函数保存图像。使用NumPy库的np.array()函数将图像转换为数组，并用flatten()函数将数组展开为一维的特征向量，如代码8-10所示。

【代码8-10】二值化处理并将图像转换为特征向量。

```
#二值化处理并将图像转换为特征向量
X=[]
for i in os.listdir('../tmp/gray_images/'):
    folder_path=os.path.join('../tmp/gray_images/',i)
    binary_img=cv2.imread(folder_path)
    #二值化
    _,binary_img=cv2.threshold(binary_img,127,255,cv2.THRESH_BINARY)
```

```
cv2.imwrite('../tmp/binary_images/'+i,binary_img)
#转换为特征向量
img_array=np.array(binary_img,dtype=np.float64)
feature_vector=img_array.flatten()
X.append(feature_vector)
```

注：在运行代码8-9前,需要确保tmp文件夹下存在binary_images文件夹。binary_images文件夹用于存储二值化处理后的中草药图像数据。

运行代码8-10,得到的二值化图像如图8-10所示。

图 8-10　二值图像

由图8-10可知,经过二值化处理将灰度图像变为了二值图像。

2. 获取数据标签

使用enumerate()函数遍历文件名,并为每个文件名生成一个索引,将文件名的第一个字符转换为整数并保存在表格y中,如代码8-11所示。

【代码8-11】获取数据标签。

```
#获取数据标签
y=[]
for idx,label in enumerate(labels):
    #取文件名的第一个字符
    i=str(label)[:1]
    #转换为int
    i=int(i)
    y.append(i)
```

3. 查看特征向量和数据标签

查看图像文件的特征向量和数据标签,如代码8-12所示。

【代码8-12】查看特征向量和数据标签。

```
#查看特征向量和数据标签
```

```
print('特征向量: \n',X)
print('数据标签: \n',y)
```

代码运行结果:

```
特征向量:
 [array([0.,0.,0.,...,0.,0.,0.]),array([0.,0.,0.,...,0.,0.,0.]),array([0.
,0.,0.,...,0.,0.,0.]),array([0.,0.,0.,...,0.,0.,0.]),array([0.,0.,0.,...
,0.,0.,0.]),array([255.,255.,255.,...,255.,255.,255.]),array([255.,255.,255.
,...,255.,255.,255.]),array([255.,255.,255.,...,255.,255.,255.]),array([255.
,255.,255.,...,255.,255.,255.]),array([255.,255.,255.,..., 0., 0., 0.])]
数据标签:
 [1,1,1,1,1,2,2,2,2,2]
```

由运行结果可知,前五个图像文件的标签为1,后五个图像文件的标签为2。

任务实训

实训一 处理农作物种子图像数据

一、训练要点

(1)掌握图像读取的方法。
(2)掌握图像放缩的方法。
(3)掌握图像灰度化处理的方法。
(4)掌握图像二值化处理的方法。

二、需求说明

民以食为天,粮食是人类最基本的生存资料。农业在国民经济中的基础地位,突出地表现在粮食的生产上。水稻和小麦是全球最主要的粮食来源,为全球人口提供了重要的食物和能量。它们是许多国家人民的主要粮食基础,特别是在亚洲、非洲和拉丁美洲等地。稳定的水稻和小麦供应对于保障人们的食物安全至关重要。不同粮食的种子具有不同的形状,在进行自动化识别之前,应该对农作物种子图像(见图8-11)进行处理。

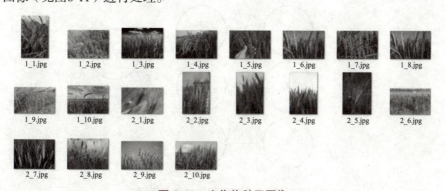

图 8-11 农作物种子图像

三、实现思路及步骤

（1）使用os库查看文件夹中的文件名。
（2）使用OpenCV库对图像进行缩放。
（3）使用OpenCV库对图像进行灰度化处理。
（4）使用OpenCV库对图像进行二值化处理并转换为特征向量。
（5）查看特征向量和数据标签。

任务二　构建中草药识别模型

任务描述

古语有云，对症下药。医生需要正确识别中草药才能准确无误地为患者抓取所需药材。如果抓取药材时差之毫厘，就可能造成谬以千里的结果，患者的症状非但没有减轻，反而加重，由此可见准确识别中草药的重要性。本任务要求使用BP神经网络进行中草药的识别。

相关知识

BP神经网络，即反向传播神经网络（backpropagation neural network），是一种广泛应用于分类、回归和聚类等任务的人工神经网络。

BP神经网络由输入层、隐藏层和输出层组成，如图8-12所示。每个层都包含多个神经元，每个神经元与上一层的所有神经元相互连接，并且每个连接都有一个对应的权重。在训练过程中，BP神经网络使用反向传播算法来更新每个权重，以使网络的输出尽可能地接近于真实值。

视频
BP神经网络

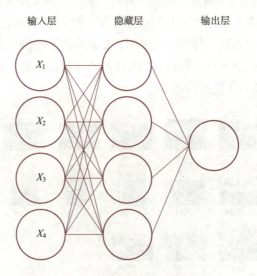

图 8-12　BP 神经网络结构示意图

BP神经网络运行的基本步骤如下。
（1）前向传播：将训练数据输入神经网络，计算网络输出。
（2）计算误差：将网络输出与真实输出比较，计算误差。
（3）反向传播误差：从输出层开始，将误差反向传播回每个神经元，计算每个神经元的误差梯度。
（4）更新权重：根据误差梯度和学习率更新每个神经元的权重值。
（5）重复以上步骤，直到网络的误差满足要求或达到最大训练次数。

BP神经网络的优点是能够对非线性模式进行拟合，并且可以应用于多种任务。缺点是需要大量的训练数据和计算资源，并且容易过拟合。因此，在实际应用中，需要根据具体任务选择合适的网络结构、参数和优化算法，以提高网络的性能和泛化能力。

在Python中，使用sklearn库MLPClassifier类可以建立BP神经网络模型。其基本使用格式如下：

```
class sklearn.neural_network.MLPClassifier(hidden_layer_sizes=(100,),
activation='relu',*,solver='adam',alpha=0.0001,batch_size='auto',
learning_rate='constant',learning_rate_init=0.001,power_t=0.5,
max_iter=200,shuffle=True,random_state=None,tol=0.0001,verbose=False,
warm_start=False,momentum=0.9,nesterovs_momentum=True,early_stopping
=False,validation_fraction=0.1,beta_1=0.9,beta_2=0.999,epsilon=1e-08,
n_iter_no_change=10,max_fun=15000)
```

MLPClassifier类常用的参数及说明见表8-5。

表8-5　MLPClassifier 类常用的参数及说明

参　　数	说　　明
hidden_layer_sizes	接收tuple,length，用于表示隐层的个数和每个隐层中的神经元个数，默认值为100
activation	接收tanh、relu，用于指定激活函数类型，默认为relu
solver	接收sgd、adam用于指定正则化的惩罚系数，默认值为adam
batch_size	接收int，用于指定每次迭代中使用的样本数，默认值为auto
learning_rate_init	接收double，用于指定学习率的初始值，默认值为0.001

花卉识别可以帮助植物学家、生态学家和环境保护人士更好地了解和保护自然生态系统中的花卉植物。通过准确识别花卉种类和分布情况，可以对生物多样性进行监测和保护，帮助保护濒危物种、保护区域和生态环境，提升生态系统多样性、稳定性、持续性。花卉识别能够更好地达成同走绿色发展之路，同守美丽地球家园。使用BP神经网络，进行花卉识别如代码8-13所示。

【代码8-13】BP神经网络进行图像识别。

```
import cv2
import os
from sklearn.neural_network import MLPClassifier
import numpy as np
```

```python
from sklearn.model_selection import train_test_split
from sklearn.metrics import confusion_matrix,accuracy_score
#设置类别标签和对应的索引
class_labels=os.listdir('../data/flowers')    #根据实际情况设置类别标签
#图像文件夹路径
top_folder_path='../data/flowers'    #替换为实际的顶层文件夹路径
#定义训练数据和标签
X=[]
y=[]
def process_image_file(file_path):
    """对单个图像文件进行处理,并将图像转换为特征向量"""
    #打开图像文件并规定大小,灰度化,二值化
    img=cv2.imread(file_path)
    img=cv2.resize(img,(400,400))
    img=cv2.cvtColor(img,cv2.COLOR_RGB2GRAY)
    _,binary_img=cv2.threshold(img,127,255,cv2.THRESH_BINARY)
    #将图像转换为特征向量并返回
    img_array=np.array(binary_img,dtype=np.float64)
    feature_vector=img_array.flatten()
    return feature_vector
def traverse_folder(folder_path,label,X,y):
    """递归遍历文件夹中的文件,将图像转化为特征值"""
    for filename in os.listdir(folder_path):
        file_path=os.path.join(folder_path,filename)
        if os.path.isfile(file_path):
            feature_vector=process_image_file(file_path)
            #添加特征向量和标签
            X.append(feature_vector)
            y.append(label)
    return X,y
#遍历顶层文件夹
# enumerate遍历类别标签,并为每个标签生成一个索引
for label,folder_name in enumerate(class_labels):
    folder_path=os.path.join(top_folder_path,folder_name)
    traverse_folder(folder_path,label,X,y)
#划分训练集测试集
X_train,X_test,Y_train,Y_test=train_test_split(X,y,test_size=0.2,random_state=6)
#创建并训练BP神经网络模型
model=MLPClassifier(activation='relu',max_iter=1000,alpha=0.001,
```

```
            random_state=28,hidden_layer_sizes=(100,50))
model.fit(X_train,Y_train)
predictions=model.predict(X_test)
#评估模型
print('混淆矩阵为：\n',confusion_matrix(Y_test,predictions))
print('精确度为：\n',accuracy_score(Y_test,predictions))
```

代码运行结果：

```
混淆矩阵为：
 [[5 0]
 [2 3]]
精确度为：
 0.8
```

由运行结果可知，模型的精确度为0.8，模型分类效果不错。

任务实施

一、构建 BP 神经网络模型

1. 导入开发库

使用import和from导入MLPClassifier、confusion_matrix、accuracy_score、train_test_split等开发类，如代码8-14所示。

【代码8-14】导入开发库。

```
from sklearn.neural_network import MLPClassifier
from sklearn.metrics import confusion_matrix,accuracy_score
from sklearn.model_selection import train_test_split
```

在代码8-14中，MLPClassifier类可用于构建BP神经网络，confusion_matrix类可用于求混淆矩阵，accuracy_score类可用于求模型精确度，train_test_split类可用于划分训练集和测试集。

2. 划分训练集和测试集

使用train_test_split类划分训练集与测试集，如代码8-15所示。

【代码8-15】划分训练集和测试集。

```
#划分训练集测试集
X_train,X_test,Y_train,Y_test=train_test_split(X,y,test_size=0.2,
        random_state=28)
```

在代码8-15中，test_size参数用于设置测试集占整个数据集的比例，此处设置占比为20%。X_train和Y_train为训练集，X_test和Y_test为测试集。

3. 构建并训练 BP 神经网络模型

使用sklearn库中的MLPClassifier类构建BP神经网络模型，并使用fit()方法对训练集进行训练，如代码8-16所示。

【代码8-16】构建BP神经网络模型

```
#创建并训练BP神经网络模型
model=MLPClassifier(activation='relu',max_iter=1000,alpha=0.01,
        random_state=28,hidden_layer_sizes=(100,50))
model.fit(X_train,Y_train)
```

在代码8-16中，MLPClassifier类用于构建BP神经网络模型。其中，activation参数用于设置激活函数，此处设置为relu；max_iter参数用于设置最大迭代次数，此处设置为1000；alpha参数用于设置惩罚参数，此处设置为0.01；random_state参数用于设置随机数种子，此处设置为28；hidden_layer_sizes参数用于设置隐层的个数和每个隐层中的神经元个数，此处设置第一隐藏层有100个神经元，第二隐藏层有50个神经元。

二、评估模型

使用predict()方法对测试集进行测试，并使用confusion_matrix类、accuracy_score类计算混淆矩阵和精确度，评估模型的性能，如代码8-17所示。

【代码8-17】模型评估。

```
#预测测试集结果
predict=model.predict(X_test)
#评估模型
print('混淆矩阵为：\n',confusion_matrix(Y_test,predict))
print('精确度为：\n',accuracy_score(Y_test,predict))
```

代码运行结果：

```
混淆矩阵为：
 [[1 0]
  [0 1]]
精确度为：
 1.0
```

由运行结果可知，模型预测精确度为1，分类结果很好。

任务实训

实训二 构建BP神经网络进行农作物种子预测

一、训练要点

掌握构建BP神经网络模型的方法。

二、需求说明

水稻和小麦的稳定供应对于社会稳定和农村地区的发展至关重要。它们是许多发展中国家的主要粮食作物,直接关系到人民的生计和社会稳定。保障水稻和小麦的产量和质量,有助于减少粮食不安全和贫困问题,维护社会和谐。传统上,种子分类通常需要人工进行,费时费力且容易出现误差。通过BP(back propagation)神经网络对小麦种子进行图像识别,可以实现自动化的种子分类。基于实训一处理后的数据,使用BP神经网络进行图像识别,可以快速准确地将小麦种子按照不同的品种、质量等特征进行分类,提高分类效率和准确性。

三、实现思路及步骤

(1)使用sklearn库划分训练集和测试集。
(2)使用sklearn库构建BP神经网络模型。
(3)使用sklearn库对模型进行评估。

项目总结

图像识别通常涉及图像的读取、缩放、特征工程等过程,是常见的数据分析问题。本项目从图像的读取入手,介绍对图像的读取、缩放、灰度化、二值化、特征工程的方法和构建BP神经网络对图像进行识别的方法。以中草药数据为例,让读者将学到的知识运用到实践中,对中草药图像进行识别。

通过这些知识的介绍,让读者掌握基本的图像处理能力,提升学生的数据分析水平。神经网络是人工智能领域的核心技术之一,通过学习神经网络,人们可以深入理解其原理、算法和应用,促进科学研究和技术创新,加快推进科技自立自强。推广神经网络的知识可以促进科学素养的普及和人工智能的全民参与,使更多人具备理解和使用相关技术的能力,从而提高整个社会的科技水平。

课后作业

一、选择题

1. 以下( )函数可以实现图像的缩放。
   A. cv2.imread
   B. cv2.resize
   C. cv2.cvtColor
   D. cv2.threshold
2. 图像灰度化的主要作用是( )。
   A. 减少图像文件的大小
   B. 提高图像的清晰度
   C. 降低图像的噪声
   D. 提高图像的分辨率
3. 在BP神经网络中,反向传播算法的作用是( )。
   A. 计算神经网络的输出
   B. 更新神经网络的权重

C. 初始化神经网络的参数 　　　　D. 控制神经网络的学习率

4. 以下不是BP神经网络流程的是（　　）。

A. 前向传播 　　　　B. 反向传播

C. 计算卷积 　　　　D. 计算误差

二、操作题

宠物狗图像识别具有高准确性、自动化处理、可扩展性、实时性等优点，能够为宠物狗管理和保护提供更好的支持。图8-13所示为宠物狗图像识别示例。

图 8-13　宠物狗图像识别示例

根据所给的图像来预测宠物狗的品种。具体操作步骤如下：

（1）查看文件夹中的文件名。

（2）图像缩放。

（3）灰度化处理。

（4）二值化处理并将图像转换为特征向量。

（5）获取数据标签并查看特征向量和数据标签。

（6）划分训练集测试集。

（7）构建并训练BP神经网络模型。

（8）评估模型。

项目九 电信运营商用户分析

电信运营商是指提供固定电话、移动电话和互联网接入的通信服务公司。电信运营商在用户和用户之间建立了网络虚拟联系。近年来,中国的电信行业快速发展,从20世纪初的2G网络,到如今的4G网络和5G网络,网络在中国的普及和速度的提升使得用户成千上万倍地增加。

在电信行业快速发展的进程中,逐渐形成移动、联通、电信、广电等多家运营商,电信企业的业务竞争激烈,同时面临着新的问题和考验:用户的流失会给电信企业带来成本增加、利润下降等一系列问题,因此分析和预测运营商流失用户数据是一项非常重要的工作。本项目将基于企业需求,使用数据挖掘技术实现用户分群,并构建电信运营商用户流失预测模型。

本项目技术开发思维导图如图9-1所示。

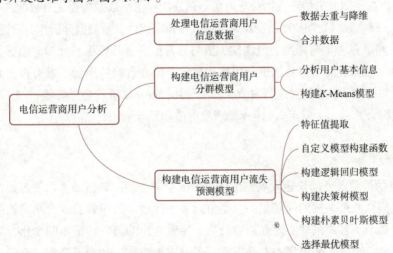

图9-1 电信运营商用户分析项目技术开发思维导图

学习目标

1. 知识目标

(1)了解案例的背景、数据说明和分析目标。

(2)掌握数据预处理的方法。

（3）掌握用户特征分析方法。
（4）掌握最优模型的选择。

2. 技能目标

（1）能够使用Python的pandas库读取和预处理数据。
（2）能够使用Python的pandas库分析用户基本信息。
（3）能够使用Python的sklearn库进行K-Means聚类分析。
（4）能够使用Python的sklearn库进行特征值提取。
（5）能够使用Python的sklearn库构建逻辑回归、决策树和朴素贝叶斯模型。

3. 素质目标

（1）引导学生关注中国电信运营行业现有的技术，增加民族自信心。
（2）引导学生合理利用数据，增加网络信息安全意识。
（3）培养学生的数据分析能力，培养创新精神。

任务一　处理电信运营商用户信息数据

任务描述

电信运营中电信企业需要考虑如何最大限度地控制客户流失、挽留现存在网用户并且吸取新客户增加盈利等。分析与预测流失用户数据处理电信运营商用户信息数据需要先对数据进行初步处理，从而优化数据质量、提高数据处理效率、确保数据一致性和完整性，为数据分析和决策提供可靠的支持。

本任务先后将数据去重与降维、处理缺失值与异常值和合并数据，处理电信运营商的用户信息数据集，将初始电信运营商用户数据进行优化和简化，提高数据的质量，着力推进高质量发展。任务要求：（1）使用pandas库对数据进行去重；（2）使用pandas库进行数据降维；（3）使用pandas库和NumPy库进行数据合并；（4）使用pandas库处理缺失值和异常值。

相关知识

随着中国电信运营业务的快速发展，市场竞争也愈演愈烈。如何最大限度地挽留在网用户、吸取新客户，是电信企业最关注的问题之一。竞争对手的促销、公司资费软着陆措施的出台和政策法规的不断变化，影响了客户消费心理和消费行为，导致客户的流失特征不断变化。对于电信运营商而言，流失会给电信企业带来市场占有率下降、营销成本增加、利润下降等一系列问题。在发展用户每月增加的同时，如何挽留和争取更多的用户，是一项非常重要的工作。

随着大数据挖掘技术的不断发展和应用，本着守正创新的精神，移动运营商希望能借助数据挖掘技术识别哪些用户可能流失，什么时候会发生流失。而通过建立流失预测模型，分析用户的历史数据和当前数据，提取辅助决策的关键性数据，并从中发现隐藏关系和模式，进而预测未来可能发生的行为，就可以帮助移动运营商实现这些要求。

项目九 电信运营商用户分析

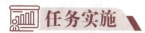

任务实施

一、数据去重与降维

1. 查看电信运营商用户信息数据

电信运营商用户数据包含运营商用户的基础信息和使用行为信息,信息的特征及说明见表9-1。基于保护用户的网络信息安全的目的,本任务使用的数据已进行脱敏处理。为了筛选出影响用户流失的信息属性,需要对建模用户数据集进行预处理和降维。

视 频

合并数据并
处理缺失值
与异常值

表 9-1 电信运营商用户信息数据

特 征	说 明	特 征	说 明
月份	年月4位数代码	国内漫游通话次数	整数
用户ID	字符串	短信发送数	整数
在网时长	整数	上网流量	浮点数
是否合约有效用户	整数	本地非漫游上网流量	浮点数
合约计划到期时间	年月4位数代码	国内漫游上网流量	浮点数
信用等级	整数	有通话天数	整数
VIP等级	整数	有主叫天数	整数
本月费用	整数	有被叫天数	整数
通话时长	整数	语音呼叫圈	整数
本地通话时长	整数	主叫呼叫圈	整数
国内长途通话时长	整数	被叫呼叫圈	整数
国内漫游通话时长	整数	性别	性别
通话次数	整数	年龄	整数(1=男,2=女)
非漫游通话次数	整数	手机品牌名称	字符串
本地通话次数	整数	手机型号名称	字符串
国内长途通话次数	整数	操作系统描述	字符串
终端硬件类型	终端硬件类型(0=无法区分,5=5G网络终端、4=4G、3=3G、2=2G)	用户在3月是否流失标记	用户在3月是否流失标记(1=是,0=否),1月和2月值为空

2. 读取数据

使用pandas库中read_csv()函数读取电信运营商用户信息数据,并设置编码格式为utf-8,如代码9-1所示。

【代码9-1】读取电信运营商用户信息数据。

```
# 导入库
import pandas as pd
import numpy as np
```

```
# 读取数据
data=pd.read_csv('../data/USER_INFO_M.csv',encoding='utf-8')
```

3. 数据去重

由于使用重复数据会对下面的分析和建模产生不利影响,因此将所有重复数据进行剔除。使用drop_duplicates()方法删除重复数据,如代码9-2所示。

【代码9-2】删除重复数据。

```
# 删除重复行数据
data2=data.drop_duplicates(keep=False,inplace=False)
print('删除重复记录前,data的数据形状为: ',data.shape)
print('删除重复记录后,data的数据形状为: ',data2.shape)
```

其中,参数keep=False表示删除所有重复项;布尔值参数inplace设置为False表示删除重复项后返回一个副本。

代码运行结果:

```
删除重复记录前,data的数据形状为: (900000,34)
删除重复记录后,data的数据形状为: (899808,34)
```

由运行结果可知,删除重复记录后的数据比删除前的数据少了192个。

4. 数据降维

降维处理原始数据的变量有34条,变量较多。其中,与用户手机情况相关的数据均为文本数据。使用Excel进行统计后发现,手机品牌有681种,手机型号有6 749种,操作系统描述有49种。对于这样复杂的数据,进行赋值或分析都非常困难,并且在业务处理中手机型号等相关用户的移动设备等对于流失预测的相关性极低。因此,为了更有效地建立模型,本任务将删除手机品牌、手机型号和操作系统描述3个特征,降低数据集的维数。使用del进行数据列的删除,如代码9-3所示。

【代码9-3】数据降维。

```
#数据降维
del data2['手机品牌名称']    #手机品牌
del data2['手机型号名称']    #手机型号
del data2['操作系统描述']    #操作系统描述
print('降维后,data的数据形状为: ',data2.shape)
```

代码运行结果:

```
降维后,data的数据形状为: (899808,31)
```

由运行结果可知,降维后的数据特征比删除前的数据特征少了3个。

二、合并数据

在原始的建模数据中,每个用户有三行数据,对应着同一个ID三个月的信息。这种数据格式不便于进行建模和分析。因此,本任务对数据进行提取和整合,将每个用户信息处理为一行数据。

1. 移动用户基本信息

由于同一个用户的基本信息在三个月内是相同的。因此，用户ID、性别、年龄以及终端硬件类型只取1月的数据，按用户ID分组后使用groupby()方法对"用户在3月是否流失标记"列进行操作，每组保留最后一列，分组后使用set_index()方法设置索引值，如代码9-4所示。

【代码9-4】提取移动客户基本信息。

```
data_by=data2.groupby(by=['用户ID'])    #按ID分组
data_islost=data_by[['用户ID','用户在3月是否流失标记']].tail(n=1)
 #分组后对'用户在3月是否流失标记'列进行操作，每组保留最后一行
data_islost.set_index('用户ID',inplace=True)    #设置索引列
#按['性别','年龄','终端硬件类型']分组，并取第一行
data_by1=data_by[['性别','年龄','终端硬件类型']].first()
```

其中，set_index()方法中参数inplace=True设置要用新的DataFrame取代原来的DataFrame。

2. 在网时长

由于每个月的在网时长等于上个月的在网时长加一（为零的除外），故第三个月的在网时长的数据就包含了这三个月在网时长的全部信息。因此，每个ID只提取第三个月的数据，按用户ID和在网时长分组后取在网时长的最后一行，如代码9-5所示。

【代码9-5】提取在网时长。

```
#按['用户ID','在网时长']分组,取最后一行
data_by2=data_by[['用户ID','在网时长']].tail(n=1)
data_by2.set_index('用户ID',inplace=True)    #设置索引列
```

3. 是否合约有效

将这三个月的合约有效情况规整为一个数据，处理方法为：当三个月不全为1时，用第三个月的值减去前两个月的均值；当三个月的值都是为1时，取值为1.5。这样操作之后，所有取值情况为-1、-0.5、0、0.5、1、1.5，见表9-2。

表9-2 "是否合约有效"处理规则表

数 值	含 义
-1	前两个月合约有效，第三个月合约无效
-0.5	前两个月其中一个月合约有效，另一个月和第三个月合约无效
0	三个月合约均无效
0.5	前两个月其中一个月合约无效，另一个月和第三个月合约有效
1	前两个月合约无效，第三个月合约有效
1.5	三个月合约均有效

使用def定义用户合约是否有效的分组操作函数，再使用apply()方法对数据进行分组操作，最后使用DataFrame()函数将数据转化为DataFrame结构，如代码9-6所示。

【代码9-6】 提取用户合约是否有效

```python
#构建用户是否有效的分组操作函数
def data_by3_func(x):
    b=np.array(x)
    if sum(b)==3:
        return 1.5
    else:
        return b[2]-(b[0]+b[1])/2
data_by31=data_by['是否合约有效用户']          #按['是否合约有效用户']分组
data_by3=data_by31.apply(data_by3_func)        #对分组数据进行操作
data_by3=pd.DataFrame(data_by3,index=data_by3.index)
                                               #转化为DataFrame框架
```

4. 合约计划到期时间

取第三个月的数据作为合约计划到期时长，将空值赋值为-1，不是空值的到期时间以201603为基准0，每增加一个月，数据为1，例如日期为201607，那么该月份的到期时间为4，依此类推。使用def定义合约到期的年份转月份函数，按合约计划到期时间进行分组，使用apply()方法进行上述函数操作，最后使用fillna()方法填充缺失值，如代码9-7所示。

【代码9-7】 提取合约计划到期时间。

```python
data_by41=data_by[['月份','用户ID','合约计划到期时间']].tail(n=1)
data_by41.reset_index(inplace=True)
data_by41.set_index('用户ID',inplace=True)
#构建合约到期的年份转月份函数
def shift_month(x):
    if pd.isna(x):
        return x
    else:
        i=int(x/100)-2016
        return x-100*i+12*i
#按['合约计划到期时间']分组，进行上述函数操作
data_by42=data_by41['合约计划到期时间'].apply(shift_month)
data_by43=data_by42-data_by41['月份']
data_by4=data_by43.fillna(-1,inplace=False)
data_by4=pd.DataFrame(data_by4,index=data_by4.index,columns=['合约计划到期时间'])
```

其中，fillna()方法中参数inplace=False表示不修改原对象。

5. 信用等级

按用户信用等级分组后取3个月的平均值，如代码9-8所示。

【代码9-8】 提取信用等级。

```python
#按['信用等级']分组.取均值
```

```
data_by5=data_by['信用等级'].mean()
data_by5=pd.DataFrame(data_by5,index=data_by5.index)
```

6. VIP等级

将VIP等级的空值赋值为0，如果同一个ID值，三个月的VIP等级数值相等，则取第三个月的数值；三个月的VIP等级数值都不相等，则第三个月的数据减去前两个月的均值。构建VIP等级的分组操作函数，按VIP等级分组后进行上述函数操作，如代码9-9所示。

【代码9-9】提取VIP等级。

```
#构建VIP等级的分组操作函数
def data_by6_func(x):
    a=np.array(x)
    if a[0]==a[1]==a[2]:
        return a[2]
    else:
        return a[2]-(a[0]+a[1])/2
#按['VIP等级']分组，进行上述函数操作
data_by61=data_by['VIP等级'].apply(data_by6_func)
data_by6=data_by61.fillna(0)
data_by6=pd.DataFrame(data_by6,index=data_by6.index)
```

7. 本月费用

按本月费用分组后取三个月费用的平均值，如代码9-10所示。

【代码9-10】提取本月费用。

```
#按['本月费用']分组.取均值
data_by7=data_by['本月费用'].mean()
data_by7=pd.DataFrame(data_by7,index=data_by7.index)
```

8. 平均每次通话时长

将各种通话时长除以通话次数，得到各类的平均通话时长。使用mean()方法计算通话时间、本地通话时间、长途通话时间、漫游通话时间的均值，使用fillna()方法进行均值填充空值，使用rename()方法重新命名新得出的变量，得到平均通话时长、平均本地通话时间、平均长途通话时长、平均国内漫游通话时间，将原有的八个特征减少到四个新特征，如代码9-11所示。

【代码9-11】提取平均每次通话时长。

```
#计算通话时间的均值
data_by81=pd.DataFrame(np.array(data_by['通话时长'].mean())/np.array
                      (data_by['通话次数'].mean()),index=data_by7.index)
mean=data_by81.mean()
data_by81.fillna(mean,inplace=True)
data_by81.rename(columns={0:'平均通话时长'},inplace=True)
np.seterr(divide='ignore',invalid='ignore')
```

```
#计算本地通话时间的均值
data_by82=pd.DataFrame(np.array(data_by['本地通话时长'].mean())/np.
            array(data_by['本地通话次数'].mean()),index=data_by7.index)
mean=data_by82.mean()
data_by82.fillna(mean,inplace=True)
data_by82.rename(columns={0:'平均本地通话时长'},inplace=True)
#计算国内长途通话时间的均值
data_by83=pd.DataFrame(np.array(data_by['国内长途通话时长'].mean())
       /np.array(data_by['国内长途通话次数'].mean()),index=data_by7.index)
mean=data_by83.mean()
data_by83.fillna(mean,inplace=True)
data_by83.rename(columns={0:'平均国内长途通话时长'},inplace=True)
#计算漫游通话时间的均值
data_by84=pd.DataFrame(np.array(data_by['国内漫游通话时长'].mean())
       /np.array(data_by['国内漫游通话次数'].mean()),index=data_by7.index)
mean=data_by84.mean()
data_by84.fillna(mean,inplace=True)     #均值填充空值
data_by84.rename(columns={0:'平均国内漫游通话时长'},inplace=True)
                                          #重命名列索引
```

其中，参数inplace=True设置要用新的DataFrame取代原来的DataFrame。

9. 其余变量

对于其余的变量，同一个ID下，使用mean()方法取3个月的平均值，如代码9-12所示。

【代码9-12】提取其余变量。

```
#取列表框中列索引的均值
data_by9=data_by['本地通话次数','国内长途通话次数','国内漫游通话次数','短信发送数','
    上网流量','本地非漫游上网流量','国内漫游上网流量','有通话天数','有主叫天数','
    有被叫天数','语音呼叫圈','主叫呼叫圈','被叫呼叫圈'].mean()
```

10. 合并数据

提取数据后，使用concat()函数对数据进行合并，将每个用户信息处理为一行数据，如代码9-13所示。

【代码9-13】合并数据。

```
#合并数据集
new_data=pd.concat([data_by1,data_by2,data_by3,data_by4,data_by5,
    data_by6,data_by7,data_by81,data_by82,data_by83,data_by84,data_by9,
    data_islost],axis=1,sort=True)
print('合并后,data的数据形状为: ',new_data.shape)
```

其中，concat()函数中参数axis=1表示设置横向拼接，参数sort=True表示设置进行排序。运行代码9-4～代码9-13所得的结果如下：

合并后,data的数据形状为：(299936,27)

由运行结果可知，合并后的数据比合并前的数据少599 872个，通过对平均通话时长、平均本地通话时间、平均长途通话时长、平均国内漫游通话时间的提取，合并后的数据比合并前的数据少4个维度。

三、处理缺失值与异常值

1. 缺失值检测与处理

在合并后的数据集中查找缺失值，并对存在缺失的数据按照一定的规则赋值。使用isnull()方法和sum()方法对新数据集进行缺失值查找，如代码9-14所示。

【代码9-14】缺失值查找。

```
#查看每列空值数量
num_missing=new_data.isnull().sum()
```

运行代码9-14可知，存在缺失值只在用户的基本信息——年龄和性别，年龄的缺失值有11 429个，性别的缺失值有11 657个。使用fillna()方法对缺失的数据进行填充，性别缺失的用众数填充，年龄缺失的赋值为0，如代码9-15所示。

【代码9-15】缺失值处理。

```
#填充空值
new_data['性别'].fillna(new_data['性别'].mode())
new_data['年龄'].fillna(0,inplace=True)
```

2. 异常值检测与处理

对缺失值处理后的数据集进行异常值的查找，找出在网时长小于0的数据，费用大于4万元的数据。这些异常数据有很大的可能是因为人为录入时出现失误，直接使用异常数据建模会导致模型结果与实际情况出现严重偏差。在学习中，应该持有严谨、仔细的学习态度。使用df[df.column==1]筛选异常值，然后使用to_csv()方法保存处理后的数据，如代码9-16所示。

【代码9-16】异常值处理。

```
#处理缺失值和异常值
mean=new_data['本月费用'].mean()
std=new_data['本月费用'].std()
upper_limit=mean+(3*std)
d1=new_data[(new_data['本月费用']<upper_limit) & (new_data['在网时长']>=0)]
print('处理缺失值和异常值后,data的数据形状为: ',d1.shape)
d1.to_csv('../tmp/new_data.csv')   #保存正常数据
```

运行代码9-14～代码9-16所得的结果如下：

处理缺失值和异常值后,data的数据形状为：(297401,27)

由代码9-14~代码9-16运行结果可知,处理缺失值和异常值后的数据比合并前的数据少2 535个。

任务实训

实训一 处理电信用户信息数据

一、训练要点

(1)掌握pandas库对数据进行去重的方法。
(2)掌握pandas库处理缺失值和异常值的方法。

二、需求说明

在记录和获取过程中可能会存在缺漏,获取得到的数据可能会含有缺失值、异常值、重复值等情况,因此需要对数据进行预处理。某电信公司的用户数据集是一个经典的数据集,包含了顾客编号以及与之相关的20个自变量,包括性别、是否老年人、是否有配偶、是否经济独立、入网时间、电话服务、多个电话服务、网络服务、网络安全服务等,见表9-3。在进行具体分析前,本实训将对电信用户数据集进行处理,提高数据的质量,进而确保后续分析的准确性。

表 9-3 电信用户数据集

顾客编号	性别	是否老年人	是否有配偶	是否经济独立	入网时间	电话服务	多个电话服务	网络服务	网络安全服务	...
7590-VHVEG	2	0	是	否	1	否	无电话服务	DSL	否	...
5575-GNVDE	1	0	否	否	34	是	否	DSL	是	...
3668-QPYBK	1	0	否	否	2	是	否	DSL	是	...
7795-CFOCW	1	0	否	否	45	否	无电话服务	DSL	是	...
9237-HQITU	2	0	否	否	2	是	否	FO	否	...
9305-CDSKC	2	0	否	否	8	是	是	FO	否	...

三、实现思路及步骤

(1)使用pandas库读取并查看数据。
(2)检测处理缺失值、重复值、异常值。
(3)查看"月度费用""总费用"特征分布情况。

任务二 构建电信运营商用户分群模型

任务描述

电信通信服务的总方针是迅速、准确、安全、方便。在电信通信服务总方针的指引下,通过用户基本信息，将用户分类，对每类用户进行个性化服务，最大限度地控制用户流失。本任务的操作将在保护用户信息安全的前提下进行。大数据时代，需要坚持网络安全为人民、网络安全靠人民，树立正确的网络安全观，提高自身网络安全意识和防护技能。

本任务通过对用户性别、年龄、在网时长等信息进行简单的画图来观察用户基本信息与用户在3月是否流失的关系，进行 K-Means 聚类分析，建立用户分群模型。任务要求：（1）使用 pandas 库分析用户基本信息；（2）使用 sklearn 库进行聚类分析；（3）使用 Matplotlib 库实现结果的可视化。

相关知识

用户分群是依据用户的属性特征和行为特征、交易信息将用户群体进行分类，对其进行观察和分析的方式。从技术视角，用户分群的方式主要有两种：基于规则的分群方法（rule-based segmentation）和基于算法的分群方法（ML-based segmentation）。前者主要适用于业务规则确定，分群采用用户特征维度单一的场景，而后者主要用于用户特征维度高，人工无法设定合理分群规则的场景。聚类分析（cluster analysis）和 RMF（recency,frequency,monetary）模型是常用的用户分群方法。其中，聚类分析常见的数据挖掘手段，其主要假设是数据间存在相似性。而相似性是有价值的，因此可以用于探索数据中的特性以产生价值。RFM 模型又称用户价值模型，是网点衡量当前用户价值和用户潜在价值的重要工具。

用户分群把具备某种相同特性的用户归结在一起，再按照特定的条件选出目标用户，进行洞察分析查看用户特征。对用户性别、年龄、在网时长等信息进行可视化处理，观察并分析用户基本信息与用户流失的关系，使企业由粗放式管理转向精细化运营，面对不同人群差异化的特征和需求，降本增效，激发更加明显的竞争优势。

任务实施

一、分析用户基本信息

对用户性别、年龄、在网时长等信息进行可视化处理，观察并分析用户基本信息与用户流失的关系。

视频

构建K–Means模型

1. 性别分析

为了直观地观察用户性别与用户流失之间的关系，对处理后的数据进行性别分析。首先导入相关库及数据，构建性别比率函数分别计算流失用户和非流失用户中的性别比率，使用 pie() 函数绘制性别比率饼图，如代码9-17所示。

【代码9-17】性别分析。

```
import pandas as pd
data=pd.read_csv('../tmp/new_data.csv',index_col=0)
data.dropna(inplace=True)
data_inf=np.isinf(data)
data[data_inf]=0
```

```python
#构建性别比率函数
def get_y_sex(y):
    anchor_y=[]
    y=y.value_counts()/y.value_counts().sum()
    anchor_y.append(y[1])
    anchor_y.append(y[2])
    return anchor_y
import matplotlib.pyplot as plt
#性别比率饼图
sex_y1=get_y_sex(data[data['用户在3月是否流失标记']==1]['性别'])
sex_y2=get_y_sex(data[data['用户在3月是否流失标记']==0]['性别'])
plt.rcParams['font.family']='SimHei'   #正常显示中文
labels=["性别1的比率","性别2的比率"]
plt.subplot(1,2,1)
plt.pie([sex_y1[0],sex_y1[1]],labels=labels,autopct='%1.2f%%')
plt.title('不同性别在流失用户中的比例')
plt.subplot(1,2,2)
plt.pie([sex_y2[0],sex_y2[1]],labels=labels,autopct='%1.2f%%')
plt.title('不同性别在非流失用户中的比例')
plt.subplots_adjust(wspace=0.5)
plt.show()
```

其中，plt.rcParams用于正常显示中文标签，SimHei表示"黑体"字体，使用subplot()函数绘制1行显示2个子图的图像，使用subplots_adjust()函数调整2个子图之间的距离为0.5。代码运行结果如图9-2所示。

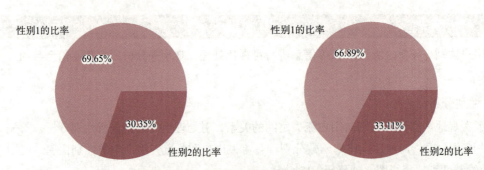

图 9-2　流失与非流失用户性别的比率饼图

由图9-2可知，性别为1和性别为2占所在群体中比例的差别不大，但性别1与性别2的比值在流失用户群体中要比非流失用户群体中的相对更大，即虽然流失用户与非流失用户中的性别比例相当，但是在流失用户中，性别1比性别2的用户更易流失。

2. 年龄分析

为了直观地观察用户年龄与用户流失之间的关系，对处理后的数据进行性别分析。使用plot()函数绘制在流失用户和非流失用户中用户年龄的分析散点图,如代码9-18所示。

【代码9-18】年龄分析。

```
#年龄散点图
lost_age=data[data['用户在3月是否流失标记']==1]['年龄']
unlost_age=data[data['用户在3月是否流失标记']==0]['年龄']
plt.plot(lost_age.value_counts(),'ok',linewidth=1)
plt.title('流失用户年龄分析散点图')
plt.show()
plt.plot(unlost_age.value_counts(),'ok',linewidth=1)
plt.title('非流失用户年龄分析散点图')
plt.show()
```

其中,title()函数用于设置图表标题。代码运行结果如图9-3、图9-4所示。

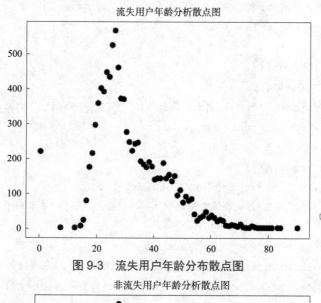

图 9-3 流失用户年龄分布散点图

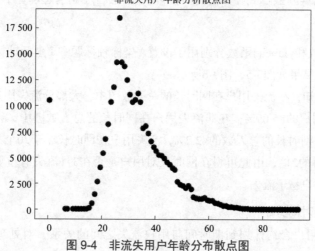

图 9-4 非流失用户年龄分布散点图

从图9-3、图9-4可知,在流失用户群体与非流失用户群体中,不同年龄使用的人数呈偏态分布,其中,年龄在20岁到30岁之间的用户是最多的。流失用户群体与非流失用户群体在各个年龄上均有用户流失,由于两个群体关于年龄的特征相似程度较高,所以认为年龄与用户是否在3月流失没有重要关系。

3. 在网时长(月)分析

为了直观地观察用户在网时长与用户流失之间的关系,对处理后的数据进行在网时长分析。使用plot()函数绘制在流失用户和非流失用户中的客户在网时长分析折线图,如代码9-19所示。

【代码9-19】在网时长分析。

```
#在网时长折线图
is_lost=[1,0]
tt=['流失用户在网时长分析折线图','非流失用户在网时长分析折线图']
xlabel=['流失用户在网时长的总人数','非流失用户在网时长的总人数']
for i in range(len(is_lost)):
    plt.title(tt[i])
    plt.xlabel(xlabel[i])
    plt.ylabel('在网时长')
    y_innet=data[data['用户在3月是否流失标记']==is_lost[i]]['在网时长'].
            value_counts()
    x=pd.DataFrame(y_innet.index)
    plt.plot(y_innet,x)
    plt.hlines(20,0,max(y_innet),linewidth=0.5)
    a=data[data['用户在3月是否流失标记'] ==is_lost[i]]['在网时长'].
            value_counts()
    tx=round(a[a.index<20].sum()/a.sum(),4)
    plt.text(y_innet.quantile(0.9),x.quantile(0.8),'在网时长小于20\n个月的人数占
            \n'+str(tx),ha='left',va='bottom',fontsize=10)
    plt.show()
```

其中,xlabel()函数和ylabel()函数分别用于设置X坐标轴标题和Y坐标轴标题,hlines()函数用于设置水平线。代码运行结果如图9-5、图9-6所示。

由图9-5、图9-6可知,在流失用户在网时长的总人数图中,大部分流失用户的在网时长均小于20个月,数量占了流失用户的85.09%;在非流失用户在网时长的总人数图中,在网时长均少于20个月的用户占非流失用户在网时长的总人数的42.2%;流失用户在网时长小于20个月的比例约为非流失用户在网时长小于20个月的2倍,由此可得在网时长对用户是否在3月流失有重要的影响,同时可知在网时长低于20个月的用户易于流失。

4. 合约计划到期时间分析

为了直观地观察用户合约计划到期时间与用户流失之间的关系,对处理后的数据进行计划到

期时间分析。使用bar()函数绘制在流失用户和非流失用户中的客户计划到期时间频数直方图,如代码9-20所示。

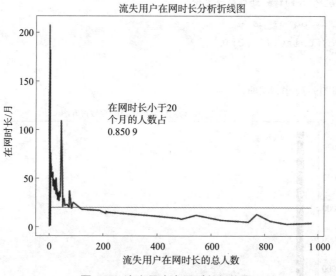

图9-5 流失用户在网时长折线图

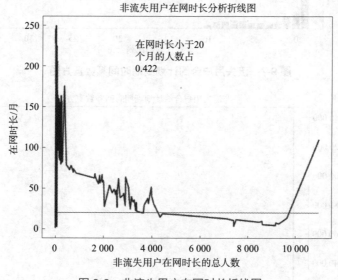

图9-6 非流失用户在网时长折线图

【代码9-20】计划到期时间分析。

```
#计划到期时间频数直方图
tt=['流失用户合约计划到期时间频数直方图','非流失用户合约计划到期时间频数直方图']
for i in range(len(is_lost)):
    plt.title(tt[i])
    y_agree_date=data[data['用户在3月是否流失标记']==is_lost[i]]['合约计划到期时间'].
                 value_counts()
```

```
                plt.ylabel('用户计划到期时间频数')
                x=y_agree_date.index
                plt.xlabel('合约计划到期剩余月份')
                plt.bar(x,y_agree_date)
                plt.figure(figsize=(10,8))
                plt.show()
```

代码运行结果如图9-7、图9-8所示。

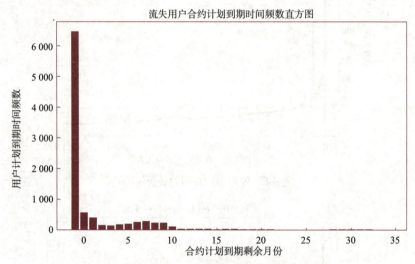

图 9-7　流失用户合约计划到期时间频数直方图

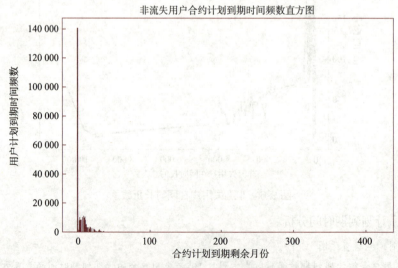

图 9-8　非流失用户合约计划到期时间频数直方图

由图9-7、图9-8可知，在流失用户群体与非流失用户群体中，最多用户的合约计划到期时间为-1～10月，10月到20个月时用户的合约计划到期时间减少，超过30个月的合约计划到期时间的用户在所在群体占的比重很小。其中，合约计划到期时间为-1（没有签订合同）占的比例最大，也就是说，流失用户群体与非流失用户群体中大部分都是无效用户。

5. 用户是否有效分析

为了直观地观察用户是否有效与用户流失之间的关系，对处理后的数据进行用户是否有效分析。使用bar()函数绘制在流失用户和非流失用户中的用户是否有效直方图，如代码9-21所示。

【代码9-21】用户是否有效与合约计划到期时间关系。

```
#是否有效直方图与合约计划到期时间关系
cc=['是否合约有效用户','合约计划到期时间']
tt=['无效用户','无效和时间为0']
for i in range(len(cc)):
    plt.rcParams["font.size"]=15
    agree1=data[data['用户在3月是否流失标记']==1][cc[i]].value_counts()
    agree2=data[data['用户在3月是否流失标记']==0][cc[i]].value_counts()
    agree_y1=[sum(agree1[agree1.index>0])/agree1.sum(),sum(agree1[agree1.
             index<=0])/agree1.sum()]
    agree_y2=[sum(agree2[agree2.index>0])/agree2.sum(),sum(agree2[agree2.
             index<=0])/agree2.sum()]
    agree_x=np.arange(len(agree_y1))+1
    plt.rcParams['font.family']='SimHei'
    fig,ax=plt.subplots(figsize=(9,6))
    width=0.3
    ax.bar(agree_x,agree_y1,width,alpha=0.9,label='流失用户')
    ax.bar(agree_x+width,agree_y2,width,alpha=0.9,label='非流失用户')
    ax.set_xticks(agree_x+width/2)
    ax.set_xticklabels(['有效用户','无效用户'])
    plt.legend(loc="upper left")
    plt.show()
```

其中，subplots()函数用于设置子图，legend()函数用于添加图例。代码运行结果如图9-9、图9-10所示。

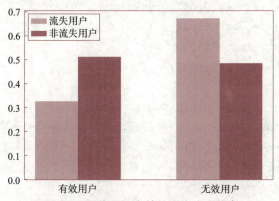

图9-9 用户是否有效的用户流失分布

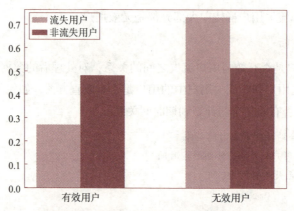

图9-10 合约计划到期的用户流失分布

从图9-9、图9-10可知，右图表示流失客户的合约计划到期时间为-1和0［在月份没有签订合同（无效用户）和在3月份合约到期］占比达70%以上，非流失用户中合约计划到期时间为-1和0［在3月份没有签订合同（无效用户）和在3月份合约到期］的比率差别不大。将用户只分为有效与非有效用户的图形时（左图），流失用户与非流失用户群体的图形与右边的图形没有太大差别，因此可以认为变量用户是否有效即可替代变量用户合约计划到期时间。

为了探究无效用户在流失与非流失用户群体中的占比情况，使用sum()方法计算是否有效用户的频数，并使用subplots()函数绘制子图，如代码9-22所示。

【代码9-22】用户是否有效分析。

```
#是否有效直方图
agree1=data[data['用户在3月是否流失标记']==1]['是否合约有效用户'].
                value_counts()
agree2=data[data['用户在3月是否流失标记']==0]['是否合约有效用户'].
                value_counts()
agree_y1=[agree1[-1]/agree1.sum(),agree1[-0.5]/agree1.sum(),agree1[0]
    /agree1.sum(),agree1[0.5]/agree1.sum(),agree1[1.5]/agree1.sum()]
agree_y2=[agree2[-1]/agree2.sum(),agree2[-0.5]/agree2.sum(),agree2[0]
    /agree2.sum(),agree2[0.5]/agree2.sum(),agree2[1.5]/agree2.sum()]
agree_x=np.arange(len(agree_y1)) +1
plt.rcParams['font.family']='SimHei'
fig,ax=plt.subplots(figsize=(9,6))
width=0.3
ax.bar(agree_x,agree_y1,width,alpha=0.9,label='流失用户')
ax.bar(agree_x+width,agree_y2,width,alpha=0.9,label='非流失用户')
ax.set_xticks(agree_x+width/2)
ax.set_xticklabels([-1,-0.5,0,0.5,1.5])
plt.legend(loc="upper left")
```

其中，subplots()函数用于设置子图，legend()函数用于添加图例。代码运行结果如图9-11所示。

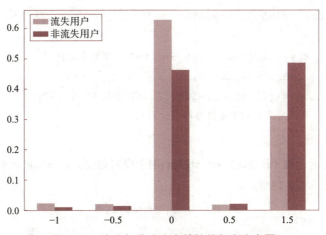

图 9-11 流失与非流失有效性的频率直方图

从图9-11可知,无效用户占流失与非流失用户群体的大多数,有效值为0.5占流失用户和非流失用户的比率很少,即只有少数人在前2个月有一个月是签订合同的,第3个月仍签订合同,成为有效用户;观察到流失和非流失用户中均没有有效值为1(只有第3个月签订合同,成为有效用户)。由此可知,无效用户相比于有效用户更容易流失。

6. 信用等级分析

为了直观地观察客户信用等级与用户流失之间的关系,对处理后的数据进行信用等级分析。使用subplots()函数绘制子图,使用bar()函数绘制在流失用户和非流失用户中的客户信用等级直方图,如代码9-23所示。

【代码9-23】信用等级分析。

```
#信用等级直方图
credit_y1=data[data['用户在3月是否流失标记']==1]['信用等级'].value_counts()
    /data[data['用户在3月是否流失标记']==1]['信用等级'].value_counts().sum()
credit_y2=data[data['用户在3月是否流失标记']==0]['信用等级'].value_counts()
    /data[data['用户在3月是否流失标记']==1]['信用等级'].value_counts().sum()
y1=[credit_y1.iloc[2],credit_y1.iloc[5],credit_y1.iloc[6],credit_y1.iloc[1],
    credit_y1.iloc[3],credit_y1.iloc[4],credit_y1.iloc[0]]
y2=[credit_y2.iloc[2],credit_y2.iloc[5],credit_y2.iloc[6],credit_y2.iloc[1],
    credit_y2.iloc[3],credit_y2.iloc[4],credit_y2.iloc[0]]
credit_x=np.arange(len(credit_y1)) +1
plt.rcParams['font.family']='SimHei'
fig,ax1=plt.subplots(figsize=(9,6))
width=0.3
ax1.bar(credit_x,y1,width,alpha=0.9,label='流失用户')
ax1.set_xticks(credit_x+width/2)
ax1.set_xticklabels([65,65.33,65.67,66,66.33,66.67,67])
ax1.set_title('流失用户信用等级频率直方图')
```

```
fig,ax2=plt.subplots(figsize=(9,6))
width=0.3
ax2.bar(credit_x,y2,width,alpha=0.9,label='非流失用户')
ax2.set_xticks(credit_x+width/2)
ax2.set_xticklabels([65,65.33,65.67,66,66.33,66.67,67])
ax2.set_title('非流失用户信用等级频率直方图')
plt.show()
```

其中,set_title()用于设置子图标题,set_xticks()用于设置刻度,set_xticklabels()用于设置刻度标签。代码运行结果如图9-12、图9-13所示。

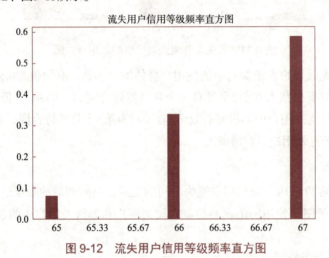

图9-12 流失用户信用等级频率直方图

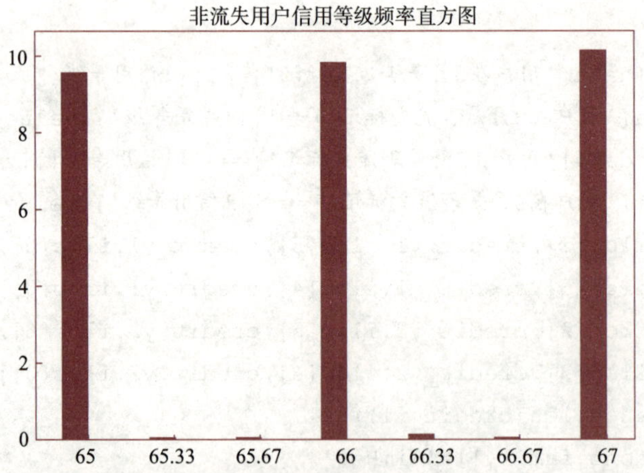

图9-13 非流失用户信用等级频率直方图

由图9-12、图9-13可知,不管是流失用户还是非流失用户,他们在三个月中的信用等级基本不变,在非流失用户中,三个信用等级的比例相近。在流失用户中,信用等级为65的用户占比例较少,信用等级为66的用户比例居中,信用等级为67的用户占过半的比例。因此,可认为信用等级是用户流失的一个特征变量,信用越高的用户反而越容易流失。

二、构建 K-Means 模型

1. 选择聚类优度（计算 MIC 和 BT）

聚类分析常见的数据挖掘手段，其主要假设是数据间存在相似性。而相似性是有价值的，因此可用于探索数据中的特性以产生价值。使用import和from导入KMeans、seaborn等开发类库，如代码9-24所示。

【代码9-24】导入必要的库。

```
#导入必要的库
from sklearn.cluster import KMeans
import seaborn as sns
```

其中，KMeans用于构建 K-Means模型，seaborn用于绘制可视化图表。

进行聚类前准备，使用linalg.Norm()函数计算二范数，使用for循环计算MIC（模型信息准则）和BT（特征的体现程度），如代码9-25所示。

【代码9-25】计算MIC和BT

```
#聚类前准备
z=np.array(data['本月费用'].mean())
Xij=np.array(data['本月费用'])
tatal=np.linalg.norm(Xij-z)**2    #计算二范数
#计算BT和MIC
anchor_BT=[]
anchor_MIC=[]
for i in range(1,11):
    km=KMeans(i,n_init=10)
    km.fit(data['本月费用'].values.reshape(-1,1))
    data['聚类']=km.predict(data['本月费用'].values.reshape(-1,1))
    centers=km.cluster_centers_
    between=0
    MIC=0
    k=0
    for j in range(len(centers)):
        X=np.array(data[data['聚类']==j]['本月费用'])
        zj=[X.mean()]*X.shape[0]
        Cj=np.array(centers[j])
        between+=np.linalg.norm(z-zj)**2
        MIC+=np.linalg.norm(X-Cj)**2
        k+=1
    MIC=(MIC/k)**0.5
    BT=between/tatal
```

```
        print(k,' ',MIC)
        anchor_MIC.append(MIC)
        anchor_BT.append(BT)
print('MIC: ',anchor_MIC)
print('BT: ',anchor_BT)
```

其中,km.Predict用于进行预测,km.cluster_centers_用于设置聚类中心。

代码运行结果:

```
MIC:[47007.107714103506,19870.844041487788,11095.263923813007,7534.
460376803827,5381.90939735885,4076.697475862299,3249.2495629628415,2714.
3587396575645,2243.532843883037,1876.50567284225]
BT:[8.314485523327456e.6426235154634641,0.832865512960506,0.897242521652712,
0.9344635380047907,0.9548762279153571,0.966561152472856,0.9733325858733829,
0.9794997087002919,0.9840747228965386]
```

MIC值是模型信息准则,通过最小化MIC值来估计聚类数量和分区,BT值是特征的体现程度,BT值越大代表该聚类结果更能体现分区特征。

2. 绘制 MIC 曲线和 BT 曲线

为了更直观地看到聚类后的特征体现程度,使用plot()函数绘制MIC曲线和BT曲线,将数据可视化,如代码9-26所示。

【代码9-26】绘制MIC曲线和BT曲线。

```
#绘制MIC曲线
plt.rcParams["font.size"]=12
plt.plot(anchor_MIC,color='r')
plt.plot(anchor_MIC,'o',color='b')
plt.xlabel('聚类数量: 1 ~ 10')
plt.ylabel('MIC')
plt.title('MIC')
plt.show()
#绘制BT曲线
plt.plot(anchor_BT,color='r')
plt.plot(anchor_BT,'o',color='b')
plt.xlabel('聚类数量:1~10')
plt.ylabel('各组的组间方差/总的方差')
plt.title('BT')
plt.show()
```

代码运行结果如图9-14、图9-15所示。

由图9-14、图9-15可知,越多的聚类数目,能够体现每一类的特征越多。在聚类数目取5时,特征的体现程度已经达到90.0%,而且随着聚类数目的增加,体现程度的增加幅度愈加缓慢,因此选择把本月话费的平均值分成五类，以观察各类用户的具体情况。

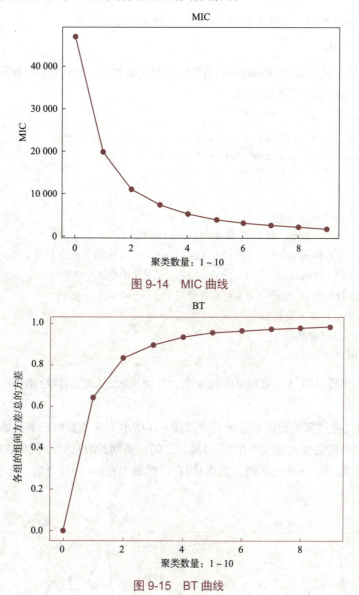

图 9-14　MIC 曲线

图 9-15　BT 曲线

3. 构建模型

选择聚类数目为5之后，使用KMeans进行聚类，如代码9-27所示。

【代码9-27】聚类模型。

```
km=KMeans(n_clusters=5,random_state=123,n_init=10)    #选择聚类数量为5
km.fit(data['本月费用'].values.reshape(-1,1))
data['聚类1']=km.labels_    #将聚类结果存储在'聚类1'列中
#将聚类结果映射为类别名称
clss=['类别1','类别2','类别3','类别4','类别5']
```

```
data['聚类1']=data['聚类1'].map(dict(zip(range(5),clss)))
```

其中，n_clusters参数用于设置聚类数，labels_属性表示聚类结果。

4. 绘制密度函数图

建立聚类模型后，使用sns库中kdeplot()函数绘制密度函数图，如代码9-28所示。

【代码9-28】聚类模型的密度函数图。

```
#绘制密度函数图
plt.rcParams['font.family']='SimHei'
plt.rcParams['axes.unicode_minus']=False
lost_ratio=[]
for i in range(5):
    plt.title(clss[i])
    cluster_data=data[data['聚类1']==clss[i]]
    lost_ratio.append({clss[i]:cluster_data[cluster_data['用户在3月是否流失标记']
        ==1].shape[0]/data[data['用户在3月是否流失标记']==1].shape[0]})
    sns.kdeplot(cluster_data['本月费用'],label=clss[i])
    plt.xlabel('本月费用')
    plt.ylabel('密度')
    plt.show()
```

其中，使用for循环计算每一类别里的流失率，并使用kdeplot()函数绘制密度估计图。代码运行结果如图9-16所示。

由图9-16可知，通过聚类把用户分成五类，图9-16所示为这五类用户本月话费平均值的密度函数图。其中类别1用户的话费大致集中在70～130元之间，类别2用户话费集中在130～220元之间，类别3用户的话费集中在350～600元之间，类别4用户话费集中在0～70元之间，类别5用户话费集中在220～350元之间。

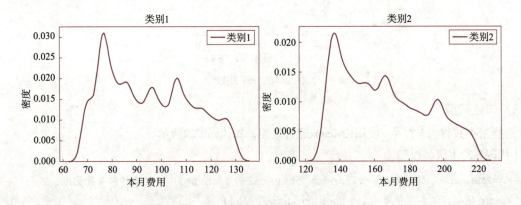

图9-16 五类话费情况平均值的密度函数图

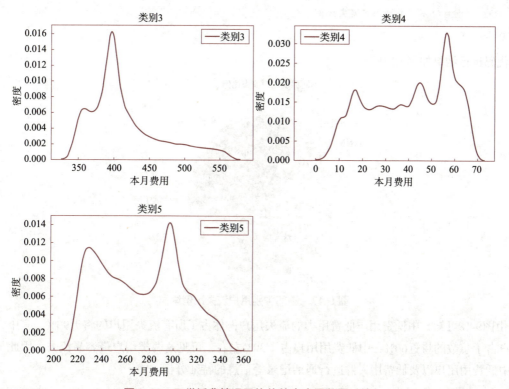

图 9-16　五类话费情况平均值的密度函数图（续）

5. 聚类用户类别命名

根据实际情况和图9-16所示的数据特征划分五类用户的命名，见表9-4。

表 9-4　聚类后五类用户的命名情况

输出类型	类别1	类别2	类别3	类别4	类别5
命名	中低费用	一般费用	高费用	低费用	中高费用

根据表9-4将用户类别进行重命名，如代码9-29所示。

【代码9-29】重命名用户类别。

```
new_names=['中低费用','一般费用','高费用','低费用','中高费用']
data['聚类1']=data['聚类1'].map(dict(zip(clss,new_names)))
data.to_csv('../tmp/new_data2.csv')
```

6. 用户类别占比分析

更改用户类别名称后，绘制不同类别的用户流失比例的饼图，如代码9-30所示。

【代码9-30】绘制不同类别的用户流失比例饼图。

```
#绘制饼图
plt.pie([list(i.values())[0] for i in lost_ratio],labels=new_names,
        autopct='%1.1f%%')
```

```
plt.title('不同类别用户流失比例')
plt.show()
```

代码运行结果如图9-17所示。

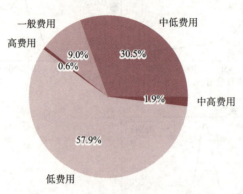

图 9-17　不同类别用户流失比例饼图

由图9-18可知，中低费用与低费用类的流失用户群体占了所有流失用户的将近90%。其中，低费用用户占了总数的将近60%，中低费用用户占了30%左右，可见这两类用户最容易流失，因此下面重点对中低费用用户以及低费用人群进行通话记录等信息的特征分析。

任务实训

实训二　建立电信运营用户信息分群模型

一、训练要点

（1）使用pandas库分析用户基本信息。
（2）使用sklearn库进行聚类分析。
（3）使用Matplotlib库实现结果的可视化。

二、需求说明

用户分群有利于构建用户画像，以便于根据不同人群的特征，实现个性化、精细化服务，提高用户体验。基于实训一处理后的数据，根据客户性别、入网时长等信息，利用可视化图表观察客户基本信息与用户是否流失的关系，并通过聚类分析进行用户分群。

三、实现思路及步骤

（1）使用pandas库读取数据并查看。
（2）绘制饼图分析用户性别占比情况。
（3）绘制散点图分析入网时间趋势。
（4）使用sklearn库计算MIC、BT值。
（5）使用Matplotlib库绘制MIC、BT曲线。

（6）使用sklearn库构建聚类模型。
（7）使用Matplotlib库绘制饼图，查看用户占比。

任务三　构建电信运营商用户流失预测模型

任务描述

电信企业为了最大限度地控制客户流失、挽留现存在网用户，分析不同群体用户的使用规律，识别各群体客户流失的重要特征。为了系统地描述电信运营商用户流失的规律，引入数学模型对电信运营商用户数据进行分析。运营商要实现控制客户流失、挽留现存在网用户，必须深入贯彻以人民为中心的发展思想。

本任务的具体目标是基于电信运营商用户分群模型建立逻辑回归模型、决策树模型和朴素贝叶斯模型，选取最优的用户流失模型。任务要求：（1）分析不同群体用户的使用规律，识别各群体客户流失的重要特征；（2）建立不同群体用户流失模型，建立逻辑回归模型、决策树模型和朴素贝叶斯模型，判断模型建立的效果；（3）选取最优的用户流失模型。

相关知识

所有与消费者挂钩行业都会关注客户流失。由于发展一个新客户是需要一定成本的，如果客户流失，不仅浪费了拉新成本，还需要花费更多的用户召回成本。因此，基于电信行业竞争日益激烈的情况，如何挽留更多用户成为一项关键业务指标。为了更好地运营用户，需要了解流失用户的特征，分析流失原因，预测用户流失，确定挽留目标用户并制定有效方案。保留率表明一种产品市场适合度（PMF）的质量。如果PMF不是特别好，表明会有客户流失。提升保留率（因此称为PMF）的强大工具之一是流失预测。通过使用此技术，可以轻松预测在给定时期内可能流失的用户。用于预测用户流失的方法有：逻辑回归模型、决策树模型和朴素贝叶斯模型等。

任务实施

一、特征值提取

1. 基于树的特征选择

特征提取是数据挖掘任务最重要的一个环节，一般而言，它对最终结果的影响要高过数据挖掘算法本身。只有先把现实特征表示出来，才能借助数据挖掘的力量找到问题的答案。特征选择的另一个优点在于：降低真实世界的复杂度，模型比现实更容易操纵。特征选择的原因是降低复杂度、降低噪声和增加模型可读性。

单个特征和某一类别之间相关性的计算方法有很多，比较有效的有卡方检验（chi2）以及互信息和信息熵，这里选择基于信息熵的方法选取特征变量。信息熵是在决策树中广泛使用的

视频

构建电信运营商用户流失预测模型

一个变量,用于获取最优划分的节点。基于树的预测模型能够用来计算特征的重要程度,因此能用来去除不相关的特征。因此,选择基于树的特征选择(tree-based feature selection)获取特征变量。

2. 导入开发库

首先提取特征,然后建立逻辑回归模型、决策树模型和朴素贝叶斯模型,需要导入开发库,如代码9-31所示。

【代码9-31】导入开发库。

```python
import pandas as pd
from sklearn.ensemble import ExtraTreesClassifier          #导入信息熵的树
from sklearn.feature_selection import SelectFromModel      #导入特征值筛选模块
```

其中,ExtraTreesClassifier类可用于构建极端随机树分类器,SelectFromModel类可用于从模型中选择重要的特征。

3. 特征变量选取

由基于树的特征选择,使用sklearn库导入信息熵的树及特征值筛选模块,使用for循环获取前10个重要程度的特征变量,如代码9-32所示。

【代码9-32】特征变量筛选代码。

```python
data=pd.read_csv('../tmp/new_data2.csv',index_col=0)
clss=['低费用','中低费用','一般费用','中高费用','高费用']
cc=data.columns
feature={}
for i in range(len(clss)):
    anchor=[]
    x=data[data['聚类1']==clss[i]]
    del x['用户在3月是否流失标记']
    del x['聚类1']
    y=data[data['聚类1']==clss[i]]['用户在3月是否流失标记']
    clf=ExtraTreesClassifier().fit(x,y)            #有问题的应该是y列
    importance=clf.feature_importances_             #获取重要变量重要程度
    importance.sort()    #对重要程度进行排序
    model=SelectFromModel(clf,prefit=True,threshold=importance[17])
                                                    #获取排名第10位的重要程度
    feature_indice=model.get_support(indices=True)  #获取10个重要特征
    for j in feature_indice:
        anchor.append(cc[j])
    print(clss[i])
    print(anchor)
    feature[clss[i]]=anchor
    print(' ')
```

运行代码9-32，选取重要程度前10的变量为特征变量。特征变量的筛选结果见表9-5。

表9-5 特征变量的筛选结果

类 型	选取的变量
低费用	'年龄'、'在网时长'、'本地通话次数'、'国内长途通话次数'、'国内漫游通话次数'、'上网流量'、'有通话天数'、'有主叫天数'、'有被叫天数'、'主叫呼叫圈'
中低费用	'年龄'、'在网时长'、'本月费用'、'本地通话次数'、'国内长途通话次数'、'国内漫游通话次数'、'有通话天数'、'有主叫天数'、'有被叫天数'、'主叫呼叫圈'
一般费用	'年龄'、'在网时长'、'本地通话次数'、'国内长途通话次数'、'国内漫游通话次数'、'短信发送数'、'上网流量'、'有通话天数'、'有主叫天数'、'有被叫天数'
中高费用	'年龄'、'本月费用'、'平均通话时长'、'本地通话次数'、'国内长途通话次数'、'国内漫游通话次数'、'短信发送数'、'有通话天数'、'有主叫天数'、'有被叫天数'
高费用	'年龄'、'在网时长'、'平均本地通话时长'、'本地通话次数'、'国内长途通话次数'、'国内漫游通话次数'、'国内漫游上网流量'、'有通话天数'、'有主叫天数'、'有被叫天数'

由表9-5可知，年龄和在网时长对所有用户群体都有较大影响。这可能是因为年龄和在网时长反映了用户的经济能力和使用习惯，较高的年龄和长时间的在网时长可能与较高的费用类别相关。通话天数、本地通话次数、国内漫游通话次数和国内长途通话次数对所有用户群体都有一定的影响。这些特征反映了用户的通话行为，较多的通话次数可能与较高的费用类别相关。短信发送数对中高费用用户有一定影响，但对其他四类用户影响较小。

二、自定义模型构建函数

由于不同的模型构建过程类似，为了避免代码赘余，自定义一个evaluate_model()函数用于模型的构建与检测。evaluate_model()函数操作的流程如下：

（1）基于表9-5特征变量的筛选结果，循环获取不同用户类型的重点特征。
（2）提取特征和目标变量数据。
（3）对数据进行欠采样处理。
（4）划分特征和目标变量，并划分训练集和测试集。
（5）对数据进行标准化处理。
（6）构建相关的模型，并对模型进行评估。

自定义一个evaluate_model()函数，如代码9-33所示。

【代码9-33】自定义模型构建函数。

```
def evaluate_model(model,model_name):
    acc_value={}
    rec_value={}
    auc_value={}
    for i in range(len(clss)):
        columns=feature[clss[i]]+['用户在3月是否流失标记']
```

```python
            n_data=data[columns]
            #获取正样本数量
            positive_number=len(n_data[n_data['用户在3月是否流失标记']==1])
            #提取特征和目标变量数据
            X=n_data.drop('用户在3月是否流失标记',axis=1)
            y=n_data['用户在3月是否流失标记']
            #创建RandomUnderSampler实例
            rus=RandomUnderSampler(sampling_strategy={0: positive_number})
            #进行欠采样
            X_under,y_under=rus.fit_resample(X,y)
            #将欠采样后的数据合并
            under_sample_data=X_under.join(y_under)
            #随机打乱数据
            under_sample_data=under_sample_data.sample(frac=1).
                                reset_index(drop=True)
            #划分特征和目标变量
            X=under_sample_data.iloc[:,:-1]
            y=under_sample_data.iloc[:,-1]
            #划分训练集和测试集
            x_train,x_test,y_train,y_test=train_test_split
                    (X,y,test_size=0.2,random_state=123)
            stdScaler=StandardScaler().fit(x_train)
            x_train_std=stdScaler.transform(x_train)
            x_test_std=stdScaler.transform(x_test)
            clf=model
            clf.fit(x_train_std,y_train)
            pre=clf.predict(x_test_std)
            #计算评估指标和保存结果
            acc_value[model_name+clss[i]]=accuracy_score(y_test,pre)
            rec_value[model_name+clss[i]]=recall_score(y_test,pre)
            fpr,tpr,thresholds=roc_curve(y_test,clf.predict_proba
                            (x_test_std)[:,1],pos_label=1)
            auc_value[model_name+clss[i]]=metrics.auc(fpr,tpr)
#打印结果
print('准确率',acc_value)
print('召回率',rec_value)
print('AUC值',auc_value)
return acc_value,rec_value,auc_value
```

三、构建逻辑回归模型

1. 导入开发库

逻辑回归也称为广义线性回归模型,它与线性回归模型的形式基本上相同,最大的区别就在于它们的因变量不同。如果是连续的,就是多重线性回归;如果是二项分布,就是Logistic回归。构建逻辑回归模型需要导入一些开发库,如代码9-34所示。

【代码9-34】导入开发库。

```
from sklearn import metrics
from sklearn.preprocessing import StandardScaler
from sklearn.linear_model import LogisticRegression
from sklearn.model_selection import train_test_split
from imblearn.under_sampling import RandomUnderSampler
from sklearn.metrics import roc_curve,accuracy_score,recall_score
```

其中,metrics模块提供了多种用于评估模型性能的指标,如准确率、召回率、精确率、F1值等;StandardScaler类可用于对数据进行标准化处理;LogisticRegression类可用于构建逻辑回归模型;train_test_split类可用于将数据集划分为训练集和测试集;RandomUnderSampler类用于进行欠采样,它通过减少多数类样本数量来解决不平衡分类问题;roc_curve类可用于计算ROC曲线的真正例率和假正例率;accuracy_score类用于计算分类准确率,即模型预测正确的样本比例;recall_score类可用于计算召回率,召回率是指模型正确预测为正例的样本在真实正例中的比例。

2. 构建逻辑回归模型

本步骤中所构建的模型为逻辑回归模型,因此给model与model_name赋值,直接调用第二骤所构建的evaluate_model()函数,即可构建逻辑回归模型,并计算模型的准确率、召回率、曲线下面积(area under curve,AUC)值,如代码9-35所示。

【代码9-35】构建逻辑回归模型。

```
#调用函数
model=DecisionTreeClassifier()
model_name='决策树'
evaluate_model(model,model_name)
```

运行代码9-35,整理所得的结果。逻辑回归结果见表9-6。

表9-6 逻辑回归结果

一	低 费 用	中低费用	一般费用	中高费用	高 费 用
准确率	0.770 2	0.766 0	0.773 1	0.757 2	0.750 4
召回率	0.815 1	0.786 1	0.795 9	0.754 9	0.753 4
AUC值	0.837 2	0.832 9	0.841 1	0.813 1	0.815 1

四、构建决策树模型

1. 导入开发库

决策树是一种树状结构,它的每一个叶节点对应着一个分类,非叶节点对应着在某个属性上的划分,根据样本在该属性上的不同取值将其划分成若干个子集。对于非纯的叶节点,多数类的标号给出到达这个节点的样本所属的类。导入sklearn库中的DecisionTreeClassifier类,如代码9-36所示。

【代码9-36】导入开发库。

```
from sklearn.tree import DecisionTreeClassifier  #决策树
```

其中,DecisionTreeClassifier类可用于构建决策树模型。

2. 构建决策树模型

调用第二步构建的evaluate_model()函数,即可构建决策树模型,并计算模型的准确率、召回率、AUC值,如代码9-37所示。

【代码9-37】构建决策树模型。

```
model=DecisionTreeClassifier()
model_name='决策树'
evaluate_model(model,model_name)
```

运行代码9-37,整理所得的结果。决策树模型结果见表9-7。

表9-7 决策树模型结果

—	低费用	中低费用	一般费用	中高费用	高费用
准确率	0.710 0	0.724 36	0.717 5	0.711 4	0.697 9
召回率	0.706 3	0.720 7	0.719 3	0.694 3	0.694 1
AUC值	0.710 1	0.724 4	0.717 5	0.711 1	0.697 9

五、构建朴素贝叶斯模型

1. 导入开发库

朴素贝叶斯模型是一种基于贝叶斯定理和特征条件独立性假设的概率统计分类模型。它假设每个特征在给定类别下是独立的,并且通过计算每个类别下特征的条件概率来进行分类。导入sklearn库中的GaussianNB类,如代码9-38所示。

【代码9-38】导入开发库。

```
from sklearn.naive_bayes import GaussianNB
```

其中,GaussianNB可用于构建高斯朴素贝叶斯模型。

2. 构建朴素贝叶斯模型

调用第二步构建的evaluate_model()函数,即可构建朴素贝叶斯模型,并计算模型的准确率、召回率、AUC值,如代码9-39所示。

【代码9-39】构建朴素贝叶斯模型。

```
model=GaussianNB()
model_name='朴素贝叶斯'
evaluate_model(model,model_name)
```

运行代码9-39，整理所得的结果。决策树模型结果见表9-8。

表9-8 朴素贝叶斯模型结果

—	低费用	中低费用	一般费用	中高费用	高费用
准确率	0.746 9	0.745 3	0.740 5	0.736 8	0.755 6
召回率	0.839 2	0.800 6	0.835 6	0.831 6	0.816 0
AUC值	0.815 4	0.808 8	0.807 3	0.802 6	0.814 3

六、选择最优模型

对各个类别进行逻辑回归、决策树、朴素贝叶斯三个模型建模，并比较各个模型的正确率、召回率、以及AUC值，选择各个类的最优模型，见表9-9。

表9-9 模型比较

—	—	低费用	中低费用	一般费用	中高费用	高费用
逻辑回归	准确率	0.770 2	0.766 0	0.773 1	0.757 2	0.750 4
	召回率	0.815 1	0.786 1	0.795 9	0.754 9	0.753 4
	AUC值	0.837 2	0.832 9	0.841 1	0.813 1	0.815 1
决策树	准确率	0.710 0	0.724 36	0.717 5	0.711 4	0.697 9
	召回率	0.706 3	0.720 7	0.719 3	0.694 3	0.694 1
	AUC值	0.710 1	0.724 4	0.717 5	0.711 1	0.697 9
朴素贝叶斯	准确率	0.746 9	0.745 3	0.740 5	0.736 8	0.755 6
	召回率	0.839 2	0.800 6	0.835	0.831 6	0.816 0
	AUC值	0.815 4	0.808 8	0.807 3	0.802 6	0.814 3

以低费用为例，逻辑回归模型在准确率、AUC值方面表现出色，召回率方面也相对较好，显示出较好的分类性能。决策树模型在准确率、召回率、AUC值方面表现较低，相对而言不是最佳选择。朴素贝叶斯模型的准确率、AUC值都比逻辑回归模型的低，召回率会比逻辑回归模型好一些。

综合考虑准确率、召回率和AUC值，逻辑回归模型在整体上表现出较好的性能。因此，在预测低费用用户中，逻辑回归模型可以被认为是最佳模型选择。

任务实训

实训三 建立电信运营用户流失预测模型

一、训练要点

掌握构建逻辑回归模型、决策树模型和朴素贝叶斯模型的方法。

二、需求说明

用户流失是电信运营商用户运营的一个重要指标，因此，了解用户特征与用户流失之间的关系，是电信运营商进行盈利情况分析的重要前提。基于实训二处理后的数据，构建用户流失预测模型，并进行模型评估。

三、实现思路及步骤

（1）使用pandas库读取数据并清洗。

（2）基于树的特征选择，使用sklearn库导入信息熵的树及特征值筛选模块，利用for循环获取前10个重要程度的特征变量。

（3）使用sklearn库定义逻辑回归、决策树和朴素贝叶斯模型。

（4）参考任务三的任务实施构建电信运营用户流失预测模型。

项目总结

数据处理是分析数据的重要前提，本项目从数据处理出发，根据数据特征对用户进行聚类分析，进而建立用户流失预测模型，让读者掌握如何使用pandas与sklearn进行数据初步处理，使用Kmeans进行聚类分析，以及如何构建逻辑回归模型、决策树模型、朴素贝叶斯模型。通过对用户流失特征的掌握和流失用户的预测，电信公司可以根据不同类型用户的特点推出不同的优惠套餐，改变收费策略，满足用户的需要，以防止现有用户流失，以实现公司利润的最大化。

附录A NumPy库

这里主要介绍NumPy库数组创建、数组属性,以及数组基本操作的运算符、函数等。

一、数组创建

创建数组的函数及说明见表A-1。

表 A-1 数组的函数及说明

函 数	说 明
array()函数	创建数组
arange()函数	通过指定开始值、终值和步长来创建一维数组,创建的数组不含终值
zeros()函数	创建全零数组
ones()函数	创建全1数组
full()函数	创建相同元素的数组
random.random()函数	生成随机数数组
random.randint()函数	生成上下限范围的随机数组
random.rand()函数	生成均匀分布的随机数组
linspace()函数	生成等差数列的数组

二、数组属性

数组的常用属性及说明见表A-2。

表 A-2 数组的常用属性及说明

属 性	说 明
ndim	返回int。表示数组的维数
shape	返回tuple。表示数组形状的阵列,对于n行m列的矩阵,形状为(n,m)
size	返回int。表示数组的元素总数,等于数组形状的乘积
dtype	返回data-type。表示数组中元素的数据类型
itemsize	返回int。表示数组的每个元素的大小(以字节为单位)

三、数组基本操作

数组元素的常见运算符号见表A-3。

表 A-3 数组元素的常见运算符号

类型	运算符	说明
数学运算符	+	加,即两个对象相加
	-	减,即得到负数或者两个对象相减
	*	乘,即两个对象相乘
	/	除,即两个对象相除
	%	取模,即返回除法的余数
	**	幂,即返回x的y次方
	//	取整除,返回商的整数部分
比较运算符	==	等于,即比较对象是否相等
	!=	不等于,即比较两个对象是否不相等
	>	大于,即返回x是否大于y
	<	小于,即返回x是否小于y
	>=	大于等于,即返回x是否大于等于y
	<=	小于等于,即返回x是否小于等于y

数组元素的常见运算函数见表A-4。

表 A-4 数组元素的常见运算函数

函数	说明
sort()函数	对数组进行排序
mean()函数	对数组元素求均值
std()函数	对数组元素求标准差
max()函数	返回数组元素最大值

附录 B pandas 库

这里主要介绍了pandas库常用类的常用属性、方法与函数，主要分为三部分：数据读/写，数据清洗、数据合并、分组聚合，数据索引、查看。

一、数据读/写

常用数据文件读/写函数及说明见表B-1。

表 B-1 常用数据文件读/写函数及说明

函 数	说 明
read_excel()	从指定路径加载Excel表至Series或DataFrame
read_table()	读取文本文件
to_excel()	将DataFrame对象以Excel文件格式输出至指定路径
read_csv()	从指定路径读取数据读取数据
to_csv()	将数据保存以CSV格式输出至指定路径

二、数据清洗、数据合并、分组聚合

数据清洗、数据合并、分组聚合等操作常用的函数及说明见表B-2。

表 B-2 数据清洗、数据合并、分组聚合等操作常用的函数及说明

函 数	说 明
drop_duplicates()	删除重复数据，不会改变数据原始排列
duplicated()	查看重复值的数量
isnull()	查看缺失值的数量
notnull()	查看非缺失值的数量
dropna()	删除缺失值
fillna()	使用一个特定的值替换缺失值
concat()	将两个表堆叠合并
append()	纵向合并两个表
merge()	通过一个或多个键将两个表的行连接起来
groupby()	根据索引或特征对数据进行分组
agg()	在指定轴上使用一个或多个操作进行聚合
drop()	删除某行或某列数据

续表

函　　数	说　　明
astype()	转换数据类型
dtype()	查看数据的类型
isin()	检查一个元素是否在给定列表中
to_frame()	将数据转换为DataFrame
value_counts()	统计该列每项数据的个数
sort_values()	对数据进行排序
get_dummies()	对类别型数据进行哑变量处理
cut()	对数据事项等宽离散化处理
qcut()	对数据实现等频离散化处理

三、数据索引、查看

数据索引、查看常用函数及说明见表B-3。

表 B-3　数据索引、查看常用函数及说明

函　　数	说　　明
iloc()	按照数据位置索引
loc()	按照行名列名索引
head()	返回前n行数据
keys()	返回索引
values()	返回值
describe()	输出描述性统计分析指标

附录 C Matplotlib 库

这里主要介绍了Matplotlib库的绘图参数，以及基础图形的绘图函数。

一、图像参数

设置图像参数的常用函数及说明见表C-1。

表 C-1 设置图像参数的常用函数及说明

函 数	说 明
plt.figure()	创建一个空白画布，可以指定画布大小、像素
figure.add_subplot()	创建并选中子图，可以指定子图的行数、列数和选中图片的编号
rcParams()	设置绘图参数
plt.title()	在当前图形中添加标题，可以指定标题的名称、位置、颜色、字体大小等参数
plt.xlabel()	在当前图形中添加x轴标签，可以指定位置、颜色、字体大小等参数
plt.ylabel()	在当前图形中添加y轴标签，可以指定位置、颜色、字体大小等参数
plt.xlim()	指定当前图形x轴的范围，只能确定一个数值区间，而无法使用字符串标识
plt.ylim()	指定当前图形y轴的范围，只能确定一个数值区间，而无法使用字符串标识
plt.xticks()	获取或设置x轴的当前刻度位置和标签
plt.yticks()	获取或设置y轴的当前刻度位置和标签
plt.legend()	指定当前图形的图例，可以指定图例的大小、位置、标签
plt.savefig()	保存绘制的图形，可以指定图形的分辨率、边缘的颜色等参数
plt.show()	在本机显示图形
lines.linewidth()	线条宽度
lines.linestyle()	线条样式
lines.marker()	线条上点的形状
lines.markersize()	点的大小

二、绘制图像

常用的绘制函数见表C-2。

表 C-2 常用绘制函数

函 数	说 明
pie()	绘制饼图

续表

函　数	说　明
scatter()	绘制散点图
bar()	绘制柱形图
boxplot()	绘制箱线图
plot()	绘制折线图
hist()	绘制直方图

附录 D sklearn 库

这里主要介绍sklearn库中数据清洗、线性回归模型、逻辑回归模型、决策树与随机森林、朴素贝叶斯与K近邻、聚类、BP神经网络的类、函数、方法，见表D-1。

表 D-1　sklearn 库常用模型的类、函数、方法

类　型	类、函数、方法	说　　明
线性回归	LinearRegression类	建立线性回归模型
	coef_()方法	回归模型回归系数
	intercept_()方法	回归模型截距
回归评估	mean_absolute_error类	计算平均绝对误差
	mean_squared_erro类	计算均方误差
	explained_variance_score类	计算可解释性方差
	r2_score类	计算R方值
分类模型	LogisticRegression类	建立逻辑回归模型
	coef_()方法	回归模型回归系数
	intercept_()方法	回归模型截距
	DecisionTreeClassifier类	建立决策树模型
	RandomForestClassifier类	建立随机森林模型
	GaussianNB类	建立高斯朴素贝叶斯模型
	MultinomialNB类	建立多项式分布朴素贝叶斯模型
	KneighborsClassifier类	建立K近邻算法
	MLPClassifier类	构建BP神经网络模型
	predict()方法	模型预测
	fit()方法	训练模型
分类评估	confusion_matrix类	计算模型评价结果的混淆矩阵
	accuracy_score类	计算模型评价结果的准确率
	recall_score类	计算模型评价结果的召回率
	classification_report类	生成分类报告的，用于评估分类模型的性能，可以计算并打印出准确率、召回率、F1-score和support等指标
	roc_curve类	计算模型评价结果的ROC曲线
	f1_score类	计算f1值
	precision_score类	计算精度
	cross_val_score类	执行K折交叉验证
	GridSearch类	对参数进行网格搜索

续表

类　　型	类、函数、方法	说　　明
数据处理	train_test_split类	将数据集拆分为训练集和测试集
	MinMaxScaler()函数	实现最大最小标准化
	StandardScaler()函数	实现标准差标准化
	LinearDiscriminantAnalysis类	实现线性判别分析
	PCA类	实现主成分分析
	TfidfTransformer类	将计数矩阵转换为标准化的tf或tf-idf
	CountVectorizer类	对原始文本数据进行处理,转换成各个词的频率
	fit_transform()函数	序列重新排列后再进行处理
数据生成	make_blobs()函数	创建一组非凸数据
	make_circles()函数	生成环形二维数据集

参考文献

[1] 张良均，谭立云. Python数据分析与挖掘实战[M]. 2版. 北京：机械工业出版社，2019.

[2] 曾文权，张良均. Python数据分析与应用：微课版[M]. 2版. 北京：人民邮电出版社，2021.

[3] 王宇韬，钱妍竹. Python大数据分析与机器学习商业案例实战[M]. 北京：机械工业出版社，2022.